D1620634

Nichtlineare Dynamik in der Chemie

Friedemann W. Schneider / Arno F. Münster

Nichtlineare Dynamik in der Chemie

Spektrum Akademischer Verlag Heidelberg · Berlin · Oxford

Autoren:
Prof. Dr. Friedemann W. Schneider und Dr. Arno F. Münster
Institut für Physikalische Chemie
Universität Würzburg
Marcusstraße 9/11
97070 Würzburg

Die Deutsche Bibliothek – CIP-Einheitsaufnahme

Schneider, Friedemann W.:
Nichtlineare Dynamik in der Chemie / Friedemann W.
Schneider/Arno F. Münster. – Heidelberg ; Berlin ; Oxford :
Spektrum, Akad. Verl., 1996
ISBN 3-86025-360-3
NE: Münster, Arno Franz:

Lektorat: Björn Gondesen
Einbandgestaltung: Kurt Bitsch, Birkenau
Druck und Verarbeitung: Franz Spiegel Buch GmbH, Ulm

Vorwort

Dieses Buch ist für Studierende der Naturwissenschaften geschrieben. Die Idee dazu entsprang einer Spezialvorlesung über „Synergetik in der Chemie", die einer von uns (F.W.S.) an der Universität Würzburg gehalten hat. Dabei wurde von Studierenden oft der Wunsch nach einer zusammenfassenden Darstellung des Stoffes in Form eines Lehrbuches geäußert, dem wir hier entsprechen wollen.

Zum Verständnis der nichtlinearen Dynamik sind einige mathematische Grundkenntnisse notwendig, die anhand von einfachen Beispielen im Text vermittelt und gegebenenfalls weiterentwickelt werden. Die mathematischen Erörterungen sind so verfaßt, daß sie von den nicht Interessierten ohne Schaden übersprungen werden können; die entsprechenden Abschnitte sind mit dem Symbol * gekennzeichnet. Natürlicherweise ist der Inhalt dieses Textes von eigenen Arbeiten geprägt. Viele bedeutende Forscher konnten nicht gebührend genannt oder berücksichtigt werden. Wir bitten deshalb um Nachsicht. Dieses Buch soll jedoch keine erschöpfende Darstellung aller Forschungsarbeiten auf diesem Gebiet geben, sondern es soll die Prinzipien und Methoden der nichtlinearen Dynamik dem Studierenden in einfacher Weise verständlich machen. Am Schluß der einzelnen Kapitel wird auf die Fachliteratur verwiesen.

Die Autoren sind vielen Mitarbeitern zu Dank verpflichtet: Ralph Blittersdorf, Guido Dechert, Andreas Förster, Anke Guderian, Thilo Hauck, Winfried Hohmann, Rüdiger Holz, Hans-Peter Kraus, Michael Kraus, Thomas-Martin Kruel, David Lebender, Andreas Lekebusch, Jonas Müller, Roland Stössel, Michael Watzl und Klaus-Peter Zeyer. Einzelnen Kollegen sei an dieser Stelle ebenfalls Dank gesagt: G. Ertl, R. Field, H.-D. Försterling, P. Hasal, A. Hjelmfeldt, M. Marek, S.C. Müller, Z. Noszticzius, I. Schreiber und D. Šnita. Für die Mühen beim Korrekturlesen danken wir A. Göing. Nicht zuletzt wollen wir unseren Familien und den uns Nahestehenden für die Geduld und Nachsicht danken, die sie uns während der Arbeit an diesem Buch entgegengebracht haben. Wir hoffen, daß unsere eigene Faszination für das aktuelle und rasch expandierende Gebiet der nichtlinearen Dynamik sich auf den Leser übertragen möge.

Würzburg, im Januar 1996
F.W. Schneider
A.F. Münster

Inhaltsverzeichnis

1 Einführung

Die nichtlineare Dynamik in der Chemie befaßt sich mit offenen chemischen Reaktionen, die die Voraussetzungen zur zeitlichen oder räumlichen Selbstorganisation besitzen. Diese Fähigkeit zur Selbstorganisation resultiert aus dem Zusammenwirken von nichtlinearen Reaktionsschritten – Autokatalyse oder Inhibierung – mit linearen Einzelreaktionen, wobei sich das System weit weg vom chemischen Gleichgewicht befindet. Die Autokatalyse kann auch als eine Art Rückkopplung betrachtet werden, weil hier ein Produkt zusätzlich als Katalysator für seine eigene Entstehung wirkt. Rückgekoppelte Systeme können sich „aufschaukeln" oder sich selbst verstärken, wie es z. B. von der schrillen akustischen Rückkopplung Mikrophon/Lautsprecher bekannt ist. Die nichtlineare Dynamik könnte nach Hermann Haken auch als Synergetik bezeichnet werden, die aus der Entwicklung der Lasertheorie am Anfang der siebziger Jahre entstand.

Die nichtlineare Dynamik kann mit den uns wohlbekannten mathematischen Ansätzen der traditionellen Kinetik erweitert durch nichtlineare Terme beschrieben werden. Dies bedeutet, daß Begriffe der traditionellen Kinetik, wie z. B. die Reaktionsgeschwindigkeit, Reaktionsordnung, Parallelreaktion, Folgereaktionen, sowohl in der linearen wie in der nichtlinearen Kinetik gelten. Die Offenheit des Systems wird im Labor durch einen Rührreaktor gewährleistet, in den die Reaktanden von außen hineinfließen, reagieren und zusammen mit Zwischenprodukten und Produkten der chemischen Reaktion je nach Reaktionsgrad wieder abfließen (engl.: *Continuous Flow Stirred Tank Reactor*, kurz CSTR).

Man kann die nichtlineare Dynamik auch als Teilgebiet der irreversiblen Thermodynamik betrachten. Allerdings sind deren formale Ausdrücke relativ komplex, was uns veranlaßt, die einfachere kinetische Formulierung wegen ihrer Anschaulichkeit zu bevorzugen. Im Gegensatz zu den offenen, selbstorganisierenden Zuständen der nichtlinearen Dynamik steht die traditionelle Thermodynamik, die sich ausschließlich mit dem Gleichgewichtszustand befaßt. Im Gleichgewicht wird die selbstorganisierende Wirkung der Autokatalyse aufgehoben, da sie in beide Richtungen wirkt. Der Gleichgewichtszustand kann zwar durch eine reversible Autokatalyse schneller erreicht aber nicht verändert oder „weiterentwickelt" werden, wie es z. B. bei instabilen stationären Zuständen der nichtlinearen Dynamik der Fall ist.

In der nichtlinearen Dynamik gibt es eine ganze Reihe von dynamischen Zuständen als Lösungen der entsprechenden Geschwindigkeitsgleichungen. Viele dieser Zustände können im chemischen Experiment beobachtet werden, wie z. B. bistabile oder multistabile stationäre Zustände, periodisch gedämpfte, ungedämpfte und quasiperiodische Oszillationen, deterministisches Chaos und eine Reihe von räumlichen chemischen Wellen und Mustern.

Das Phänomen der Bifurkation (Verzweigung) ist in der nichtlinearen Dynamik von fundamentaler Bedeutung. Eine Bifurkation verknüpft bestimmte Lösungstypen einer Differentialgleichung miteinander. Bei Variation eines sog. Bifurkationsparameters (z. B. Temperatur, Konzentration, Flußrate der Reaktanden in einen Rührreaktor etc.) kann ein dynamischer Zustand diskontinuierlich aus einem anderen hervorgehen. Die Bifurkationen in der nichtlinearen Dynamik zeigen daher eine gewisse Analogie zu den Phasenumwandlungen in der Thermodynamik. Wichtige Bifurkationen sind z. B. die Sattel-Knoten-, die „Pitchfork"-die Periodenverdopplungs- und insbesondere die Hopf-Bifurkation.

Experimente

Durch Zufall wurde im Jahre 1921 von Bray die erste in homogener Lösung oszillierende chemische Reaktion entdeckt, die heute Bray-Liebhafsky-Reaktion (BL-Reaktion) genannt wird. Es ist die von Iodat (IO_3^-) katalysierte Zersetzung von H_2O_2 zu O_2 und H_2O, die über radikalische und nichtradikalische Schritte verläuft. Bei dieser Reaktion oszilliert die I_2-Konzentration und O_2 wird pulsartig gebildet. Mitte der 50er Jahre wurde der heute am gründlichsten untersuchte chemische Oszillator ebenfalls durch Zufall gefunden, nämlich die Belousov-Zhabotinsky Reaktion. Sie zeigt fast alle in der nichtlinearen Kinetik vorkommenden Phänomene. Kombiniert man die Belousov-Zhabotinsky- mit der BL-Reaktion, dann erhält man die sogenannte Briggs-Rauscher-Reaktion (BR-Reaktion). Sie besteht aus H_2O_2, IO_3^-, Malonsäure, $HClO_4$ und Mn(III)/Mn(II) als Katalysator. In Gegenwart von Amylose als Indikator bildet sich der Jod(I_3^-)-Amylose Komplex, dessen blaue Farbe mit der gelben Farbe von I_2 periodisch alterniert, wobei auch eine farblose Phase durchlaufen wird.

Eine systematische Suche nach neuen Reaktionen förderte eine Reihe von Oszillatoren zutage, die vor allem der Halogen-Chemie angehören. Halogen-Verbindungen besitzen einen großen Bereich an Oxidationsstufen wobei die hohen Oxidationspotentiale für die Bildung von chemischen Oszillatoren günstig sind. Bei der Suche nach neuen chemischen Oszillatoren kann man das sogenannte kreuzförmige Verzweigungsdiagramm benutzen, das Bereiche der Bistabilität und der Oszillationen gegenüberstellt. Dieses Verzweigungsdiagramm wird erhalten, wenn die chemischen Oszillationen über einen „Schaltmechanismus“ zustande kommen (Relaxationsoszillationen). Auf diese Weise wurde z. B. die Gruppe der ClO_2^--Oszillatoren gefunden (in Analogie zum minimalen BrO_3^-/Br^--Oszillator). Das Hinzufügen von Malonsäure führt hier wie beim minimalen Bromatoszillator zu einer Reaktion, die sowohl im offenen (CSTR-) wie im geschlossenen (Batch-) System oszilliert.

Systematische Methoden erlaubten es, die Kombinationen von ClO_2^- mit den folgenden Spezies als chemische Oszillatoren im CSTR vorherzusagen: I^-, IO_3^-, I_2, SO_3^{2-}, MnO_4^-, $Cr_2O_7^{2-}$, Malonsäure, H_3AsO_3, $Fe(CN)_6^{4-}$, Ascorbinsäure und Sn^{2+}.

Es gibt jedoch auch chemische Oszillatoren, die im CSTR keine Bistabilität zeigen. Hier existieren Hinweise, daß zwei miteinander gekoppelte autokatalytische Schritte im Reaktionsmechanismus vorliegen. Dies scheint der Fall beim Methylenblau-S^{2-}-O_2-Oszillator und beim BrO_3^-/S^{2-} Oszillator zu sein. Nach weiteren Oszillatoren auf Schwefel- und auch auf Stickstoffbasis wird zur Zeit gesucht. Bei all den hier besprochenen chemischen Oszillatoren handelt es sich um isotherme chemische Reaktionen. Aufgrund der (nichtlinearen) Arrhenius-Abhängigkeit der Reaktionsgeschwindigkeit von der Temperatur kann es selbst in einfachen Reaktionen im CSTR zu Oszillationen der Temperatur oder der Konzentrationen der Komponenten kommen. Dies ist der Fall in homogenen Reaktionen in der Gasphase und in der heterogenen Katalyse an Metalloberflächen. Diese temperaturabhängigen Nichtlinearitäten werden in der Spezialliteratur im Detail behandelt.

Rühreffekte

Im allgemeinen wird bei chemischen Reaktionen die Annahme der vollständigen homogenen Vermischung der Reaktanden gemacht. Bei der räumlichen Musterbildung findet andererseits keine Verrührung im Verlaufe der chemischen Reaktion statt. Beide Fälle sind theoretisch gut verstandene Grenzsituationen. Der Zwischenbereich der unvollständigen Vermischung dagegen ist problematisch; seine quantitiative Beschreibung bereitet auch heute noch große Schwierigkeiten. Gleichwohl sind die Effekte unvollständiger Durchmischung in Experimenten mit nichtlinearen Reaktionen bedeutsam. Der Grund hierfür liegt in der ausgeprägten Empfindlichkeit der Geschwindigkeiten nichtlinearer Reaktionsschritte von den lokalen Konzentrationen. Bei einer unvollständigen Vermischung sind diese Konzentrationen heterogen im Reaktor verteilt. Dies kann zu einer Reihe von interessanten Effekten führen, wie beispielsweise der Verschiebung von Bifurkationslinien oder zur Beeinflussung von Übergängen in bistabilen Bereichen chemischer Reaktionen in Abhängigkeit von der jeweils gewählten Reaktorgeometrie und Rührgeschwindigkeit. Für solche Reaktionen ist die Rührgeschwindigkeit also ein *Bifurkationsparameter*.

In der chemischen Reaktionstechnik spricht mam vom *Makromischen* und vom *Mikromischen*. Der Makromischprozeß wird durch den im Reaktor befindlichen Rührer hervorgerufen; er beschreibt das „Kleinerwerden" von Flüssigkeitsfilamenten der zu vermischenden reinen Flüssigkeiten während des Rührprozesses durch Konvektion. Der Mikromischprozeß beschreibt das Vermischen auf molekularer Ebene durch Diffusion. Der Makromischprozeß ist in einem Reaktor bei endlicher Rührgeschwindigkeit nie vollständig, wie man zum Beispiel mit einer räumlich aufgelösten ramanspektroskopischen Methode und durch in den Reaktor eingebrachte Mikroelektroden direkt zeigen konnte. Besonders in der Umgebung der Einlaßschläuche eines Reaktors bilden sich Inseln aus unvermischten Eduktlösungen, welche die lokalen nichtlinearen Reaktionsgeschwindigkeiten beeinflussen können.

Modelle nichtlinearer chemischer Reaktionen

Die Grundlagen der nichtlinearen Dynamik wurden am Ende des letzten Jahrhunderts durch die Arbeiten des genialen Mathematikers Henri Poincaré (1854–1912) gelegt. Bis in das 20. Jahrhundert war die Meinung verbreitet, daß oszillierende chemische Systeme den 2. Hauptsatz der Thermodynamik verletzen, der aussagt, daß bei einem spontanen Prozeß die Entropie immer größer werden muß und nicht – wie bei einem geordneten periodischen Prozeß – kleiner werden darf. Dieser Trugschluß über die Existenz chemischer Oszillationen löste sich erst auf, als man einsah, daß für einen spontanen Prozeß nicht nur die Entropieproduktion des Systems selbst, sondern auch die der Umgebung berücksichtigt werden muß. Die Entropieabnahme bei einer chemischen Oszillation wird durch die größere Entropieproduktion seiner Umgebung kompensiert. Die Summe der beiden – wie vom zweiten Hauptsatz der Thermodynamik gefordert – ist in der Tat größer als Null. Der erste Mechanismus für eine gedämpfte Oszillation wurde im Jahre 1910 von Alfred Lotka vorgeschlagen. Lotka erkannte, daß ein autokatalytischer

Schritt sowie das Öffnen des Systems die Voraussetzungen für das Auftreten von komplexen Eigenwerten und damit für das Auftreten von oszillierenden Lösungen der Geschwindigkeitsgleichungen sind.

Im Jahre 1920 veröffentlichte Lotka einen um einen zweiten autokatalytischen Schritt erweiterten Mechanismus, der zu ungedämpften Oszillationen führte und später unter dem Namen „Schweine-Bauern-Zyklus" bekannt wurde:

$$\begin{aligned} \mathrm{G} + \mathrm{A} &\rightarrow 2\,\mathrm{A} \\ \mathrm{A} + \mathrm{B} &\rightarrow 2\,\mathrm{B} \\ \mathrm{B} &\rightarrow (\text{sterben ab}) \end{aligned} \tag{1.1}$$

Hier bedeutet G die (konstant gehaltene) Menge an verfügbarem Gras, das von den Tieren A verzehrt wird. Die Grasfresser A vermehren sich und dienen dem Räuber B als Nahrung, der sich auf Kosten von A vermehrt. Die Räuber B sterben schließlich im letzten Schritt ab. Bei den Lotka-Mechanismen handelt es sich allerdings um konservative Systeme, welche ihre Anfangsenergie beibehalten und daher auch keine „Attraktoreigenschaften" besitzen. Unter einem Attraktor versteht man einen dynamischen Zustand, den ein System unabhängig von seinen Anfangsbedingungen nach einer gewissen Zeit einnimmt. Die in chemischen Reaktionen beobachteten Attraktoren (z. B. Knoten, Fokus, Grenzzyklus, Torus und chaotischer Attraktor) treten nur in dissipativen Systemen auf, die ihre Energie durch Dissipation (z. B. Viskosität oder Wärmeaustausch mit der Umgebung) verlieren. Ein klassisches Beispiel eines dissipativen Oszillators stammt aus dem Jahre 1968 von Prigogine und Lefever aus Brüssel. Dieses Zwei-Variablenmodell – auch als „Brüsselator" bekannt – enthält einen autokatalytischen Schritt zweiter Ordnung ($2X + Y \rightarrow 3X$), der als eine Zusammenfassung von molekularen Folgeschritten aufgefaßt werden kann. Wegen seiner Einfachheit benutzen wir den Brüsselator als Beispiel zur Anwendung wichtiger mathematischer Methoden in diesem Text. Wird eine Variable des Brüsselators sinusförmig gestört (getrieben), dann zeigt der Brüsselator sogar deterministisch chaotische Bewegungen. Eine Reihe von weiteren Modellmechanismen wurden als Folge der Entdeckung der oszillierenden Belousov-Zhabotinsky-Reaktion (BZ-Reaktion) vorgeschlagen, deren erster von Field, Körös und Noyes (FKN) aus dem Jahr 1972 stammt. Der FKN-Mechanismus ist in der Lage, die BZ-Oszillation auf der Basis der Kopplung von nicht-radikalischen Reaktionsschritten mit radikalischen Reaktionen zu erklären. Als autokatalytische Spezies wurde eine Brom-Verbindung ($HBrO_2$) identifiziert. Eine Vereinfachung des FKN-Mechanismus führt zum bekannten „Oregonator" von Field und Noyes aus Oregon (1974). Eine Reihe von weiteren Modellen wurde Anfang der 90er Jahre von Györgiy und Field entwickelt, mit denen das experimentell gefundene deterministische Chaos simuliert werden kann. Modelle stellen drastische Vereinfachungen des wirklichen molekularen Geschehens dar. Sie sollten in der Lage sein, die Phänomenologie nichtlinearer Reaktionen korrekt zu beschreiben. Die Praxis zeigt, daß kleine Änderungen am Modell, wie z. B. das Hinzufügen oder Weglassen eines einzelnen Reaktionsschrittes die Modellvorhersage drastisch ändern können. Insofern wird der Modellierung chemischer Reaktionen eine wichtige orientierende Rolle beigemessen, deren Vorhersagewert jedoch nicht überbewertet werden sollte.

Das deterministische Chaos

Chaotische Attraktoren sind in einigen wenigen chemischen Reaktionen eindeutig nachgewiesen worden. *Chaos* ist eine aperiodische deterministische Bewegung, die wie eine statistische, zufällige Bewegung aussieht, mit dem statistischen Zufall jedoch nichts zu tun hat. Die notwendigen Bedingungen für Chaos sind die nichtlinearen Terme im Mechanismus; die hinreichenden Bedingungen sind jedoch nicht exakt formulierbar. Dies ist der Grund, warum es keine exakten geschlossenen mathematischen Lösungen für das deterministische Chaos gibt. Wenn dem so wäre, dann wäre das Chaos eindeutig bestimmbar. Alle chaotischen Computerlösungen sind Näherungslösungen, deren Präzision durch die heute verfügbaren Computer außerordentlich hoch ist. Wenn man identische Anfangsbedingungen vorgibt, dann werden moderne Computer auf genügend lange Zeit hinaus bei Benutzung geeigneter numerischer Methoden immer dieselben chaotischen Bewegungen rechnen. Ändert man die Anfangsbedingungen nur geringfügig – etwa in der 10. Stelle hinter dem Komma – dann erhält man nach einer längeren Integrationszeit eine chaotische Bewegung, die ein anderes Aussehen als die ursprüngliche hat. Diese extreme Empfindlichkeit von den Anfangsbedingungen wurde von Lorenz als „Schmetterlingseffekt“ bezeichnet. Für den Übergang von periodischen zu chaotischen Oszillationen gibt es einige wenige charakteristische Routen, die in den verschiedensten chemischen, biologischen und physikalischen Systemen beobachtet wurden.

Da ein chaotischer Attraktor eine große Anzahl von instabilen periodischen Bahnen enthält, ist es mit relativ geringem Energieaufwand aufgrund des Schmetterlingseffekts möglich, eine einzelne Bahn zu stabilisieren und damit das Chaos in eine periodische Bewegung zu verwandeln. Diesen Vorgang nennt man Chaoskontrolle. Weitere Eigenschaften des deterministischen Chaos, wie z. B. die fraktale Dimension eines chaotischen Attraktors, der Poincaré-Schnitt, die eindimensionale Abbildung, der positive (maximale) Lyapunov Exponent, werden im Text diskutiert. Zur Analyse der digitalisierten experimentellen Daten stehen eine Reihe von mathematischen Methoden zur Verfügung, die mit Hilfe von Computern gewinnbringend angewandt werden können. Die wichtigsten dieser Methoden sind die Fourier-Transformation, Rekonstruktion von Attraktoren, Poincaré-Schnitte, eindimensionale Abbildungen, Attraktordimensionen und Lyapunov-Exponenten. Zum Beispiel müssen für eine eindeutige Identifizierung von deterministischem Chaos nicht nur einige, sondern alle diese Methoden positiv auf Chaos ansprechen.

Getriebene und gekoppelte Oszillatoren

Chemische Oszillatoren zeigen ein definiertes Antwortverhalten als Folge einer externen Störung. Eine pulsartige Störung ist in der Lage, die Phase eines Oszillators in einer charakteristischen Weise zu verschieben. Wird ein nichtlinearer Oszillator periodisch gestört, so hängt sein Antwortverhalten von der Störfrequenz und von der Störamplitude ab. Die Wechselwirkung zwischen externer Störung und dem System kann zu periodischen, quasiperiodischen oder deterministisch chaotischen Zuständen führen, wie am Beispiel des Brüsselators gezeigt wird. Koppelt man die Bewegungen eines chemischen Oszillators auf sich selbst mit oder ohne Zeitverzögerung zurück, so können viele neue dynamische Zustände entstehen, die der autonome Oszillator nicht zeigt. Das Phänomen der Resonanz läßt sich bei chemischen Oszillatoren ebenfalls demonstrieren. Hier kann die Antwortamplitude des Oszillators eine Resonanzkurve als Funktion der Störfrequenz durchlaufen. Aus dem Maximum der Resonanz erhält man die Schwingungsperiode und aus der Linienbreite der Resonanzkurve erhält man die Dämpfungskonstante der gedämpften Schwingung.

Wenn chemische Oszillatoren miteinander gekoppelt werden, können sie ein außerordentlich reichhaltiges Repertoire an dynamischen Zuständen zeigen. Dabei kommt es auf die Art der Kopplung an, welche dynamischen Zustände erreicht werden. Eine Kopplung kann durch Massenkopplung, Flußratenkopplung oder elektrische Kopplung erfolgen.

Räumliche Musterbildung

Während die zeitliche Entwicklung dynamischer Zustände in gut gerührten homogenen Reaktionsmedien untersucht wird, kann eine räumliche Strukturbildung nur in ungerührten Reaktionsgemischen stattfinden. Dies is besonders in dünnnen Flüssigkeitsschichten von Reaktionslösungen oder auf Metalloberflächen der Fall, auf denen chemische Wellen entstehen können. Räumliche chemische Strukturen entstehen durch die Wechselwirkung zwischen der nichtlinearen chemischen Reaktion und Transportprozessen wie z. B. der molekularen Diffusion. Ein besonders eindrucksvolles Beispiel ist die katalytische Oxidation von CO an Einkristalloberflächen von Pd oder Pt im Hochvakuum, bei der man eine Fülle von Wellenphänomenen beobachten konnte. In einigen wenigen chemischen Reaktionen hat man im Gelreaktor weitere interessante räumliche Strukturen, wie z. B. die zeitlich und räumlich konstanten (stationären) Turing-Strukturen gefunden. Die räumlichen Muster werden durch Massenfluß von außen aufrechterhalten. Seit der Entdeckung dieser räumlichen dissipativen Strukturen hat die Beziehung zur räumlichen Selbstorganisation in der Biologie immer mehr an Bedeutung gewonnen. Räumliche Strukturbildungen sind in Form von Spiralwellen im Herzmuskel, als intrazelluläre Calciumwellen oder bei der Aggregation von Schleimpilzen intensiv studiert worden.

2 Beschreibung der nichtlinearen Dynamik

Dieses Kapitel führt in die formalen kinetischen Methoden ein, die bei der Anwendung der nichtlinearen Dynamik auf chemische Reaktionen wichtig sind. Wir werden eine systematische Methode kennenlernen, die chemische Reaktionsmechanismen in kinetische Differentialgleichungen umsetzt. Die Eigenschaften dieser Gleichungen – soweit sie nichtlinare Terme enthalten – werden diskutiert. Über die Untersuchung der Stabilität ihrer Lösungen gelangt man zu einer Klassifizierung der dynamischen Zustände der nichtlinearen kinetischen Gleichungen. Wir werden uns zunächst mit chemischen Reaktionen in Flüssigkeiten beschäftigen, die praktisch isotherm verlaufen. Nichtlineare Terme können jedoch auch über die Temperaturabhängigkeit der Geschwindigkeitskonstanten (Arrhenius-Gleichung) eingeführt werden, wie in Abschnitt 3.4.5 gezeigt wird.

2.1 Mechanismen und kinetische Gleichungen

Die nichtlineare Dynamik chemischer Reaktionen beschäftigt sich mit einem speziellen Aspekt der chemischen Kinetik, der in der Chemie erst in den letzten Jahren große Beachtung gefunden hat. Daher stehen die Arbeitsmethoden und Begriffe der Kinetik am Beginn jeder Diskussion nichtlinearer chemischer Effekte. Grundsätzlich ist es zum Verständnis nichtlinearer (wie auch aller anderer) chemischer Reaktionen nötig, neben den Ausgangsstoffen und Produkten auch alle Zwischenprodukte sowie die Aktivierungsenergien und die Wärmetönung einzelner Schritte zu kennen. Im Verlauf dieses Buches wird man aber sehen, daß bestimmte dynamische Phänomene einer Vielzahl von nichtlinearen Systemen gemein sind. Als Beispiele seien zeitliche Oszillationen einer Konzentration oder bestimmte Schwingungsmuster sowie räumliche Strukturen genannt. Man spricht hier von *generischem*, was soviel heißt wie *für eine Klasse von Systemen kennzeichnendem* Verhalten. Ein zentrales Anliegen der chemischen Kinetik ist die Erstellung eines Reaktionsmechanismus. Die Reaktionsmechanismen der nichtlinearen Dynamik sind die der traditionellen Kinetik erweitert durch *nichtli-*

neare Terme. Die nichtlinearen Terme beschreiben z. B. rückgekoppelte Systeme *(Autokatalyse oder Autoinhibierung).*

Nichtlineare Reaktionsmechanismen: Autokatalyse

Befindet sich das System fern von seinem thermodynamischen Gleichgewichtszustand, dann können durch die Rückkopplung im Mechanismus Phänomene wie z. B. Bistabilität, Oszillationen oder deterministisches Chaos auftreten.

Der Reaktionsmechanismus beschreibt die Reaktionen einer Anzahl von Ausgangsstoffen. Im Beispiel einer linearen chemischen Reaktion zweiter Ordnung $\mathrm{A} + \mathrm{B} \to \mathrm{C}$ lautet das sogenannte *Geschwindigkeitsgesetz:*

$$\frac{dc_{\mathrm{A}}}{dt} = -k\, c_{\mathrm{A}}\, c_{\mathrm{B}}, \qquad (2.1)$$

wobei $R = -\frac{dc_{\mathrm{A}}}{dt}$ (oder $R = -\frac{dc_{\mathrm{B}}}{dt}$) als die Geschwindigkeit (Rate) der Reaktion bezeichnet wird und $c_{\mathrm{A}}, c_{\mathrm{B}}$ die Konzentration von A und B beschreibt. Die Proportionalitätskonstante k ist die *Geschwindigkeitskonstante* der Reaktion. Ihre Dimension richtet sich nach der Reaktionsordnung. Im Falle der Reaktion zweiter Ordnung hat k die Einheit $\mathrm{L{\cdot}mol^{-1}{\cdot}s^{-1}}$. Das negative Vorzeichen in (2.1) bedeutet, daß die Reaktanten A bzw. B während der Reaktion verschwinden. Die Massenerhaltung bei einer Reaktion zweiter Ordnung fordert $c_{\mathrm{A_0}} - c_{\mathrm{A}} = c_{\mathrm{B_0}} - c_{\mathrm{B}}$.

Ein nichtlinearer Schritt, wie z. B. eine Autokatalyse, lautet $\mathrm{A} + \mathrm{B} \to 2\mathrm{B}$. Hier ist B Produkt und zugleich Katalysator. Das Geschwindigkeitsgesetz für B ist:

$$\frac{dc_{\mathrm{B}}}{dt} = -k\, c_{\mathrm{A}}\, c_{\mathrm{B}} + 2\, k\, c_{\mathrm{A}}\, c_{\mathrm{B}} = +k\, c_{\mathrm{A}}\, c_{\mathrm{B}} \qquad (2.2)$$

Im Gegensatz zur Reaktion zweiter Ordnung hat der nichtlineare Ausdruck $+k\, c_{\mathrm{A}}\, c_{\mathrm{B}}$ hier ein positives Vorzeichen. Dies bedeutet eine Rückkopplung der Konzentration von B auf sich selbst: die Reaktion ist *nichtlinear.* Die Massenerhaltung lautet hier $c_{\mathrm{A_0}} + c_{\mathrm{B_0}} = c_{\mathrm{A}} + c_{\mathrm{B}}$.Im geschlossenen System – d. h. ohne Austausch von Materie mit der Umgebung – zeigt der zeitliche Konzentrationsverlauf von B eine sigmoide Kurve, wenn die autokatalytisch gebildete Spezies anfangs nur in kleinen Mengen vorliegt.

Die Stöchiometrie von Reaktionsmechanismen kann man in Form von chemischen Reaktionsgleichungen beschreiben:

$$\nu_1\, c_{\mathrm{A_1}} + \cdots \rightleftharpoons \nu_i\, c_{\mathrm{A_i}} + \cdots + \nu_n\, c_{\mathrm{A_n}} \qquad (2.3)$$

Die stöchiometrischen Koeffizienten ν_i geben die Zahl der Mole der Komponente A_i an, die in einer Reaktion verbraucht oder gebildet werden. Für die Konzentrationen der am Reaktionsmechanismus beteiligten Stoffe muß wegen der Erhaltung der Masse bei konstantem Volumen im geschlossenen System für jeden chemischen Reaktionsschritt stets der folgende Ausdruck gelten:

$$\sum_{i=1}^{n} \nu_i \, c_{A_i} = 0 \tag{2.4}$$

Interessiert man sich für den zeitlichen Ablauf einer Reaktion, so muß man die Raten der einzelnen Reaktionsschritte kennen. Das Geschwindigkeitsgesetz für die Konzentrationsänderung einer Spezies A_i mit der Zeit lautet in allgemeiner Form:

$$\frac{dc_{A_i}}{dt} = \sum_{k=1}^{r} \nu_{ik} \, R_k \tag{2.5}$$

In Gleichung (2.5) bedeuten c_{A_i} die molare Konzentration, der Index i bezeichnet die Komponente (chemische Spezies), der Index k markiert die jeweilige Einzelreaktion des Mechanismus, ν_{ik} ist ein Element der Matrix der stöchiometrischen Koeffizienten S (Gleichung 2.6) und R_k ist die Rate der k-ten Reaktion. Die Elemente der stöchiometrischen Koeffizientenmatrix ν_{ik} geben die Zahl der Mole einer chemischen Spezies A_i an, die in der k-ten Reaktion gebildet oder verbraucht werden. Die Spaltenindizes der Matrixelemente beziehen sich auf die Reaktion, die Zeilenindizes auf die Indexnummer der Komponenten.

Exkurs 2.1: Kinetische Gleichungen mit Vektoren und Matrizen

Die kinetischen Gleichungen eines chemischen Mechanismus, der n Spezies und k Reaktionen umfaßt, lassen sich stets in Form von Geschwindigkeitsgleichungen für jede einzelne Spezies, wie etwa

$$\begin{aligned} \frac{dc_{A_1}}{dt} &= \nu_{1,1} \, R_1 + \nu_{1,2} \, R_2 + \cdots + \nu_{1,k} \, R_k \\ \vdots \quad & \quad \vdots \\ \frac{dc_{A_n}}{dt} &= \nu_{n,1} \, R_1 + \nu_{n,2} \, R_2 + \cdots + \nu_{n,k} \, R_k \end{aligned}$$

angeben. Hier sind die $\nu_{i,k}$ stöchiometrische Koeffizienten und R_k bedeutet die Rate der k–ten Reaktion. Die stöchiometrischen Koeffizienten $\nu_{i,k}$ geben an, wieviele Äquivalente der Spezies $\mathrm{A_i}$ in der k–ten Reaktion gebildet (oder verbraucht) werden.

Eine kürzere und praktischere Schreibweise erhält man, wenn man die Konzentrationen $c_{\mathrm{A_1}}, \cdots, c_{\mathrm{A_n}}$ und die Raten $R_1, \cdots, R_k$ zu Vektoren, sowie die stöchiometrischen Koeffizienten zu einer Matrix zusammenfaßt. Das obige Gleichungssystem lautet dann

$$\frac{d}{dt}\underbrace{\begin{pmatrix} c_{\mathrm{A_1}} \\ c_{\mathrm{A_2}} \\ \vdots \\ c_{\mathrm{A_n}} \end{pmatrix}}_{\mathbf{c_A}} = \underbrace{\begin{pmatrix} \nu_{1,1} & \cdots & \nu_{1,k} \\ & \vdots & \\ \nu_{n,1} & \cdots & \nu_{n,k} \end{pmatrix}}_{\mathsf{S}} \underbrace{\begin{pmatrix} R_1 \\ R_2 \\ \vdots \\ R_k \end{pmatrix}}_{\mathbf{R}}$$

Bezeichnet man den Konzentrationsvektor mit $\mathbf{c_A}$, den Ratenvektor mit $\mathbf{R}$ und die Koeffizientenmatrix mit S, so wird das kinetische Gleichungssystem vereinfacht zu

$$\frac{d\mathbf{c_A}}{dt} = \mathsf{S}\,\mathbf{R}.$$

Gewöhnliche Differentialgleichungen (*ODE*, engl. *ordinary differential equation*) enthalten nur Ableitungen nach einer einzigen Variablen. Sie erlauben eine Beschreibung von Konzentrationsänderungen in homogener Phase. Normalerweise benutzt man für gewöhnliche Differentialgleichungen in der Kinetik die Schreibweise $\frac{dc_\mathrm{A}}{dt} = f(t)$. In Reaktions-Diffusions-Systemen ändern sich die Konzentrationen nicht nur mit der Zeit, sondern auch mit dem Ort. Daher muß neben der Ableitung der Konzentrationen nach der Zeit t auch ihre Ableitung nach der Ortskoordinate z berücksichtigt werden. Für diese *partiellen Differentialgleichungen* benutzt man die Schreibweise $\partial c_\mathrm{A}/\partial t = f(t, z)$. Raum-zeitliche Muster in chemischen Reaktionen und die zugehörigen partiellen Differentialgleichungen werden in Kapitel 8 behandelt.

Ein Beispiel soll die oben gegebene Definition des Geschwindigkeitsgesetzes verdeutlichen: Für die einfache Reaktion A $\rightarrow$ B gibt es nur zwei stöchiometrische Koeffizienten, d. h. die stöchiometrische Koeffizientenmatrix besitzt eine Spalte und zwei Zeilen. Ordnet man dem Edukt A den Index $i = 1$ und dem Produkt P den Index $i = 2$ zu, so erhält man die Elemente $\nu_{11} = -1$ und $\nu_{21} = 1$:

$$\mathsf{S} = \begin{pmatrix} -1 \\ 1 \end{pmatrix} \quad \text{und} \tag{2.6}$$

$$\frac{d}{dt}\begin{pmatrix} A \\ B \end{pmatrix} = \begin{pmatrix} -1 \\ 1 \end{pmatrix} R_1 \tag{2.7}$$

In Worten bedeutet dies: Ein Mol der Komponente A wird in Reaktion 1 verbraucht, um 1 Mol der Komponente B zu bilden. Die Rate der Reaktion ist $R_1 = k_1 c_A$, wobei k_1 die Geschwindigkeitskonstante dieser Reaktion ist. Die Geschwindigkeitsgesetze für A und B lauten somit $\frac{c_A}{dt} = -1\, k_1\, c_A$ und $\frac{dc_B}{dt} = +1\, k_1\, c_A$.

Bei einfachen Reaktionen ist dieser Formalismus umständlich; wertvoll wird er erst bei Geschwindigkeitsgleichungen von komplexen Mechanismen. Als Beispiel für den systematischen Weg vom Reaktionsmechanismus zu den Geschwindigkeitsgleichungen sei der sogenannte *Brüsselator* genannt, der uns noch häufig als Arbeitspferd gute Dienste leisten wird. Der Brüsselator ist ein von Prigogine und Lefever 1968 an der Freien Universität Brüssel aufgestelltes Schema einer nichtlinearen Reaktion, an dem sich viele generische Phänomene der nichtlinearen Reaktionsdynamik studieren lassen. Im weiteren Verlauf des Buches werden wir dem Brüsselator häufig begegnen. Deshalb wollen wir dieses Modell an dieser Stelle ausführlich vorstellen.

Der Brüsselator

Der Brüsselator setzt sich aus folgenden Einzelschritten zusammen:

$$\begin{aligned} \mathrm{A} &\xrightarrow{k_1} \mathrm{X} \\ \mathrm{B}+\mathrm{X} &\xrightarrow{k_2} \mathrm{Y}+\mathrm{D} \\ 2\,\mathrm{X}+\mathrm{Y} &\xrightarrow{k_3} 3\,\mathrm{X} \\ \mathrm{X} &\xrightarrow{k_4} \mathrm{E} \end{aligned} \tag{2.8}$$

Im Verlauf der Bruttoreaktion werden aus den Ausgangsstoffen A und B die Produkte D und E gebildet: $\mathrm{A}+\mathrm{B} \rightarrow \mathrm{D}+\mathrm{E}$. Die Reaktion verläuft über zwei Intermediate X und Y. Im dritten Reaktionsschritt werden aus zwei Molekülen X und einem Molekül Y drei Moleküle X gebildet. Das Zwischenprodukt X katalysiert also seine eigene Bildung: Diese *Autokatalyse* ist Ursache der Nichtlinearität des Brüsselators. Wegen der Stöchiometrie $2\,X + Y \rightarrow 3\,X$ spricht man von einer Autokatalyse zweiter Ordnung, während die oben erwähnte (Gleichung (2.2)) einer Autokatalyse erster Ordnung der Stöchiometrie $X + Y \rightarrow 2\,X$ gehorcht. Der Einfachheit halber wollen wir annehmen, daß alle Reaktionen irreversibel (unumkehrbar) verlaufen. Die Edukte A und B sollen außerdem im Überschuß vorliegen, so daß sich ihre Konzentration sehr viel weniger ändert, als die Konzentrationen der Zwischenprodukte X und Y. Durch diese als *chemical-pool*-Näherung bezeichnete Annahme werden die Eduktkonzentrationen zu konstanten Parametern des Modells. Aus thermodynamischer Sicht bedeutet diese Konstanz der Konzentrationen von A und B, daß es sich nicht um ein geschlossenes sondern um ein offenes System handelt, in dem A und B ständig von außen nachgeliefert werden.

Damit reduziert sich der Brüsselator auf zwei Differentialgleichungen für die zeitliche Änderung der Intermediate X und Y.

Dimensionslose Variablen

Zur weiteren Analyse des Brüsselatorschemas ist es vorteilhaft, sowohl alle Konzentrationen als auch die Zeit als *dimensionslose* Variablen darzustellen. Man braucht dann nicht mehr auf Einheiten zu achten und kann zudem die Geschwindigkeitsgleichungen vereinfachen. Um eine dimensionsbehaftete Größe in eine dimensionslose Variable zu überführen, teilt man diese Größe einfach durch eine Größe derselben Dimension. Man nennt dies *Normierung* oder *Reduzierung*. Eine Konzentration, die in mol/L ausgedrückt wird, transformiert man einfach dadurch in eine dimensionslose (reduzierte oder normierte) Variable, indem man sie durch eine konstante Bezugskonzentration in mol/L dividiert. Als Bezugsgröße wählt man am besten einen charakteristischen Wert derjenigen Größe, die man reduzieren will. So überführt man die Zeit t, die z. B. in Sekunden gemessen wird, vorteilhaft in die dimensionslose Zeit τ, indem man sie auf eine charakteristische Zeit t_0 bezieht:

$$\tau = t/t_0 \tag{2.9}$$

Für die charakteristische Zeit wählt man im Brüsselator $t_0 = k_4^{-1}$, da die Reaktion $X \xrightarrow{k_4} E$ die Umwandlung der autokatalytischen Spezies X in das Produkt E beschreibt.

Dimensionslose Konzentrationen erhält man nach dem Schema $C \stackrel{def}{=} c_C/C_0$. Hier ist C die dimensionslose Konzentration, c_C die dimensionale Konzentration (etwa n mol/L) und C_0 eine konstante charakteristische Konzentration (m mol/L), die man mehr oder weniger frei wählen kann. Die reduzierte Variable ist dann $C = \frac{n}{m}$. Im Brüsselator benutzt man gemeinhin die folgende Normierung der Variablen:

$$X = c_X/(k_4/k_3)^{1/2}, \quad Y = c_Y/(k_4/k_3)^{1/2}, \quad A = c_A/(k_4^3/k_1^2k_3)^{1/2},$$
$$B = c_B/(k_4/k_2)$$

Zur Unterscheidung zwischen den dimensionalen Konzentrationen c_X, c_Y, c_A und c_B und den reduzierten Variablen wollen wir die letzteren einfach mit X,Y,A und B bezeichnen. Diese neuen dimensionslosen Variablen enthalten bereits die Geschwindigkeitskonstanten, die daher in den Gleichungen nicht mehr explizit erscheinen. Die Raten der Einzelreaktionen des Brüsselators lassen sich nun direkt angeben:

$$R_1 = A, \quad R_2 = B\,X, \quad R_3 = X^2\,Y, \quad R_4 = X$$

Die Matrix der stöchiometrischen Koeffizienten lautet:

$$\mathsf{S} = \begin{pmatrix} +1 & -1 & +1 & -1 \\ 0 & +1 & -1 & 0 \end{pmatrix}$$

Die beiden Zeilen entsprechen den beiden Spezies X und Y, die vier Spalten korrespondieren mit den vier Einzelreaktionen des Brüsselators. Mit den Ausdrücken für die Reaktionsraten und der Matrix der stöchiometrischen Koeffizienten erhält man nach Gleichung (2.5) zwei gewöhnliche Differentialgleichungen, die die Dynamik des Brüsselators in homogener Phase beschreiben:

$$\begin{aligned} \frac{dX}{d\tau} &= A - (B+1)\,X + X^2\,Y \\ \frac{dY}{d\tau} &= B\,X - X^2\,Y \end{aligned} \qquad (2.10)$$

Die am Beispiel des irreversiblen Brüsselators aufgezeigte systematische Route vom chemischen Reaktionsmechanismus zu einem Satz von Gleichungen erlaubt eine rasche und sichere Übersetzung von einem chemischen in einen mathematischen Formalismus. Der Rest dieses Kapitels soll einigen wichtigen Aspekten nichtlinearer gewöhnlicher Differentialgleichungen gewidmet werden.

2.2 Gewöhnliche Differentialgleichungen

Mit dem in Abschnitt 2.1 beschriebenen Formalismus haben wir eine Methode kennengelernt, mit der aus einem Satz chemischer Reaktionsgleichungen ein mathematisches Modell der Reaktion aufgestellt werden kann. Die Gleichungen des mathematischen Modells beschreiben dabei die Geschwindigkeit, mit der sich die Variablen des Systems – etwa die Konzentration einer Komponente oder auch die Temperatur in einem thermokinetischen Modell – ändert. Systeme, die sich durch eine zeitliche Evolution ihrer Variablen auszeichnen, sind allgegenwärtig. Nicht nur chemische Reaktionen, sondern auch viele physikalische und biologische Prozesse lassen sich grundsätzlich mit Hilfe von Differentialgleichungen modellieren. Die Lösungen dieser Gleichungen sind zeitabhängige Funktionen, die man als *Zeitreihen* oder *Zeitserien* der Variablen bezeichnet.

Zeitreihen und Trajektorien

Zeitreihen beschreiben die zeitliche Entwicklung des Systems. Nur in einfachen Fällen kann man die gesuchten Zeitserien auf analytischem Wege bestimmen; komplexe Modelle lassen sich oft nur numerisch lösen. Vor allem bei den im Zusammenhang dieses Textes besonders wichtigen nichtlinearen kinetischen Differentialgleichungen ist man auf numerische Verfahren zur Integration der Gleichungen angewiesen. Wie schon in Abschnitt 2.1 erwähnt, führen autokatalytische Schritte in einem Reaktionsmechanismus in den zugehörigen kinetischen Gleichungen zu nichtlinearen Termen der Form $+XY$ oder $+X^2Y$. Nichtlineare Terme können daneben auch durch autoinhibitorische Schritte – hier verlangsamt eine chemische Spezies ihre eigene Bildungsgeschwindigkeit – in ein Modell Eingang finden. Der Computer ist hier ein unentbehrliches Werkzeug.

Jeder Zustand des Systems wird durch die n Werte der Systemvariablen eindeutig beschrieben. Die Gesamtheit aller möglichen Zustände spannt den *Zustands-* oder *Phasenraum* des Systems auf. Zum Beispiel wird der Brüsselator in Schema (2.8) durch die zwei gewöhnlichen Differentialgleichungen (2.10) beschrieben. Diese Gleichungen geben die zeitliche Änderung der dimensionslosen Konzentrationen X und Y wieder. Die Dimension des Zustands- oder Phasenraumes, in dem sich der Brüsselator bewegt, ist also gleich zwei. Jedes Paar von X- und Y-Werten, das den Gleichungen (2.10) gehorcht, wird als ein Zustand des Systems bezeichnet. Eine numerische Integration der Gleichungen (2.10) ergibt die Zeitreihen der Variablen $X(t)$ und $Y(t)$ bei vorgegebenen Pa-

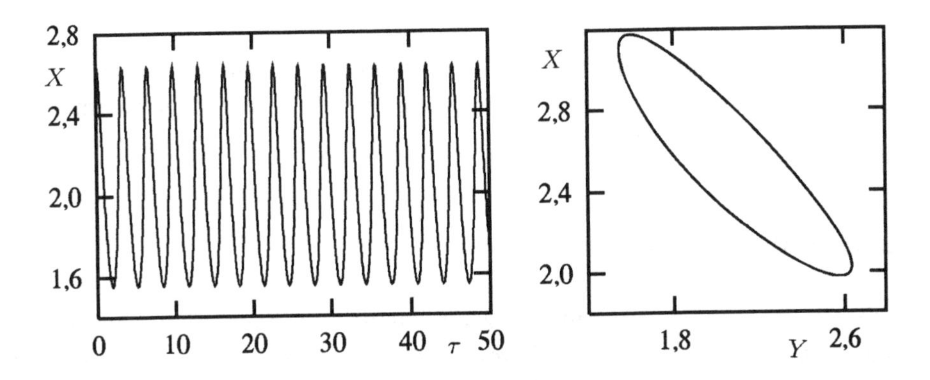

2.1 Zeitserie von X (links) und Trajektorie des Brüsselators (rechts).

rametern A und B. Das Zeitverhalten des betrachteten Systems kann nun auf verschiedene Arten dargestellt werden:

1. Man kann die Variablen gegen die Zeit auftragen und die Dynamik des Systems anhand der Zeitreihen beschreiben.

2. Man kann auch die Bahnen, die das System zeitlich durchläuft, im Phasenraum betrachten. Eine solche Auftragung beschreibt das zeitliche Verhalten des Systems als geometrisches Objekt im Phasenraum.

Im Falle des Brüsselators haben wir also die Wahl, entweder $X(t)$ bzw. $Y(t)$ gegen die Zeit, oder aber zu jedem Zeitpunkt $X(t)$ gegen $Y(t)$ aufzutragen. Die Bahn, die ein System in seinem Phasenraum beschreibt, wird *Trajektorie* genannt. Das Wort ist lateinischen Ursprunges und bedeutet soviel wie *Flugbahn* (lat. traicere: *hinüberwerfen*). In Abbildung 2.1 (links) wird eine Zeitserie von X im Brüsselator gezeigt, die aus einer numerischen Integration der Gleichungen (2.10) erhalten wurde. Der Wert von X ändert sich periodisch; dasselbe gilt für die zweite Variable Y. Abbildung 2.1 (rechts) veranschaulicht die entsprechende Trajektorie des Brüsselators in seinem Phasenraum. Aus der Darstellung der Trajektorie erhält man die Amplituden der Oszillationen von X und Y, indem man die Minima und Maxima auf der X- und Y-Achse abliest. Man erhält jedoch keine Information über die Frequenz. Andererseits erlaubt die Darstellung in Form einer geometrischen Figur eine zusätzliche Analyse des Systems (siehe auch Kapitel 4).

Hängt die zukünftige Evolution eines Systems eindeutig von seinem gegenwärtigen Zustand ab, so beschreibt die Abfolge der Zustandspunkte im Phasenraum (Trajektorie) einen *Fluß*. Der Fluß beschreibt also die kontinuierliche zeitliche Entwicklung eines Systems. Zusammen mit dem Phasenraum ergibt der Fluß das *dynamische System*.

Konservative und dissipative Systeme

Dynamische Systeme kann man in zwei Hauptgruppen einteilen: *konservative* und *dissipative* Systeme. Diese Bezeichnungen enthalten keinerlei Wertung; sie beziehen sich vielmehr auf die Gesamtenergie eines Systems. In konservativen Systemen bleibt die Gesamtenergie konstant (lat.: *conservare*: beibehalten). Ein Beispiel dafür ist das ideale (mathematische) Pendel (eine punktförmige Masse, die reibungsfrei an einer masselosen Schnur aufgehängt ist): Es wandelt ständig kinetische und potentielle Energie verlustfrei (ohne Reibung) ineinander um, ohne Energie an seine Umgebung abzugeben oder aufzunehmen. Die Gesamtenergie des Pendels hängt von der Anfangsamplitude ab, mit der es angestoßen wird. Einen Phasenraum des mathematischen Pendels kann man aus der Auslenkung und der Geschwindigkeit des Massepunktes konstruieren. In diesem Raum beschreibt das schwingende Pendel eine geschlossene Kurve, wenn man Auslenkung und Geschwindigkeit des Pendels gegeneinander aufträgt. Die von dieser Trajektorie eingeschlossene Fläche hängt von der anfänglichen Auslenkung ϕ_0 ab: Stößt man das Pendel stark an, so beschreibt es eine große Schleife; stößt man weniger stark, so gibt es sich mit einer kleineren Schleife zufrieden.

Chemische Reaktionen dagegen wandeln ständig Moleküle ineinander um, sie verbrauchen oder erzeugen dabei Wärme. Wenn ein Reaktionssystem sich nicht im Gleichgewicht befindet, kann es Energie, Entropie und Materie mit der Umgebung austauschen. Man spricht von einem *dissipativen System* (lat.: *dissipare*: zerstreuen). In dissipativen Systemen kann die Entropie lokal abnehmen, ohne daß der zweite Hauptsatz der Thermodynamik verletzt würde. Dissipative Systeme können die Fähigkeit der Selbstorganisation besitzen. Entsteht in einem dissipativen System ein geordneter Zustand aus einem weniger geordneten, muß die Entropie in der Umgebung des Systems wachsen, um die lokal erniedrigte Entropie des Systems zu kompensieren. Um die Verluste an Masse und Energie auszugleichen, muß ein dissipatives System ständig von außen versorgt werden. Im Brüsselator wird dieser andauernde Einfluß von Materie durch die *chemical-pool*-Annahme berücksichtigt. Man kann sich vorstellen, daß Pumpen aus einem externen Vorratsgefäß immer soviel A und B in das Reaktionsmedium pumpen, daß ihre Konzentration stets gleich bleibt. In Experimenten mit chemischen Oszillatoren pumpt man Eduktlösungen mit einer bestimmten Geschwindigkeit in ein gerührtes Reaktionsgefäß. Gleichzeitig fließt die Lösung durch einen Überlauf aus dem Reaktor ab, so daß das Volumen der Reaktionslösung konstant bleibt (siehe hierzu auch Abschnitt 3.1).

Im Gegensatz zu konservativen Systemen bewegt sich die Trajektorie eines dissipativen Systems stets innerhalb eines begrenzten Volumens des Phasenraumes. Dabei ist es unwichtig, aus welchem Anfangszustand das System gestartet wurde. Man nennt ein geometrisches Objekt im Phasenraum, auf dem sich die Trajektorie eines dissipativen Systems nach einer gewissen *Transienzzeit* (lat.: *transire*: hinübergehen) bewegt, den *Attraktor* (lat.: *attrahere*: anziehen) des Systems. Die Transienzzeit ist einfach diejenige Zeitspanne, die das System braucht, um von einem gegebenen Startpunkt aus den Attraktor zu erreichen. Ein Attraktor kann ein einzelner Punkt im Phasenraum sein, Attraktoren können aber auch komplexere Gebilde wie geschlossene Kurven, Tori oder fraktale Objekte formen. Im Verlauf dieses Textes wird noch sehr oft von Attraktoren die Rede sein. In der Literatur findet man den Begriff *asymptotisches Verhalten*. Damit bezeichnet man das Zeitverhalten des Systems, nachdem es seinen Attrakor (nach einer genügend langen Transienzzeit) erreicht hat. Das ovale Gebilde in Abbildung 2.1 (rechts) stellt den Attraktor des Brüsselators bei den benutzten Parameterwerten dar. Alle Trajektorien laufen unabhängig von ihrem Startpunkt nach einer gewissen Zeit auf dieser Kurve. Der Attraktor charakterisiert also ein dissipatives dynamisches System. Konservative Systeme werden allein durch ihre Trajektorien beschrieben, da sie keinen Attraktor besitzen, der diese Trajektorien aus seiner Umgebung auf sich zieht.

Wir haben nun die wichtigsten Begriffe kennengelernt, die uns bei der Diskussion der nichtlinearen Dynamik in der Chemie begegnen werden. In den folgenden Abschnitten wenden wir uns einigen möglichen Lösungen der kinetischen Differentialgleichungen zu.

2.3 *Stationäre und periodische Lösungen

Der einfachste Attraktor eines dissipativen Systems ist ein Punkt. Dieser Punkt beschreibt einen Zustand, den das System nach einer Transienzzeit erreicht und auf dem es verweilt, solange man es nicht von außen in einen anderen Zustand zwingt. Man darf diesen *stationären Zustand* aber nicht mit dem thermodynamischen Gleichgewichtszustand verwechseln. Ein dissipatives System kann stationär sein, obwohl es weit von seinem thermodynamischen Gleichgewicht entfernt ist. Durch den ständigen Zufluß von Materie aus der Umgebung kann ein stationärer Zustand erreicht werden, in dem der Austausch mit der Umwelt alle chemischen Änderungen im System gerade ausgleicht[1]. Isoliert man ein solches System von seiner Umgebung, indem man zum Beispiel die Pumpe abschaltet, welche die Chemikalien in den Reaktor befördert, so verläßt das System seinen stationären Zustand und strebt dem thermodynamischen Gleichgewicht zu.

Für einen stationären Zustand (wie auch für ein thermodynamisches Gleichgewicht) gilt (vgl. Gleichung 2.5)

$$\frac{dc_{\mathrm{A}_i}}{dt} = 0. \tag{2.11}$$

Für die Zeitreihen aller Variablen A_i ist

$$c_{\mathrm{A}_i}(t) = \text{const.}, \tag{2.12}$$

d.h. die Konzentrationen aller Spezies sind zeitlich konstant. Interessanterweise kann ein dissipatives System mehr als einen einzelnen stationären Zustand besitzen. Jeder stationäre Zustand zieht die Trajektorien aus einem bestimmten Unterbereich des Phasenraumes in seiner Umgebung an. Allgemein nennt man einen Unterraum des Phasenraumes, aus dem die Trajektorien einem bestimmten Attraktor zustreben, das *Basin* dieses Attraktors.

Im Fall einer chemischen Reaktion, die mit Hilfe von zwei Variablen beschrieben werden kann, ist es praktisch, diejenigen Punkte im Phasenraum zu betrachten, an denen die zeitliche Änderung für je eine der beiden Variablen Null ist. Man erhält zwei Kurven, die sogenannten *Nullklinen* des Systems. An ihrem

[1]Zur Vereinfachung mancher – vor allem enzymatischer – Reaktionsmechanismen nimmt man an, daß die Konzentration eines instabilen Zwischenproduktes in einem geschlossenen System näherungsweise konstant bleibt. Diese als „Bodensteinsche Quasistationaritäts-Annahme" bekannte Näherung muß vom hier diskutierten „echten" stationären Zustand unterschieden werden.

Schnittpunkt ist die Reaktionsgeschwindigkeit der ersten wie auch der zweiten Komponente gleich Null und das System befindet sich in einem stationären Zustand. Wir wollen dieses nützliche Konzept am Beispiel eines zweidimensionalen, stark vereinfachten Modells der Belousov-Zhabotinsky-Reaktion (BZ-Reaktion) verdeutlichen. Diese Reaktion ist zu einer Art „Standardreaktion" für das Studium nichtlinearer Phänomene in chemischen Reaktionen geworden. Als BZ-Reaktion bezeichnet man die Oxidation von Malonsäure durch Bromat in schwefelsaurer Lösung, wobei ein wechselvalentes Metallion (beispielsweise Ce^{3+}, Mn^{2+} oder Fe^{3+}) als Katalysator zugegen ist. Sie wurde 1958 von dem russischen Chemiker B. P. Belousov zufällig entdeckt. Bei seinen Arbeiten zum Mechanismus des Zitronensäurezyklus wollte Belousov die Konzentration von Zitronensäure in einer Probe auf cerimetrischem Wege bestimmen. Er titrierte dabei die Probelösung in einem stark schwefelsauren Medium mit einer $Ce(SO_4)_2$-Lösung. Anstelle des erwarteten Farbumschlages von farblos nach blaßgelb am Äquivalenzpunkt der Titration beobachtete Belousov aber einen periodischen Farbwechsel, der ihn natürlich daran hinderte, den Endwert der Titration zu bestimmen. In der Folgezeit versuchte er ohne Erfolg, diese überraschende Beobachtung in den einschlägigen Zeitschriften zu publizieren. Erst eine wenig gelesene Zeitschrift für Nuklearmedizin war bereit, sein Manuskript anzunehmen. Mitte der sechziger Jahre modifizierte A. Zhabotinsky die Reaktion, indem er Malonsäure anstelle der Zitronensäure verwendete. Die Oszillationen wurden dadurch stabiler und besser reproduzierbar. Ein erster Mechanismus wurde 1972 von R. Field, E. Körös und R. Noyes aufgestellt. In Kapitel 3 wird von diesem Mechanismus ausführlicher die Rede sein. Hier sei nur soviel gesagt, daß dieser sogenannte FKN-Mechanismus (nach den Initialen seiner Begründer benannt) die Grundlage für das folgende zweidimensionale Modell der Reaktion bildet (zur Herleitung siehe Abschnitt 3.4.1):

$$
\begin{aligned}
\epsilon\frac{dU}{d\tau} &= U(1-U) + \frac{f(q-U)V}{q+U} \\
\frac{dV}{d\tau} &= U - V
\end{aligned}
\tag{2.13}
$$

Dieses Modell wird häufig kurz *Zwei-Variablen-Modell* oder *Zwei-Variablen-Oregonator* genannt. Der Name *Oregonator* leitet sich vom US-Bundesstaat Oregon, dem Heimatstaat von Prof. Noyes, ab. In dem stark vereinfachten Schema (2.13) ist U die dimensionslose Konzentration des Zwischenproduktes $HBrO_2$ und V die von Ce^{4+}. Die Parameter ϵ, f und q enthalten die Geschwindigkeitskonstanten und die konstant gehaltenen Konzentrationen der Edukte. Es wird

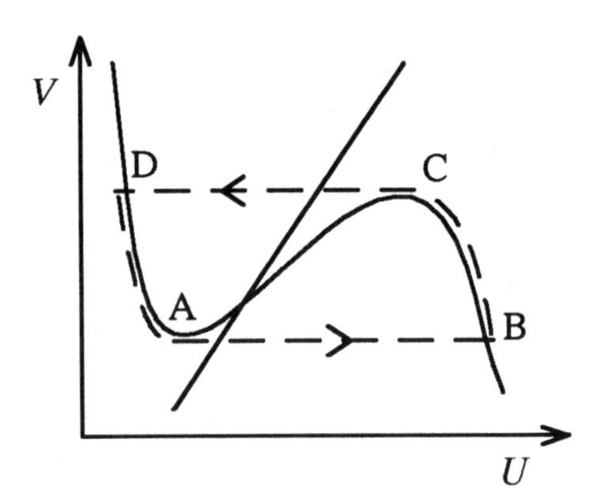

2.2 Nullklinen von U und V im Zwei-Variablen-Modell der BZ-Reaktion

angenommen, daß die Konzentration von Bromidionen, dem dritten wichtigen Intermediat der Reaktion, linear von U und V abhängt, so daß die beiden Gleichungen (2.13) die Dynamik der BZ-Reaktion hinreichend gut beschreiben. Der Faktor ϵ ist viel kleiner als eins. Dadurch wird eine Separation der Zeitskalen in der BZ Reaktion ausgedrückt: Ein Zustandspunkt in der U-V-Ebene bewegt sich in bestimmten Regionen der Ebene sehr schnell, in anderen sehr langsam.

Die Nullklinen dieses Modells sind diejenigen Kurven in der U-V-Ebene, die durch die Gleichungen

$$\begin{aligned} U\,(1-U) + \frac{f\,(q-U)\,V}{q+U} &= 0 \\ U - V &= 0 \end{aligned} \tag{2.14}$$

definiert werden. Ihre analytische Form ergibt sich durch Umstellen der Gleichungen 2.14 zu:

$$\begin{aligned} V &= -\frac{q\,U + (1-q)\,U^2 - U^3}{f\,(q-U)} \\ V &= U \end{aligned} \tag{2.15}$$

Die Nullkline von U ($\frac{dU}{dt} = 0$) ist ein Polynom dritten Grades, die von V ($\frac{dV}{dt} = 0$) eine Gerade. Sie werden in Abbildung 2.2 gezeigt. Die Schnittpukte beider Linien entsprechen stationären Zuständen. Sie können in drei verschiedenen Abschnitten liegen:

1. Der Schnittpunkt liegt links vom Minimum der U-Nullkline: Stabiler stationärer Zustand bei kleiner Konzentration von U.

2. Der Schnittpunkt liegt zwischen Minimum und Maximum: Instabiler stationärer Zustand (wie in Abbildung 2.2). Schon eine infinitesimal kleine Störung treibt das System von diesem Zustand weg; das System beginnt, Oszillationen auszuführen. Der Zustandspunkt springt dabei schnell von A nach B, bewegt sich dann langsam nach C, durchläuft schnell die Strecke CD und kehrt langsam wieder nach A zurück, wodurch der Zyklus vollendet wird. Dieser Typ von Oszillationen, der langsame und schnelle Abschnitte enthält, wird als *Relaxationsoszillation* bezeichnet. Nicht jeder chemische Oszillator führt jedoch Relaxationsoszillationen aus. Die Oszillationen des Brüsselatormodells in Abbildung 2.1 lassen sich nicht auf diese Weise beschreiben, da der Zustandspunkt sich hier gleichförmig durch den Phasenraum bewegt.

3. Der Schnittpunkt liegt rechts vom Maximum: Stabiler stationärer Zustand bei hoher Konzentration von U.

4. Die Nullkline von V kann die von U auch in allen drei Kurvenabschnitten zugleich schneiden. Daraus resultieren zwei stabile (und ein instabiler) stationäre Zustände: Das System zeigt *Bistabilität*. Es hängt von den Anfangsbedingungen ab, in welchem Zustand das System schließlich vorliegt.

Die beiden stabilen stationären Zustände zeichnen sich durch eine wichtige Eigenschaft aus, die *Erregbarkeit* genannt wird: Eine Störung des jeweiligen stationären Zustandes klingt exponentiell ab, wenn der Zustandspunkt den Kurvenabschnitt AC nicht überschreitet. Hier wird der Abschnitt AC als *Separatrix* (lat. separare: *trennen*) bezeichnet. Wird aber der Schwellenwert, der durch diese Separatrix markiert wird, durch die Störung überschritten, so folgt das System einmal der Schleife ABCD und führt dabei eine große Exkursion durch den Phasenraum aus. Erregbare Systeme verhalten sich also ähnlich wie Menschen von lebhaftem Temperament, die heftig reagieren können, wenn man sie ärgert. Bei der Entstehung chemischer Wellen in ungerührten Reaktions-Diffusions-Systemen sind erregbare stationäre Zustände von entscheidender Bedeutung. Das Konzept der Nullklinen eignet sich gut zum qualitativen Verständnis von Relaxationsoszillationen und der Erregbarkeit[2]. Um die Entstehung von Oszillationen quantitativ zu beschreiben, bedarf es einer etwas genaueren mathematischen Analyse.

[2]Stationäre Zustände in der Nähe von Bifurkationen wie der subkritischen Hopf-Bifurkation (Abschnitt 2.7) können sich ebenfalls erregbar verhalten, wenn Parameter wie die Flußgeschwindigkeit durch den Reaktor (siehe Abschnitt 3.1) gestört werden.

2.4 *Lineare Stabilitätsanalyse

Wie oben gezeigt wurde, gibt es nicht nur stabile, sondern auch instabile stationäre Zustände eines dynamischen Systems. Ein stationärer Zustand ist dann stabil, wenn eine Störung dieses Zustandes mit der Zeit verschwindet und sich der ursprüngliche stationäre Zustand wieder einstellt. Unter einer Störung wollen wir eine kleine Änderung der Konzentration einer oder mehrerer Komponenten des Systems verstehen. Ein instabiler stationärer Zustand wird vom System bei einer kleinen Störung verlassen und nicht wieder erreicht. Das System sucht dann einen anderen Attraktor und führt beispielsweise Oszillationen aus. Die Kenntnis der Stabilität eines Zustandes ist also entscheidend, wenn man das dynamische Verhalten eines Systems beschreiben will. Bei der im folgenden verwendeten Vektorschreibweise der Gleichungen wollen wir Vektoren wie **V** und Matrizen wie M kennzeichnen.

Ein System von n kinetischen Gleichungen in Vektorschreibweise der Form

$$\begin{aligned} \frac{dc_{\mathrm{A}_i}}{dt} &= f_i(\mathbf{A}) \quad \text{mit} \\ i &= 1 \cdots n \quad \text{und} \\ \mathbf{A} &= \begin{pmatrix} c_{\mathrm{A}_1} \\ c_{\mathrm{A}_2} \\ \vdots \\ c_{\mathrm{A}_n} \end{pmatrix}, \end{aligned} \tag{2.16}$$

soll sich in einem stationären Zustand befinden: $f_1^s(\mathbf{A}) = 0 \cdots f_n^s(\mathbf{A}) = 0$ und $c_{\mathrm{A}_i}^s = \text{const.}$ Der hochgestellte Index s soll daran erinnern, daß sich die damit gekennzeichneten Größen auf den stationären Zustand beziehen[3]. Der Einfachheit halber wollen wir nun annehmen, daß die kinetischen Gleichungen bereits die reduzierten, dimensionslosen Variablen enthalten. Wir können dann die mathematischen Variablen A_i anstelle der chemischen Konzentrationen c_{A_i} benutzen.

Eine kleine Störung des stationären Zustandes $\mathbf{A}^s$ sei

$$\gamma = \mathbf{A} - \mathbf{A}^s \tag{2.17}$$

wobei γ einen Vektor bezeichnet, dessen Elemente γ_i gleich den Störungen der einzelnen Variablen A_i sind. Wenn für die Vektorelemente $\gamma_i \ll 1$ gilt, so kann

[3]Die Behandlung der Störungen um den stationären Zustand besitzt formale Ähnlichkeit mit der Behandlung von gestörten Gleichgewichten, wie beispielsweise bei den Relaxationsmethoden.

man die zeitliche Evolution des Systems in der Nähe des stationären Zustandes näherungsweise in eine Taylor-Reihe entwickeln:

$$\frac{d\gamma_i}{dt} = f_i^s + \frac{\partial f_i^s}{\partial A_1}\gamma_1 + \frac{\partial f_i^s}{\partial A_2}\gamma_2 + \cdots \tag{2.18}$$

In der Nähe des stationären Zustandes ist $f_i^s \approx 0$ und der erste Term in Gleichung (2.18) kann eliminiert werden. Wenn man die höheren, nichtlinearen Glieder in γ der Taylor-Entwicklung vernachlässigt, erhält man aus Gleichung (2.18) für die zeitliche Entwicklung des Störvektors γ die Gleichung (in Vektornotation)

$$\frac{d\gamma}{dt} = \mathsf{J}_0\,\gamma. \tag{2.19}$$

Diese näherungsweise Linearisierung der Gleichungen (2.18) erweist sich als äußerst praktisch. Die nichtlinearen Gleichungen (2.18) kann man in den meisten Fällen nur numerisch auf dem Computer integrieren. Die linearisierte Gleichung (2.19) dagegen erlaubt es, wenigstens bei niederdimensionalen Systemen analytische Aussagen zur Stabilität eines stationären Zustandes zu machen. Die Matrix J, die alle Informationen des chemischen Mechanismus enthält, wird *Jacobi-Matrix* genannt. Sie enthält die partiellen Ableitungen der Ratengleichungen nach den Variablen:

$$\mathsf{J} = \begin{pmatrix} \frac{\partial(\frac{dA_1}{dt})}{\partial A_1} & \cdots & \frac{\partial(\frac{dA_1}{dt})}{\partial A_n} \\ \vdots & & \\ \frac{\partial(\frac{dA_n}{dt})}{\partial A_1} & \cdots & \frac{\partial(\frac{dA_n}{dt})}{\partial A_n} \end{pmatrix}$$

Der Index 0 bei J_0 in Gleichung (2.19) bedeutet, daß die Jacobi-Matrix am stationären Zustand benutzt wird. Gleichung (2.19) besitzt immer die triviale Lösung $\gamma(t) = 0$. Diese Lösung zeichnet sich dadurch aus, daß sie einfach und leider völlig uninteressant ist. Stört man nämlich den stationären Zustand nicht, so kann es auch keine zeitliche Entwicklung der Störung geben. Mit Hilfe der Eigenwerte λ der Jacobi-Matrix und der Koeffizienten w kann man aber eine allgemeine nicht-triviale Lösung der Gleichung (2.19) angeben. Sie lautet:

$$\gamma_i(t) = \sum_{j=1}^{n} w_j\, e^{\lambda_j t} \tag{2.20}$$

Diese Gleichung beschreibt das zeitliche Verhalten der Störung in der Umgebung des betrachteten stationären Zustandes. Sind die Eigenwerte der Jacobi-Matrix

λ_i negativ, so klingt die Störung exponentiell ab, und der stationäre Zustand ist stabil. Bei positivem λ_i wächst selbst die kleinste Störung mit der Zeit an, der Zustand ist instabil. Es sind also die Eigenwerte der Jacobi-Matrix, die die Stabilität eines Zustandes beschreiben. Die Eigenwerte einer Matrix sind Zahlen, die dieser Matrix aufgrund der folgenden Überlegung zugeordnet werden.

Ein beliebiger, vom Nullvektor verschiedener Vektor **X** soll durch eine lineare Transformation T im n-dimensionalen Vektorraum in einen Vektor **Y** überführt werden. Wir betrachten diejenigen Vektoren, die durch Anwendung von T in ihr eigenes Vielfache überführt werden:

$$T(\mathbf{X}) = \lambda\,\mathbf{X} \tag{2.21}$$

Der Faktor λ kann reell oder komplex sein. In Matrixnotation nimmt Gleichung 2.21 die Form

$$\begin{aligned} \mathsf{A}\,\mathbf{X} &= \lambda\,\mathbf{X} \text{ bzw.} \\ (\mathsf{A} - \lambda\,\mathsf{I})\,\mathbf{X} &= 0 \end{aligned} \tag{2.22}$$

an. A ist die der Transformation T zugeordnete Matrix und I ist die Einheitsmatrix, d.h. alle Diagonalelemente von I sind gleich eins und alle Nichtdiagonalelemente gleich Null. Die Matrix $(\mathsf{A} - \lambda\,\mathsf{I})$ wird *charakteristische Matrix* von A genannt. Die Gleichung (2.22) definiert ein homogenes (die rechte Seite ist gleich Null) lineares Gleichungssystem, das dann ein nichtriviale Lösung besitzt, wenn die Koeffizientendeterminante verschwindet:

$$\det(\mathsf{A} - \lambda\,\mathsf{I}) = 0 \tag{2.23}$$

Die Gleichung (2.23) heißt *charakteristische Gleichung* der Matrix A. Sie ist eine Gleichung n-ten Grades in λ, die n Wurzeln $\lambda_1 \cdots \lambda_n$ bestitzt. Diese Wurzeln sind die *Eigenwerte* von A. Ein Beispiel wird zur Klärung beitragen: Die Eigenwerte der zweireihigen quadratischen Matrix

$$\mathsf{A} = \begin{pmatrix} +1 & 0 \\ -1 & +2 \end{pmatrix}$$

sollen berechnet werden. Die charakteristische Gleichung von A lautet:

$$\begin{aligned} \det(\mathsf{A} - \lambda\,\mathsf{I}) &= 0 \\ \det\begin{pmatrix} 1-\lambda & 0 \\ -1 & 2-\lambda \end{pmatrix} &= 0 \\ (1-\lambda)(2-\lambda) &= 0 \end{aligned}$$

Die Matrix A besitzt somit zwei Eigenwerte $\lambda_1 = 1$ und $\lambda_2 = 2$. Die Eigenwerte können allgemein positiv oder negativ, reell oder komplex sein. Negative Eigenwerte weisen auf einen stabilen stationären Zustand hin, ein positiver Eigenwert bedeutet Instabilität. Bei komplexen Eigenwerten erhält man als Lösung von Gleichung (2.19) nach Gleichung (2.20) oszillierende Lösungen, weil das zeitliche Verhalten des Systems dann gemäß der Eulerschen Formel

$$e^{i\phi} = \cos\phi + i\sin\phi \tag{2.24}$$

durch eine Kombination von Sinus- und Cosinus-Schwingungen ausgedrückt werden kann. Eine Übersicht der möglichen Eigenwerte in zweidimensionalen Systemen und der mit ihnen korrespondierenden Attraktoren wird in Abschnitt 2.5 gegeben.

Die Hopf-Bifurkation

Von besonderem Interesse ist der Übergang von einem stationären in einen oszillierenden Zustand bei Veränderung eines Parameters (*Bifurkationsparameter*) des Systems. Bereits 1942 konnte E. Hopf in einer richtungsweisenden Arbeit verallgemeinert zeigen, daß aus einem stationären Zustand Oszillationen entstehen können, wenn

1. sich das System gerade noch im stationären Zustand befindet
2. die Jacobi-Matrix am stationären Zustand ein Paar rein imaginäre Eigenwerte besitzt, so daß nach Gleichung (2.24) oszillierende Lösungen auftreten und
3. die Ableitung des Realteils der Eigenwerte nach dem Bifurkationsparameter positiv ist.

Besitzen die Eigenwerte negative Realteile, dann klingt eine Störung des stationären Zustandes ab und der Zustand ist stabil. Erst wenn der Realteil der konjugiert komplexen Eigenwerte positiv wird, können ungedämpfte Oszillationen entstehen. Verändert man einen Parameter des Systems, wie zum Beispiel die konstant gehaltenen Konzentrationen der Edukte A oder B im Brüsselator, so gelangt man schließlich an einen Punkt, an dem der stationäre Zustand seine Stabilität verliert und Oszillationen auftreten. Man nennt denjenigen Punkt, an dem sich zwei qualitativ verschiedene Zustände -wie stationäres und oszillierendes Verhalten- berühren, *Verzweigungs-* oder *Bifurkationspunkt.* Im Fall der oben diskutierten Bifurkation zwischen einer stationären und einer oszillierenden Lösung eines Gleichungssystems spricht man nach E. Hopf von einer *Hopf-Bifurkation.* Sie wird uns sowohl in den mathematischen Modellen chemischer Oszillatoren als auch in Experimenten noch häufig begegnen. Betrachten wir dazu wieder den Brüsselator:

Die Jacobi-Matrix für den Brüsselator lautet:

$$\mathsf{J} = \begin{pmatrix} -(B+1) + 2XY & X^2 \\ B - 2XY & -X^2 \end{pmatrix}$$

Die Lösung der Brüsselatorgleichungen für den stationären Zustand sind $X_0 = A$ und $Y_0 = B/A$. Damit wird die Jacobi-Matrix im stationären Zustand zu:

$$\mathsf{J}_0 = \begin{pmatrix} B-1 & A^2 \\ -B & -A^2 \end{pmatrix}$$

Aus dem Hopf-Theorem folgt, daß Oszillationen einsetzen, wenn die Eigenwerte dieser Matrix rein imaginär sind. Aus der charakteristischen Gleichung $\det(\mathsf{J}_0 - \lambda\,\mathsf{I}) = 0$ lassen sich die Eigenwerte analytisch bestimmen. Man erhält:

$$\det \begin{pmatrix} B-1-\lambda & A^2 \\ -B & -A^2-\lambda \end{pmatrix} = 0$$

$$A^2 + (-B+1+A^2)\,\lambda + \lambda^2 = 0$$

$$\Rightarrow \lambda_{1,2} = \frac{B-1-A^2 \pm \sqrt{(-B+1+A^2)^2 - 4\,A^2}}{2} \qquad (2.25)$$

Rein imaginäre Eigenwerte ergeben sich, wenn der Term $B - 1 - A^2$ gleich Null ist. Nun ist es gar nicht notwendig, die Eigenwerte λ_1 und λ_2 explizit zu berechnen. Die Bedingungen, die die Eigenwerte am Punkt der Hopf-Bifurkation erfüllen müssen, gelten gerade dann, wenn die Spur der Jacobi-Matrix am stationären Zustand verschwindet. Unter der *Spur* (tr(J); engl. trace) einer Matrix versteht man die Summe der Elemente mit gleichem Spalten- und Zeilenindex. Die Spur ist also die Summe der Diagonalelemente einer Matrix. In unsererm Fall ist also $\mathrm{tr}(\mathsf{J}_0) = B - 1 - A^2 = 0$: Man erhält dieselbe Bedingung wie aus der Eigenwertanalyse. Um die Parameter zu berechnen, bei denen eine Hopf-Bifurkation auftritt, muß man also zunächst die Jacobi-Matrix aufstellen und den oder die stationären Zustände des Systems berechnen. Anschließend setzt man die Werte der Variablen im stationären Zustand in die Jacobi-Matrix ein und berechnet die Spur dieser Matrix. Aus der Bedingung $\mathrm{tr}(J_0) = 0$ kann man die Parameterwerte im Hopf-Bifurkationspunkt berechnen. Der Exkurs 2.2 am Ende des Abschnittes 2.5 gibt einen Überblick über diese *lineare Stabilitätsanalyse* und erläutert ihre Anwendung am des Brüsselator. Eine Stabilitätsanalyse für den Zwei-Variablen-Oregonator (2.13) kann nach demselben Schema durchgeführt werden.

2.5 Der zweidimensionale Fall

In diesem Abschnitt besprechen wir alle Attraktoren, die in einem System von zwei gewöhnlichen Differentialgleichungen vorkommen können. Wir betrachten also Gleichungen der Form:

$$\begin{aligned} \frac{dA_1}{dt} &= f_1(A_1, A_2) \\ \frac{dA_2}{dt} &= f_2(A_1, A_2) \end{aligned} \tag{2.26}$$

Der Phasenraum eines solchen zweidimensionalen Systems ist die Ebene, die von den reduzierten Variablen A_1 und A_2 aufgespannt wird. Man kann die zeitlichen Entwicklung des Systems als Kurve in dieser Ebene darstellen, wobei jeder Punkt auf der Kurve den Zustand des Systems zu einer bestimmten Zeit beschreibt. Es ist leicht vorstellbar, daß diese Lebenslinie des Systems sich selbst nicht schneiden darf: An einem Schnittpunkt wäre das System nicht eindeutig definiert und wir könnten es nicht mit deterministischen, d. h. eindeutigen Gleichungen beschreiben. Der strenge mathematische Beweis dieser intuitiv zu begreifenden Eigenschaft zweidimensionaler Systeme ist allerdings ziemlich schwierig. Die Mathematiker haben den Beweis in Form des *Poincaré-Bendixson-Theorems* schon vor langer Zeit erbracht. Dieses Theorem besagt, daß die Trajektorie eines zweidimensionalen Systems nichtlinearer Differentialgleichungen, das weder eine stationäre Lösung besitzt, noch ins Unendliche entschwindet, entweder eine periodische Bahn oder eine spiralförmig auf eine solche Bahn zulaufende transiente Trajektorie sein muß. Mit anderen Worten: In einem zweidimensionalen Phasenraum gibt es nur punktförmige oder kreisähnliche Attraktoren. Das dynamische Verhalten ist dementspechend einfach: Entweder schwingen die Variablen des Systems periodisch oder sie sind in einem stationären Zustand bzw. bewegen sich transient auf diesen Attraktor zu.

Für ein System mit zwei Variablen A_1 und A_2 lautet die Jacobi-Matrix wie folgt:

$$\mathsf{J} = \begin{pmatrix} \frac{\partial(\frac{dA_1}{dt})}{\partial A_1} & \frac{\partial(\frac{dA_1}{dt})}{\partial A_2} \\ \\ \frac{\partial(\frac{dA_2}{dt})}{\partial A_1} & \frac{\partial(\frac{dA_2}{dt})}{\partial A_2} \end{pmatrix}$$

Die Spur dieser Matrix ist

$$\mathrm{tr}(\mathsf{J}) = \left(\frac{\partial(\frac{dA_1}{dt})}{\partial A_1}\right) + \left(\frac{\partial(\frac{dA_2}{dt})}{\partial A_2}\right), \tag{2.27}$$

ihre Determinante

$$\det(\mathsf{J}) = \left(\frac{\partial(\frac{dA_1}{dt})}{\partial A_1}\right)\left(\frac{\partial(\frac{dA_2}{dt})}{\partial A_2}\right) - \left(\frac{\partial(\frac{dA_1}{dt})}{\partial A_2}\right)\left(\frac{\partial(\frac{dA_2}{dt})}{\partial A_1}\right). \tag{2.28}$$

Die charakteristische Gleichung zur Berechnung der Eigenwerte von J ist

$$\det \begin{pmatrix} \frac{\partial(\frac{dA_1}{dt})}{\partial A_1} - \lambda & \frac{\partial(\frac{dA_1}{dt})}{\partial A_2} \\ \\ \frac{\partial(\frac{dA_2}{dt})}{\partial A_1} & \frac{\partial(\frac{dA_2}{dt})}{\partial A_2} - \lambda \end{pmatrix} = 0. \tag{2.29}$$

Daraus ergibt sich

$$\begin{aligned} \left(\frac{\partial(\frac{dA_1}{dt})}{\partial A_1} - \lambda\right)\left(\frac{\partial(\frac{dA_2}{dt})}{\partial A_2} - \lambda\right) - \left(\frac{\partial(\frac{dA_1}{dt})}{\partial A_2}\right)\left(\frac{\partial(\frac{dA_2}{dt})}{\partial A_1}\right) &= 0 \\ \lambda^2 - \lambda\left(\frac{\partial(\frac{dA_1}{dt})}{\partial A_1} + \frac{\partial(\frac{dA_2}{dt})}{\partial A_2}\right) - \left(\frac{\partial(\frac{dA_1}{dt})}{\partial A_2}\frac{\partial(\frac{dA_2}{dt})}{\partial A_1} - \frac{\partial(\frac{dA_1}{dt})}{\partial A_1}\frac{\partial(\frac{dA_2}{dt})}{\partial A_2}\right) &= 0. \end{aligned}$$

Mit Hilfe der Definitionen von Spur und Determinante der Jacobi-Matrix kann man dies zu

$$\lambda^2 - \lambda\,\mathrm{tr}(\mathsf{J}) + \det(\mathsf{J}) = 0 \tag{2.30}$$

vereinfachen. Die allgemeine Form der Eigenwerte ist damit (gemäß der allgemeinen Lösung quadratischer Gleichungen)

$$\begin{aligned} \lambda_{1,2} &= \frac{\mathrm{tr}(\mathsf{J}) \pm \sqrt{\mathrm{tr}(\mathsf{J})^2 - 4\det(\mathsf{J})}}{2} \quad \text{oder} \\ \lambda_{1,2} &= a_{1,2} + ib_{1,2}. \end{aligned} \tag{2.31}$$

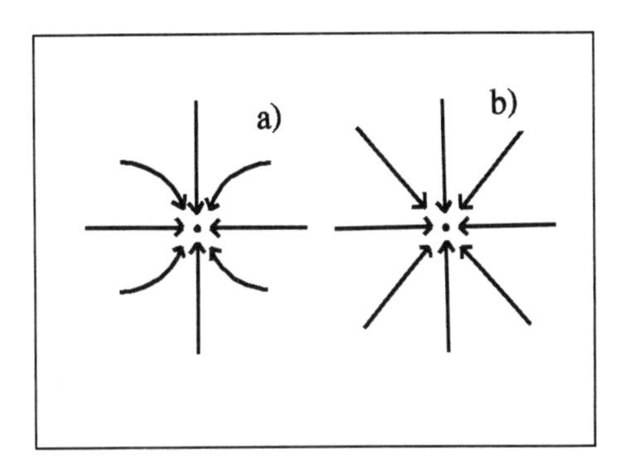

2.3 Trajektorien in der Umgebung eines stabilen Knotens

Hier ist a der Realteil und b der Imaginärteil des Eigenwertes. Wir betrachten die sechs generischen Kombinationen von a_1, a_2, b_1 und b_2, die den sechs verschiedenen Typen von Attraktoren in zweidimensionalen Systemen entsprechen. Fünf dieser Attraktoren sind stationäre Zustände, die sich durch ihre Stabilität und die Dynamik von Trajektorien in ihrer Umgebung unterscheiden. Der sechste Attraktor beschreibt periodische Oszillationen.

- 1. Fall: $a_1 < 0, a_2 < 0, b_1 = 0, b_2 = 0$
  Beide Eigenwerte sind reell und negativ. Die Trajektorien laufen direkt auf die stationäre Lösung zu, man spricht von einem *stabilen Knoten*. Im Phasenraum wird dieser Attraktor durch einen einzelnen Punkt charakterisiert. Seine geometrische Dimension ist daher gleich Null. Abbildung 2.3a stellt Trajektorien in der Nachbarschaft eines stabilen Knotens dar, wenn $\lambda_1 < \lambda_2$ ist. Die Trajektorien in Figur 2.3b entsprechen dem Fall $\lambda_1 = \lambda_2$.

- 2. Fall: $a_1 > 0, a_2 > 0, b_1 = 0, b_2 = 0$
  Beide Eigenwerte sind reell und positiv. Diese Kombination entspricht einem *instabilen Knoten*; Trajektorien in der Nähe dieses Punktes entfernen sich von ihm. Die Abbildung 2.4 zeigt zwei instabile Knoten mit a) $\lambda_1 > \lambda_2$ und b) $\lambda_1 = \lambda_2$.

- 3. Fall: $a_1 > 0, a_2 < 0, b_1 = 0, b_2 = 0$
  Beide Eigenwerte sind reell und haben unterschiedliche Vorzeichen. Der stationäre Punkt zieht Trajektorien aus einer Richtung an, in der anderen stößt er sie ab. Ein solcher Punkt wird *instabiler Sattel* genannt. Sattelpunkte sind stets instabil. Zur Verdeutlichung kann man sich einen Sattel vorstellen, wie er aus Westernfilmen hinreichend bekannt ist. Läßt man einen Golfball am Sattelknauf los, so rollt er zunächst auf die Mitte des

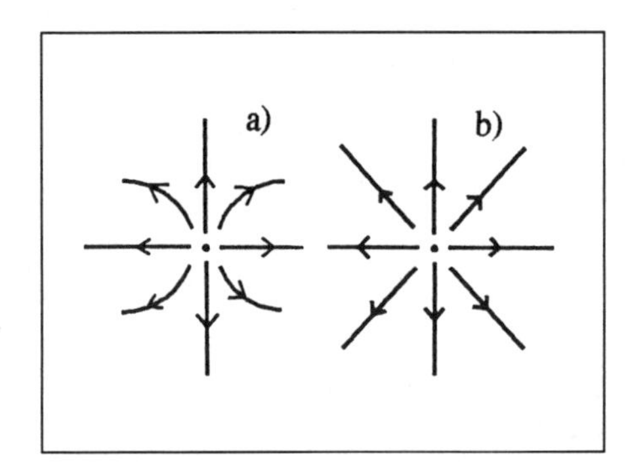

2.4 Trajektorien in der Umgebung eines instabilen Knotens

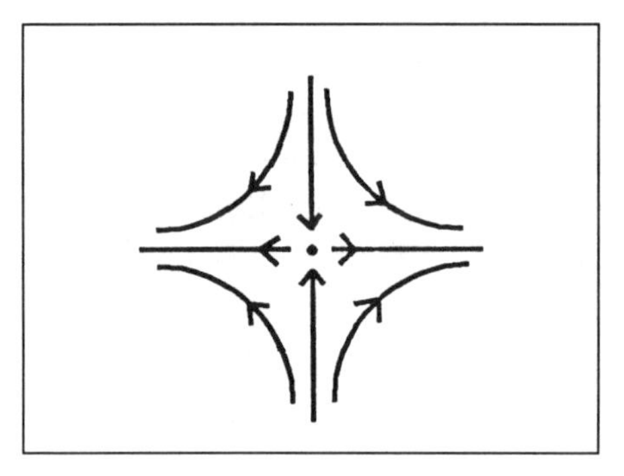

2.5 Trajektorien in der Umgebung eines Sattelpunktes

Sattels zu und fällt dann seitlich herunter. Trajektorien in der Nähe eines Sattelpunktes verhalten sich ähnlich, wie in Abbildung 2.5 dargestellt ist.

- 4. Fall: $a_1 < 0, a_2 < 0, b_1 \neq 0, b_2 \neq 0$
  Beide Eigenwerte sind komplex und haben negative Realteile. Die Trajektorien laufen spiralförmig auf den stationären Punkt zu. Diese Situation wird als *stabiler Fokus* oder *stabiler Strudel* bezeichnet. In Abbildung 2.6 wird der Verlauf einer Trajektorie auf den Fokus hin gezeigt.

- 5. Fall: $a_1 > 0, a_2 > 0, b_1 \neq 0, b_2 \neq 0$
  Die Eigenwerte sind komplex mit positiven Realteilen. Bei einer kleinen Störung des stationären Zustandes laufen die Trajektorien in Spiralen von ihm weg. Man spricht von einem *instabilen Fokus* oder instabilen Strudel (Abb. 2.7).

- 6. Fall: $a_1 = 0, a_2 = 0, b_1 \neq 0, b_2 \neq 0$
  Beide Eigenwerte sind rein imaginär. Die Trajektorien werden weder auf einen stationären Punkt hingezogen, noch entfernen sie sich stetig von

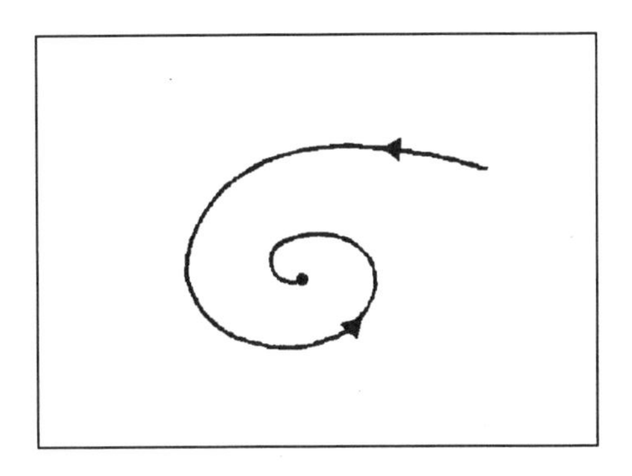

2.6 Trajektorien in der Umgebung eines stabiles Fokus

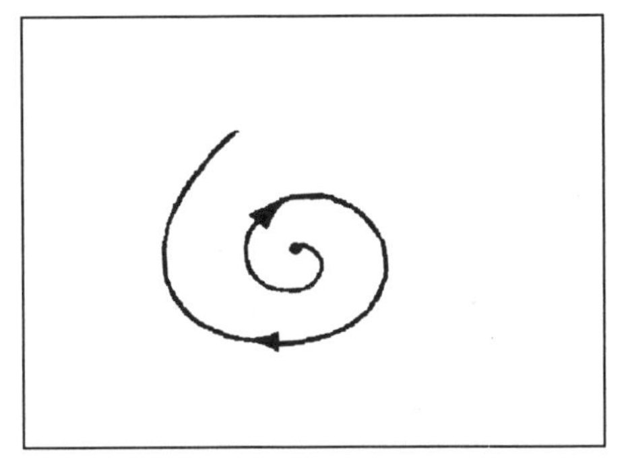

2.7 Trajektorien in der Umgebung eines instabilen Fokus

ihm. Vielmehr bilden sie eine geschlossene Linie, einen *stabilen Grenzzyklus* (Abbildung 2.8). Als geschlossene Linie im Phasenraum besitzt dieser Attraktor die geometrische Dimension Eins. Jeder Grenzzyklus ist *topologisch äquivalent* mit einem Kreis, d. h. er kann durch eine topologische Abbildung in einen Kreis umgewandelt werden. Eine topologische Abbildung überführt das Urbild in sein Abbild, so daß weder Lücken in das Urbild gerissen noch welche geschlossen werden. (Man kann sich zur Verdeutlichung eine elastische Gummifolie vorstellen, auf die der Grenzzyklus gezeichnet ist. Jede Dehnung oder Stauchung der Folie ist eine topologische Abbildung des Grenzzyklus.) Die beiden Systemvariablen führen periodische Oszillationen aus. Stört man einen solchen Grenzzyklus, so klingt die Störung mit der Zeit ab und das System kehrt zu derselben geschlossenen Kurve zurück. Instabile Grenzzyklen sind im zweidimensionalen Phasenraum nicht möglich, spielen aber in mehrdimensionalen Systemen eine wichtige Rolle. Sie werden später im Zusammenhang mit dem deterministischen Chaos diskutiert werden (Kapitel 5).

Damit haben wir alle generischen Lösungen, die in zweidimensionalen Syste-

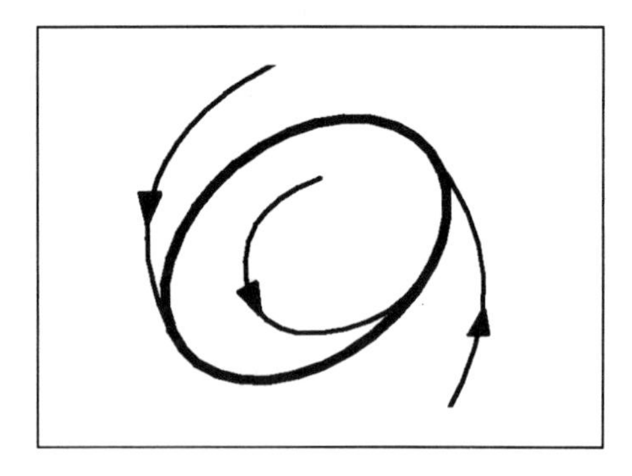

2.8 Stabiler Grenzzyklus

men auftreten, kennengelernt. Als Konsequenz aus dem Poincaré-Bendixson-Theorem folgt, daß hier nur Attraktoren der geometrischen Dimensionen Null oder Eins auftreten können. Mit anderen Worten, es kann nur Punkte oder geschlossene Kurven als Attraktoren geben. In drei- und mehrdimensionalen Phasenräumen sind weitaus komplexere Lösungen möglich. Die dritte Dimension erlaubt nämlich den Trajektorien, selbst bei kompliziertem Verlauf Schnittpunkte zu vermeiden.

Exkurs 2.2
Lineare Stabilitätsanalyse: Zusammenfassung der Abschnitte 2.4 und 2.5

Der chemische Reaktionsmechanismus wird durch kinetische Gleichungen (engl. *ordinary differential equations*, ODEs) ausgedrückt:

$$\begin{aligned} \frac{dX_1}{dt} &= f_1(X_1 \cdots X_n, b_1 \cdots b_n) \\ &\vdots \\ \frac{dX_n}{dt} &= f_n(X_1 \cdots X_n, b_1 \cdots b_n) \end{aligned}$$

oder allgemein $\frac{dX_i}{dt} = \mathbf{f}(\mathbf{X}, \mathbf{b})$ mit $\mathbf{X}$: Vektor der Konzentrationen, $\mathbf{b}$: Vektor der Parameter, $\mathbf{f}$: Vektor der kinetischen Funktionen (Autokatalyse, Autoinhibierung)
Der stationäre Zustand ist durch

$$\mathbf{f}(\mathbf{X}, \mathbf{b}) = \mathbf{0}$$

charakterisiert. Daraus erhält man den Vektor der Konzentrationen im stationären Zustand $\mathbf{X}_0$.

Eine kleine Störung des stationären Zustandes sei durch

$$\gamma = \mathbf{X} - \mathbf{X}_0$$

gegeben. Die zeitliche Entwicklung von γ ist: $\frac{d\gamma}{dt} = \mathsf{J}_0\,\gamma$
Die Jacobi-Matrix J enthält die partiellen Ableitungen der Ratengleichungen nach den Variablen:

$$\mathsf{J} = \begin{pmatrix} \frac{\partial(\frac{dA_1}{dt})}{\partial A_1} & \dots & \frac{\partial(\frac{dA_1}{dt})}{\partial A_n} \\ \vdots & & \\ \frac{\partial(\frac{dA_n}{dt})}{\partial A_1} & \dots & \frac{\partial(\frac{dA_n}{dt})}{\partial A_n} \end{pmatrix}$$

Die Jacobi-Matrix am stationären Zustand bestimmt die Stabilität der stationären Lösung. Die Eigenwerte λ_i von J_0 und die Eigenvektoren w_i folgen aus der Eigenwertgleichung

$$(\mathsf{J}_0 - \lambda\,\mathsf{I})\,w = 0.$$

Die Eigenwerte können reell oder komplex sein. Die allgemeine Lösung für die zeitliche Entwicklung der Störung ist:

$$\gamma_j(t) = \sum_{i=1}^{n} w_i\, e^{\lambda_i t}$$

Die verschiedenen dynamischen Zustände lassen sich anhand der Eigenwerte der Jacobi-Matrix klassifizieren:
Re(λ) $> 0 \Rightarrow$ instabiler stationärer Zustand
Re(λ) $< 0 \Rightarrow$ stabiler stationärer Zustand
Im(λ) $= 0 \Rightarrow$ Knoten oder Sattelpunkt
Im(λ) $\neq 0 \Rightarrow$ Oszillierendes Verhalten (Fokus oder Grenzzyklus)

Ein Beispiel: Der Brüsselator

$$\begin{aligned} \mathrm{A} &\rightarrow \mathrm{X} \\ \mathrm{B} + \mathrm{X} &\rightarrow \mathrm{Y} + \mathrm{D} \\ 2\,\mathrm{X} + \mathrm{Y} &\rightarrow 3\,\mathrm{X} \\ \mathrm{X} &\rightarrow \mathrm{E} \end{aligned}$$

Weitere Annahmen sind: dimensionslose Variablen A,B,X,Y,D und E durch Normierung, A = const., B = const. (chemical-pool-Annahme), alle Reaktionen sind irreversibel. Damit erhält man die kinetischen Gleichungen:

$$\begin{aligned} \frac{dX}{dt} &= A - (B+1)\,X + X^2\,Y \\ \frac{dY}{dt} &= B\,X - X^2\,Y \end{aligned}$$

Im stationären Zustand gilt:

$$\begin{aligned} A - (B+1)\,X + X^2\,Y &= 0 \\ B\,X - X^2\,Y &= 0 \end{aligned}$$

$$\Rightarrow X_0 = A, Y_0 = B/A$$

Kleine Störung des stationären Zustandes:

$$\gamma_1 = X - X_0$$
$$\gamma_2 = Y - Y_0$$

Die Jacobi-Matrix der Brüsselatorgleichungen ist:

$$\mathsf{J} = \begin{pmatrix} -(B+1) + 2\,X\,Y & X^2 \\ B - 2\,X\,Y & -X^2 \end{pmatrix}$$

Man erhält die Jacobi-Matrix am stationären Zustand, indem man X_0 und Y_0 für X und Y einsetzt:

$$\mathsf{J}_0 = \begin{pmatrix} B-1 & A^2 \\ -B & -A^2 \end{pmatrix}$$

Oszillationen setzen ein, wenn die Eigenwerte von J_0 rein imaginär sind *(Hopf-Bifurkation)*: $\lambda_{1,2} = \pm bi$

Dies ist am Hopf-Bifurkationspunkt der Fall, an dem die Spur von J_0 ($\mathrm{tr}(\mathsf{J}_0) = \frac{\partial(\frac{dX}{dt})}{\partial X} + \frac{\partial(\frac{dY}{dt})}{\partial Y}$) verschwindet:

$$\begin{aligned} \mathrm{tr}(\mathsf{J}_0) &= 0 \\ B - 1 - A^2 &= 0 \end{aligned}$$

$$\Rightarrow B_{\mathrm{H}} = A^2 + 1$$

$B < B_{\mathrm{H}} \Rightarrow$ Fokus (gedämpfte Oszillationen)
$B > B_{\mathrm{H}} \Rightarrow$ Grenzzyklus (ungedämpfte Oszillationen)

2.6 Dynamik mit drei und mehr Variablen

In Systemen mit mehr als zwei Variablen (oder Freiheitsgraden) findet man zusätzlich zu den oben diskutierten Attraktoren auch komplexeres Verhalten. Da Schnittpunkte von Trajektorien vermieden werden können, indem das System in die dritte Dimension ausweicht, sind nun weitere Attraktoren möglich: *gefaltete* Grenzzyklen, quasiperiodische *Tori* und die hochkomplexen *seltsamen Attraktoren.*

Außer den in Abschnitt 2.5 aufgeführten Objekten der geometrischen Dimension Null ist in drei- und mehrdimensionalen Systemen ein weiterer instabiler stationärer Punkt bedeutsam: der sogenannte *Sattelfokus.* In einer Ebene des Phasenraumes entfernen sich die Trajektorien spiralförmig von diesem Punkt, wie das auch bei einem instabilen Fokus der Fall ist. In einer zweiten zu dieser Ebene geneigten Fläche zieht der Sattelfokus die Trajektorien wie ein stabiler Knoten direkt auf sich zu. Ein anderer Fall – spiralförmige Bewegung auf den Punkt zu, direkte Abstoßung der Trajektorie in der zweiten Ebene – ist ebenfalls möglich. Wie später noch ausgeführt wird, kommt diesen Sattelfoci bei deterministisch chaotischen Attraktoren eine große Bedeutung zu. In Abb. 2.9 werden Trajektorien in der Umgebung eines Sattelfokus schematisch gezeigt.

Komplexe periodische Oszillationen

Auch die Familie der Attraktoren der geometrischen Dimension Eins wird in drei und mehr Dimensionen größer. Neben einfachen gibt es jetzt auch *gefaltete Grenzzyklen.* Ein vollständiger Umlauf auf einem solchen Orbit besteht aus mehreren Schleifen unterschiedlicher Größe. Die korrespondierende Zeitserie einer Variablen besitzt eine Feinstruktur. Man bezeichnet Oszillationen, bei denen abwechselnd eine oder mehrere Schwingungen kleiner und großer Amplitude auftreten, auch als *mixed-mode* Oszillationen. In nichtlinearen chemischen Reaktionen treten solche komplexen, aber periodischen Oszillationen häufig auf. Mixed-mode Oszillationen enthalten die Hauptfrequenzen ω_1 und ω_2, die zueinander in einem rationalen Zahlenverhältnis stehen: $\omega_1/\omega_2 = p/q$; p und q sind ganze Zahlen. Man spricht auch von *kommensuraten* (ein gemeinsames Maß besitzende) Frequenzen. Ein gefalteter Grenzzyklus besitzt als geschlossene Linie im Phasenraum immer noch die Dimension Eins.

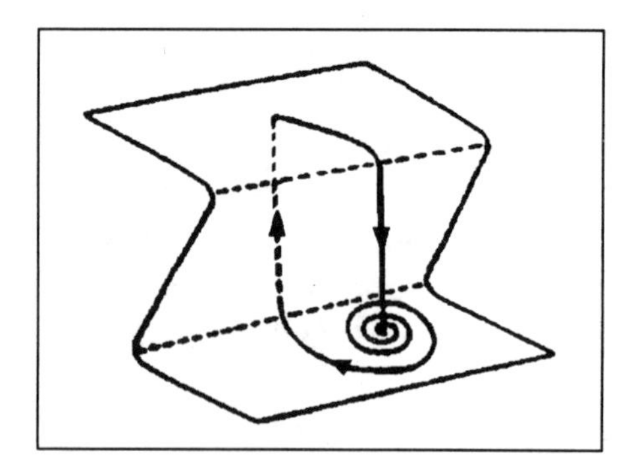

2.9 Sattelfokus

Farey-Sequenzen

Mixed-mode Oszillationen, die zwei Hauptfrequenzen enthalten, gehorchen oft einem Ordnungsprinzip, das ursprüglich aus der Theorie irrationaler Zahlen stammt. Man kann alle irrationalen Zahlen mit Hilfe rationaler Zahlen durch die sogenannte *Farey-Summe* von Brüchen p_1/q_1 und p_2/q_2 annähern, wobei p_1,q_1,p_2 und q_2 ganze Zahlen sind. Die Farey-Summe zweier Brüche wird gebildet, indem man die beiden Zähler und Nenner addiert:

$$\frac{p_1}{q_1} \oplus \frac{p_2}{q_2} = \frac{p_1 + p_2}{q_1 + q_2} \tag{2.32}$$

Zur Unterscheidung von der eigentlichen Addition benutzt man für Farey-Summen das Symbol $\oplus$. Irrationale Zahlen entstehen, wenn man aus zwei „Eltern"- einen „Tochter"-Bruch bildet und die Prozedur (2.32) mit diesem wiederholt. Die Farey-Summen werden bei jeder dieser Iterationen „irrationaler".

Ein periodisches mixed-mode-Muster kann durch eine Bruchzahl beschrieben werden, die – in Anlehnung an das Verhalten von Nervenzellen – *Firing-Zahl* genannt wird. Besteht eine Oszillationsperiode aus G großen und K kleinen Oszillationen, so ist die Firing-Zahl F dieses Musters einfach

$$F = \frac{K}{G + K}. \tag{2.33}$$

Verändert man einen experimentellen Parameter, wie z. B. die Flußrate durch einen Durchflußrührreaktor (CSTR, siehe Abschnitt 3.1), dann beobachtet man häufig mixed-mode-Muster, deren Firing-Zahlen der Beziehung (2.32) gehorchen. Das bedeutet, daß man ein Muster mit $F_{1,2} = (p_1 + p_2)/(q_1 + q_2)$ in einem Parameterbereich findet, der durch zwei Muster mit $F_1 = p_1/q_1$ und $F_2 = p_2/q_2$

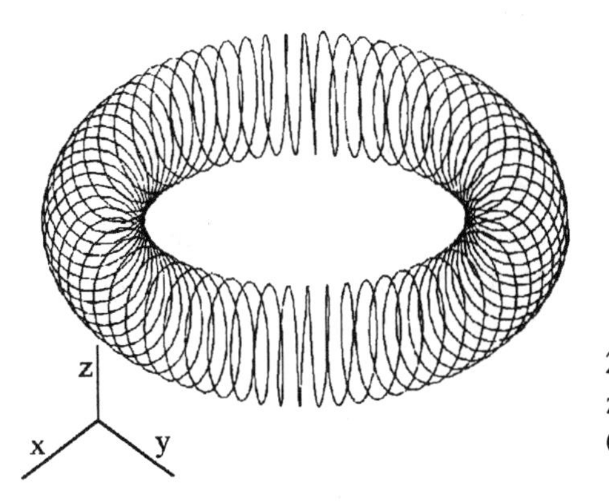

2.10 Torus: Bei quasiperiodischen Oszillationen füllen die Trajektorien seine Oberfläche.

begrenzt ist. Im Abschnitt 3.3 werden wir Farey-Sequenzen in der BZ-Reaktion kennenlernen. Solche Farey-Reihen sind ein Indiz für die Existenz eines *Torus*, auf dem die gefalteten Grenzzyklen liegen.

Quasi-periodische Oszillationen

Ein anderer Typ eines Attraktors entsteht, wenn eine Oszillation zwei (oft ähnlich große) Hauptfrequenzen ω_1 und ω_2 besitzt, deren Verhältnis eine irrationale Zahl ergibt. Irrationale Zahlen können nicht durch gemeine Brüche oder endliche bzw. unendlich periodische Dezimalbrüche dargestellt werden. Sie lassen sich also streng genommen auch nicht exakt angeben. Allenfalls sind Näherungen wie die oben beschriebenen Farey-Summen möglich. Die Trajektorie für eine solche Bewegung durch den Phasenraum bildet keine geschlossene Linie mehr. Existieren zwei *inkommensurate* Frequenzen, so erhält man daher keine periodischen Oszillationen, die durch einen Grenzzyklus beschrieben werden können. Vielmehr füllen die Trajektorien die Oberfläche eines Torus, ohne sich jemals zu treffen. Ein Torus ist ein geometrischer Körper, der durch die Rotation einer Kreisscheibe um eine Achse, die außerhalb der Kreisscheibe selbst, aber in ihrer Ebene liegt, entsteht. Was in der Ausdrucksweise der Mathematiker recht unanschaulich klingt, ist aus der alltäglichen Erfahrung bestens bekannt: Ein Torus sieht aus wie ein Rettungsring, ein Fahrradschlauch oder ein Krapfen mit einem Loch in der Mitte. Die Abbildung 2.10 verdeutlicht dies. Bezeichnet man den Radius der Kreisscheibe mit r und den Abstand ihres Mittelpunktes zur Drehachse mit R, so kann man die Oberfläche des Torus mit $O = 4\,\pi^2\, r\, R$ angeben. Geometrisch ergibt sich daraus ein Attraktor, der dieselbe Dimension wie die Oberfläche des Torus besitzt. Die geometrische Dimension des Attraktors, der aus dieser *quasiperiodischen* Bewegung entsteht, ist also gleich Zwei. Vereinfacht ausgedrückt entsprechen die beiden inkommensuraten Hauptfrequenzen der Umlaufgeschwindigkeit in der z-Richtung. Die Modulationsfrequenz $\Delta\omega = \omega_1 - \omega_2$ entspricht dann etwa der Bewegung in der x-y-Ebene, in der der Torus liegt. Der Torus, auf dem sich die Trajektorien bewegen, wird im konkreten Fall meist verzerrt erscheinen. Dieser Effekt braucht uns im Augenblick aber nicht zu interessieren. Entscheidend ist, daß man den Attraktor stets durch eine entsprechende Transformation in einen idealen Torus wie den in Abbildung 2.10 umwandeln kann. Ein quasiperiodischer Attraktor muß also *topologisch* mit einem Torus äquivalent sein, auch wenn eine gegebene Projektion des Attraktors nicht sofort an einen Rettungsreifen erinnert. Betrachtet man eine quasiperiodische Zeitserie einer Variablen des Systems, so entspricht die größere der beiden Frequenzen der Abfolge der einzelnen Oszillationen. Die Differenz der beiden Frequenzen macht sich in einer Modulation der Amplituden bemerkbar. In der Akkustik kennt man das Phänomen der *Schwebung*, wenn man zwei Stimmgabeln ähnlicher Tonhöhe zugleich anschlägt. Die Lautstärke des gehörten Tones nimmt dann periodisch ab und wieder zu. Diese Schwebungsfrequenz ist mit der Modulationsfrequenz der quasiperiodischen Oszillation vergleichbar, die Tonhöhe entspricht in diesem Bild der Trägerfrequenz.

Deterministisches Chaos

In Phasenräumen mit Dimensionen größer als drei sind auch Tori mit mehr als zwei inkommensuraten Frequenzen denkbar. Hochdimensionale Tori sind aber in nichtlinearen Systemen nicht generisch und werden normalerweise auch nicht beobachtet. Liegen mehr als zwei inkommensurate Frequenzen vor, so beginnt das System, völlig unvorhersagbar *chaotisch* zu oszillieren. Unter *deterministischem Chaos* wollen wir irreguläres Verhalten eines Systems verstehen, das vollständig und eindeutig durch deterministische Gleichungen (wie etwa kinetische Differentialgleichungen) definiert ist. Chaos ist also eine komplexe Lösung dieser Gleichungen, die auftreten kann, wenn das System mehr als zwei Variablen besitzt. In diesem Sinne ist Chaos keinesfalls ein völlig ungeordneter Zustand, der nicht mathematisch beschrieben werden kann. Chaos ist zwar prinzipiell nicht exakt vorherbestimmbar, aber dennoch deterministisch.

Die Attraktoren, die Chaos beschreiben, werden wegen ihrer ungewöhnlichen Eigenschaften auch *seltsame Attraktoren* genannt. Sie enthalten *homoklinische Orbits*: Ein homoklinischer Orbit entsteht, wenn man einen divergenten mit einem konvergenten Zweig eines Sattelpunktes oder Sattelfokus verbindet (vergleiche Abbildung 2.9); sie sind der Ursprung des komplexen Verhaltens. Seltsame Attraktoren zeichnen sich besonders dadurch aus, daß sie die Trajektorien in mindestens einer Richtung abstoßen, während sie in allen anderen Richtungen Trajektorien anziehen. Seltsame Attraktoren sind also zugleich lokale *Repelloren* (lat. *repellere*, abstoßen). Aus diesem Grund bewegen sich Trajektorien aus entfernteren Bereichen des Phasenraumes zwar auf den seltsamen Attraktor zu, sie konvergieren jedoch nicht auf ihm. Vielmehr divergieren die Trajektorien auf dem seltsamen Attraktor, ohne ihn jedoch zu verlassen, wie das etwa bei einem Sattelpunkt der Fall ist. Eine wichtige Konsequenz daraus ist die berühmte Empfindlichkeit chaotischer Systeme gegenüber ihren Startbedingungen: Startet man zwei gleiche chaotische System unter sehr ähnlichen, aber nicht völlig identischen Bedingungen, so befinden sich die Zustandspunkte beider Systeme zunächst sehr nahe beieinander. Wegen der Divergenz der Trajektorien auf dem Attraktor entfernen sich die Phasenpunkte aber rasch voneinander, so daß sich beide Systeme nach einer gewissen Zeit in vollkommen verschiedenen Bereichen des Phasenraumes befinden. Dies ist auch der Hintergrund für den oft zitierten sogenannten „Schmetterlingseffekt": Wenn die Luftströmungen in der Atmosphäre, die das Wetter bestimmen, deterministisch chaotisch sind, kann der Flügelschlag eines Schmetterlings in Hongkong Wochen später ein Gewitter in London auslösen.

Auch wenn man das Schmetterlingsbeispiel nicht allzu ernst nehmen sollte, ist die Empfindlichkeit gegenüber kleinsten Störungen doch das charakteristische Merkmal von Chaos. Entscheidend ist dabei aber, daß kleinste Fluktuationen zwar den Verlauf von Bahnen auf dem Attraktor beeinflussen, den Attraktor selbst aber nicht zerstören. Aus diesem Grund ist Chaos auch in verrauschten Experimenten beobachtbar. Ein quantitatives Maß für die Konvergenz oder Divergenz von Trajektorien in der Nähe eines Attraktors und damit ein Maß für Chaos sind die *Lyapunov-Exponenten*. Sie werden in Abschnitt 4.6 beschrieben. Die Divergenz der Trajektorien führt dazu, daß der Attraktor mit fortlaufender Zeit aufgefüllt wird. Im Gegensatz zu einer rein zufallsgesteuerten Bewegung folgt die Raumerfüllung aber definierten Regeln. Ein seltsamer Attraktor besitzt strukturierte Bänder oder Bündel von Bahnen, während dazwischen liegende Bereiche nicht von Trajektorien aufgefüllt werden. Betrachtet man einen seltsamen Attraktor in verschiedenen Skalierungen, so erkennt man Muster, die unabhängig von der Skalierung einander ähneln. Man kann sich dies anschaulich so vorstellen, daß man stets ähnliche Muster sieht, wenn man den Attraktor bei

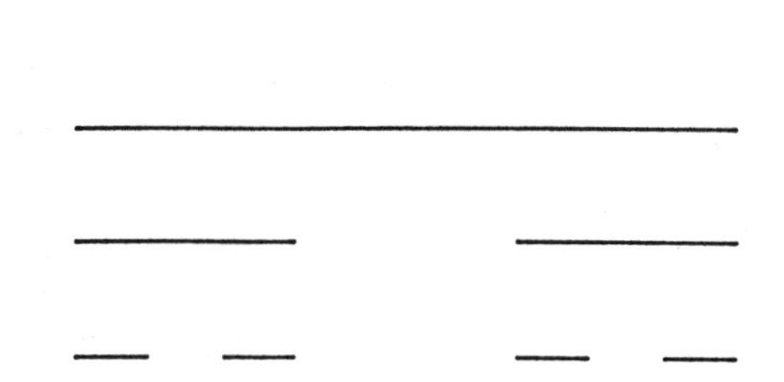

2.11 Erste Schritte der Konstruktion einer Cantor-Menge

verschiedenen Vergrößerungen durch ein Mikroskop betrachtet. Man nennt diese Eigenschaft *Selbstähnlichkeit* oder nach Mandelbrot *Fraktalität.* Die geometrische Dimension eines seltsamen Attraktors ist wegen dieser Selbstähnlichkeit nicht ganzzahlig, sondern *fraktal,* d. h. gebrochen. Ein einfaches Beispiel einer fraktalen Punktmenge in der Mathematik ist die sogenannte *Cantor-Menge.* Sie wird folgendermaßen konstruiert: Ein geschlossenes Intervall (eine Strecke) wird in drei gleiche Teile geteilt. Das so entstandene mittlere Intervall wird sodann entfernt. Anschließend teilt man die verbleibenden Intervalle wiederum in drei Teile, entfernt jeweils das mittlere Drittel usw. Diese Vorschrift wird *ad infinitum* weitergeführt. Abbildung 2.11 demonstriert die Konstruktion einer Cantor-Menge. Das Muster aus Linien und Lücken ist skaleninvariant und damit selbstähnlich. Die Dimension der Cantor-Menge ist ungefähr gleich 0.63 (log 2/log 3).

Chaos wird bei Variation eines experimentellen Parameters häufig über eine sogenannte *Kaskade von Periodenverdopplungen,* den *Zerfall eines Torus* oder durch *Intermittenz* erreicht. Mehr über diese Routen ins Chaos findet sich in Abschnitt 2.7, wo die wichtigsten Szenarien im Zusammenhang mit Bifurkationen periodischer Zustände besprochen werden.

In einem chaotischen System mit drei Variablen liegt die geometrische Dimension des seltsamen Attraktors zwischen Zwei und Drei. Der Attraktor ist demnach ein Gebilde zwischen einer Fläche und einem Körper. In höherdimensionalen Phasenräumen kann die Dimension des Attraktors natürlich auch fraktale Werte über Drei annehmen. Solche hochdimensionalen chaotischen Attraktoren kennt man zum Beispiel aus der Hydrodynamik bei turbulenten Strömungen. In chaotisch oszillierenden chemischen Reaktionen tritt normalerweise aber nur niederdimensionales Chaos auf. Seltsame Attraktoren sind also bezüglich ihrer Raumerfüllung anspruchsvoller als Grenzzyklen oder Tori.

2.7 *Verzweigungen (Bifurkationen)

In den vorangegangenen Abschnitten haben wir einige der wichtigsten Lösungen kennengelernt, die in nichtlinearen gewöhnlichen Differentialgleichungen auftreten können. Stationäre Zustände, Grenzzyklen, quasiperiodische Oszillationen und Chaos sind Phänomene, die in autokatalytisch (oder autoinhibitorisch) verlaufenden chemischen Reaktionen beobachtet werden können. Im letzten Abschnitt dieses Kapitels wollen wir die Übergänge zwischen diesen verschiedenen dynamischen Zuständen betrachten. Wir beschränken uns dabei auf eine qualitative Beschreibung.

Ändert sich das Verhalten eines dynamischen Systems bei bestimmten Parameterwerten diskontinuierlich, so spricht man von einer *Verzweigung* oder *Bifurkation.* Wir wollen zunächst Verzweigungen betrachten, die von stationären Zuständen ausgehen und bei denen ein stationärer Zustand seine Stabilität ändert.

Bifurkationen stationärer Zustände

1) Sattel-Knoten-Bifurkation: Die erste Verzweigung, die wir kurz besprechen wollen, ist die *Sattel-Knoten Bifurkation.* Am Bifurkationspunkt treffen ein stabiler Knoten und ein Sattelpunkt aufeinander. Ein zunächst stabiles dynamisches System (Knoten) verliert an diesem Punkt seine Stabilität, da sein stabiler Zustand auf einen instabilen Lösungszweig (Sattel) trifft. Alle Eigenwerte der Jacobi-Matrix des stationären Zustandes sind reell; am Verzweigungspunkt wird einer der Eigenwerte gleich Null. Die Vorzeichen der übrigen Eigenwerte ändern sich nicht. Die Sattel-Knoten-Bifurkation, die in der englischen Literatur auch als *limit-point* oder *turning-point* bezeichnet wird, wird in Abbildung 2.12 schematisch gezeigt. Der durchgezogene Ast bezeichnet den stabilen Knoten, der mit einer durchbrochenen Linie gezeichnete Ast entspricht dem Sattel.

2) Symmetriebrechende oder pitchfork-Bifurkation: Diese Verzweigung verbindet einen stationären Zustand mit zwei neu auftretenden stationären Lösungen. Man unterscheidet einen super- und einen subkritischen Fall: Im superkritischen Fall wird der ursprüngliche Zustand instabil und die neu entstandenen Zustände sind stabil. Im subkritischen Fall entstehen zwei instabile neue Zustände. Diese vom Verzweigungspunkt ausgehenden Lösungsäste koexistieren mit dem stabilen Zweig. Abbildung 2.13 verdeutlicht dies. In jedem Fall sind die beiden Lösungszweige zueinander symmetrisch. Die symmetriebrechende

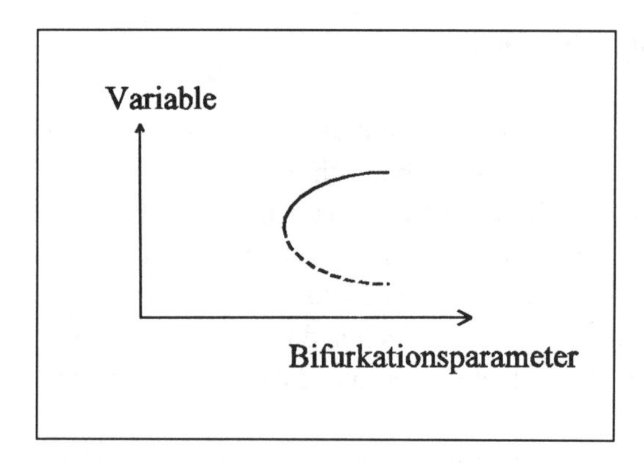

2.12 Sattel-Knoten-Bifurkation

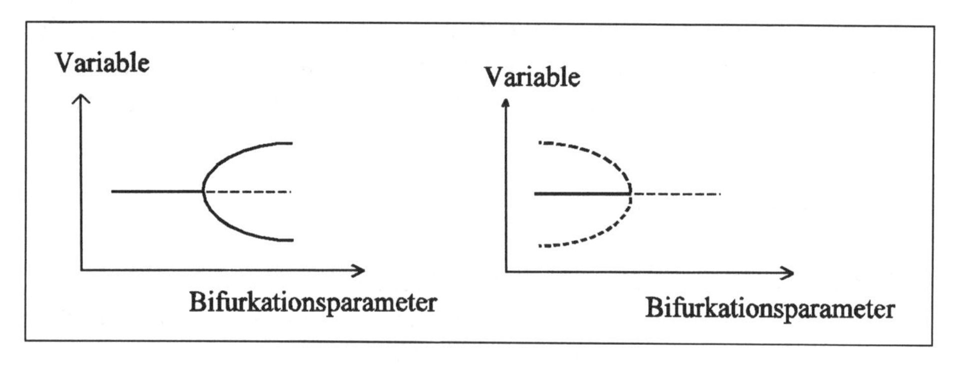

2.13 Symmetriebrechende oder pitchfork-Bifurkation: superkritischer (links) und subkritischer (rechts) Fall

Bifurkation kann nur in Systemen auftreten, die Symmetrie besitzen. (Ein zweidimensionales System, zum Beispiel, ist dann symmetrisch, wenn es bezüglich einer Koordinatentransformation $(x, y) \to (-x, -y)$ invariant ist.)
3) Transkritische Bifurkation: Hier kreuzen sich zwei stationäre Zustände, wenn ein Parameter verändert wird. Einer der Zustände ist stabil, der zweite ist instabil. Im Gegensatz zur Sattel-Knoten-Bifurkation überleben beide Lösungen den Zusammenstoß, allerdings tauschen sie ihre Stabilität aus: Der zunächst stabile Zustand wird instabil, der ursprünglich instabile Ast wird zu einem stabilen Zustand des Systems. Diese Verzweigung tritt dann auf, wenn einer der stationären Zustände nicht vom Verzweigungsparameter abhängt. In aller Regel handelt es sich bei diesem Zustand um die triviale Lösung der Gleichungen, die das System beschreiben. Die transkritische Bifurkation wird schematisch in Abbildung 2.14 gezeigt.

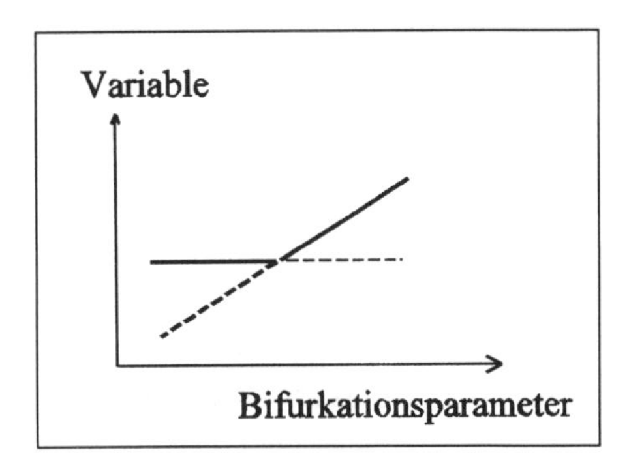

2.14 Transkritische Bifurkation: Austausch der Stabilität

4) Hopf-Bifurkation: Diese Verzweigung haben wir bereits in Abschnitt 2.4 kennengelernt. Wie dort ausgeführt wurde, entstehen Oszillationen aus einem stationären Zustand, wenn die Eigenwerte der Jacobi-Matrix rein imaginär werden. An dieser Stelle müssen noch einige in Abschnitt 2.4 nicht besprochene Eigenschaften der Hopf Bifurkation behandelt werden.

Anders als bei den bisherigen Verzweigungen führt die Hopf-Bifurkation von einem punktförmigen Attraktor der geometrischen Dimension Null (Fokus) zu einem Attraktor der Dimension Eins (Grenzzyklus). Die Dimension des Attraktors wird also um Eins erhöht. Sind die Eigenwerte der Jacobi-Matrix am Verzweigungspunkt gleich $\lambda_{1,2} = \pm bi$, so läßt sich die Periodendauer T der Oszillationen am Bifurkationspunkt mit $T = 2\pi/b$ angeben. Wie bei der symmetriebrechenden Bifurkation unterscheidet man auch bei der Hopf-Bifurkation zwischen einem sub– und einem superkritischen Fall. Die Hopf-Bifurkation wird schematisch in Abbildung 2.15 gezeigt. Verschiebt man den Bifurkationsparameter, den wir B nennen wollen, in den oszillierenden Bereich hinein, so wächst die Amplitude der Oszillationen im superkritischen Fall proportional zum Abstand von der Bifurkation an. Die Amplitude wächst näherungsweise nach $\sqrt{|B - B_{\text{H}}|}$, wenn der Abstand zwischen B und dem Bifurkationspunkt B_{H} nicht allzu groß ist.

Bei der subkritischen Hopf-Bifurkation zweigt ein instabiler Grenzzyklus vom stationären Zustand ab. Die instabilen Oszillationen koexistieren dabei mit dem stationären Zustand in ähnlicher Weise, wie es bei der pitchfork-Bifurkation für zwei instabile und einen stabilen stationären Zustand gezeigt wurde. Der instabile Grenzzyklus kann in einen stabilen oszillierenden Zustand übergehen, wodurch ein Intervall des Bifurkationsparameters entsteht, in dem der stabile stationäre Zustand mit dem instabilen Grenzzyklus und einem stabilen Grenzzyklus

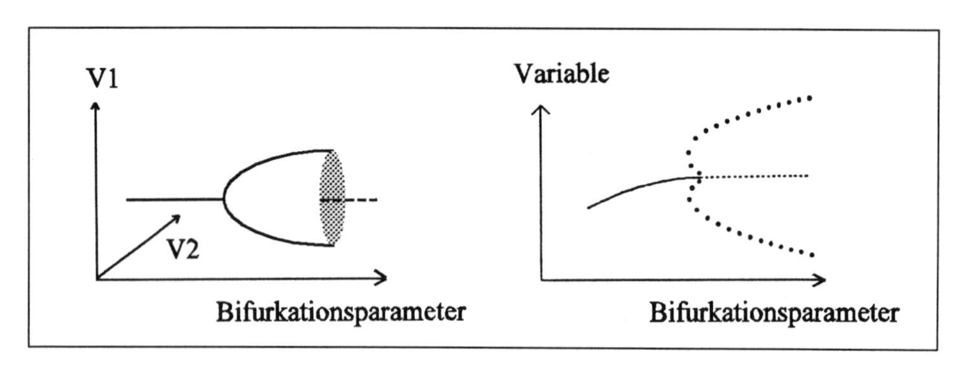

2.15 Superkritische (links) und subkritische (rechts) Hopf-Bifurkation. Der Grenzzyklus liegt auf dem links gezeigten Paraboloid parallel zur Ebene der beiden Systemvariablen V_1 und V_2. Bei der subkritischen Bifurkation ist eine Koexistenz zwischen stationärem Zustand, instabilem (offene Kreise) und stabilem Grenzzyklus gezeigt.

koexistiert. Der instabile Grenzzyklus trennt die Basins des fokalen stationären Zustandes und des stabilen Grenzzyklus voneinander. Man spricht daher von einer *Separatrix* (von lat. *separare*: trennen). Bei einer zyklischen Veränderung des Verzweigungsparameters beobachtet man eine *Hysterese*: Der stationäre Zustand wird bei $B = B_{\mathrm{H}}$ instabil und das System geht auf den stabilen Grenzzyklus über. Anders als im superkritischen Fall setzen die Oszillationen hier plötzlich mit großer Amplitude ein (in der englischen Literatur spricht man anschaulich von „hard generation of oscillations"). Verschiebt man den Bifurkationsparameter wieder zurück, so brechen die Oszillationen ebenso unvermittelt bei einem Wert von B ab, der sich von der Hopf-Bifurkation B_{H} um das Intervall unterscheidet, in dem Fokus und Grenzzyklus gemeinsam existieren. Innerhalb dieses Intervalls von B hängt es von den Startbedingungen ab, ob sich das System auf den stabilen Fokus oder den Grenzzyklus zubewegt. Eine subkritische Hopf-Bifurkation zeichnet sich also durch eine Hysterese sowie das plötzliche Einsetzen, bzw. Abbrechen von Oszillationen aus, während die Oszillationsamplitude bei der superkritischen Hopf-Bifurkation allmählich größer wird („soft generation of oscillations").

Als Beispiel für die Entwicklung vom stabilen Knoten zum Grenzzyklus soll uns wieder der Brüsselator dienen. In Abbildung 2.16a werden die beiden Eigenwerte der Jacobi-Matrix des Brüsselators (nach Gleichung 2.25) als Funktion des Parameters B gezeigt. Der stationäre Zustand ist durch $X_0 = A$ und $Y_0 = B/A$ charakterisiert; in unserem Beispiel haben wir $A = 2$ gewählt und B zwischen 0 und 7 verändert. Ist B kleiner als $(1 + A^2 - 2\,A)$, so sind beide Eigenwerte reell

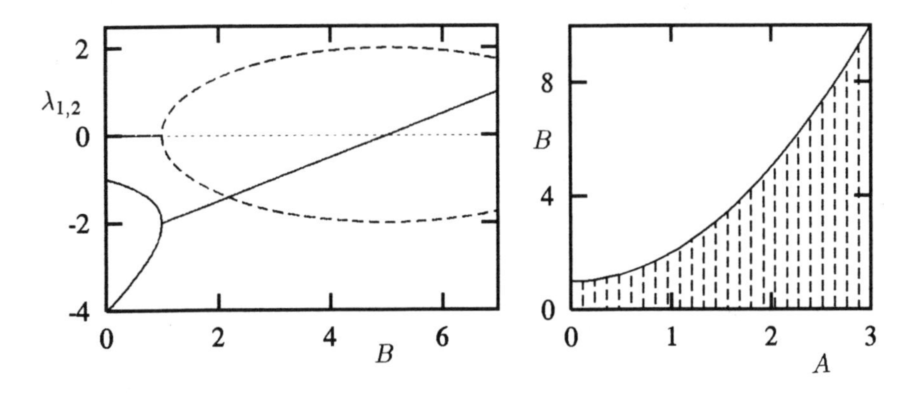

2.16 a: Real- (durchgezogene Linie) und Imaginärteile (gebrochene Linie) der Eigenwerte für den Brüsselator. Bei $B = 5$ existiert eine Hopf-Bifurkation ($A = 2$) b: Lage der Hopf-Bifurkation in der A-B-Ebene.

und negativ. Der stationäre Zustand ist demnach ein stabiler Knoten. Jenseits dieses Wertes von B wird das Argument unter der Wurzel in Gleichung 2.25 negativ und man erhält konjugiert komplexe Eigenwerte mit negativem Realteil. Der stationäre Zustand muß demnach als stabiler Fokus klassifiziert werden. Bei $B = A^2 + 1$ verschwindet der Realteil, und die beiden Eigenwerte sind $\lambda_{1,2} = \pm iA$. An diesem Punkt beginnen die Systemvariablen zu oszillieren. Die Lage der Hopf–Bifurkation in der A–B-Ebene wird in Abbildung 2.16b gezeigt. Die Trennlinie zwischen Fokus (schraffiert) und Grenzzyklus in diesem kinetischen Phasendiagramm gehorcht der Beziehung $B = A^2 + 1$.

Bifurkationen oszillierender Zustände (Grenzzyklen)

Bisher haben wir Verzweigungen kennengelernt, die von stationären Zuständen ausgehen. Wir haben gesehen, daß diese Verzweigungen mit den Eigenwerten der Jacobi-Matrix verknüpft sind. Die grundlegende Idee dabei war, eine kleine Störung des stationären Zustandes (Gleichung 2.17) zu betrachten, wobei um den stationären Zustand linearisiert wurde (Gleichungen 2.18 und 2.19). Dieselbe Idee wird nun auf periodisch oszillierende Zustände übertragen: Wächst eine kleine Störung, die ein Grenzzyklus erfährt, mit der Zeit an oder klingt sie ab? Die mathematische Behandlung dieses Problems ist allerdings viel schwieriger als im Fall der stationären Zustände. Selbst für einfache Modelle wie für den Brüsselator kann man keine analytischen Lösungen finden, sondern ist auf numerische Verfahren angewiesen. Dennoch wollen wir eine grobe Skizze der *Floquet-Theorie* geben, welche die Stabilität von Grenzzyklen beschreibt.

Floquet-Theorie

Die Bewegung auf einem Grenzzyklus ist periodisch. Daher können wir die zeitliche Entwicklung einer Störung nur dann verfolgen, wenn wir die Störung immer am selben Punkt des Grenzzyklus messen. Wenn wir (analog zu Gleichung 2.17) zu einem Zeitpunkt $t = 0$ eine Störung γ_0 an den Grenzzyklus mit der Periodendauer T anbringen, dann folgt die zeitliche Entwicklung der Störung einer Gleichung der Form

$$\frac{d\gamma}{dt} = \mathsf{J}(t)\,\gamma. \tag{2.34}$$

Diese Gleichung ist der Gleichung (2.19) analog. Die Jacobi-Matrix J auf der periodischen Bahn ist jetzt aber nicht mehr konstant, sondern zeitabhängig. Sie wird auch *Monodromiematrix* genannt. Nach einer Periodendauer (d.h. nach der Zeit T) ist die Störung gleich

$$\gamma_T = \mathrm{e}^{\mathsf{R}\,T}\,\gamma_0. \tag{2.35}$$

Hier ist R eine quadratische, konstante Matrix. Nachdem das System m Perioden durchlaufen hat, hat sich die Störung γ_0 gemäß

$$\gamma_{mT} = (\mathrm{e}^{\mathsf{R}\,T})^m\,\gamma_0 \tag{2.36}$$

weiterentwickelt. Dieser Ausdruck entspricht Gleichung (2.20), die wir bei der Diskussion der Stabilität von stationären Zuständen kennengelernt haben. Die Floquet-Theorie zeigt nun, daß die Entwicklung der Störung von den Eigenwerten der Matrizen $\mathsf{J}(T)$ (oder R) abhängt. Die Eigenwerte von $\mathsf{J}(T)$ werden *Floquet-Multiplikator* genannt, die von R heißen *Floquet-Exponenten.* Im allgemeinen sind die Floquet-Multiplikatoren numerisch einfacher zugänglich als die Exponenten[4]. Ein System aus n Variablen besitzt n Floquet-Multiplikatoren; einer von ihnen ist immer gleich +1. Dieser Multiplikator beschreibt eine Störung,

[4]Es gibt effiziente Computerprogramme, welche die Eigenwerte der Jacobi-Matrix am stationären Zustand sowie die Floquet-Multiplikatoren periodischer Bahnen als Funktion eines Bifurkationsparameters berechnen. Auf die numerischen Details dieser *Kontinuationsmethoden* können wir hier nicht eingehen.

die genau in der Richtung des Grenzzyklus wirkt: Eine solche Störung in Richtung des Flusses wird weder wachsen noch abklingen. Man spricht von einem *trivialen* Multiplikator. Die verbleibenden $n - 1$ nicht trivialen Multiplikatoren können reell oder komplex sein. Liegen sie alle innerhalb des Einheitskreises in der komplexen Zahlenebene (Abbildung 2.17), so ist der Grenzzyklus stabil: Eine Störung klingt mit der Zeit ab. Schneidet mindestens einer der Floquet-Multiplikatoren den Einheitskreis, so verliert der entsprechende Grenzzyklus seine Stabilität und es kommt zu einer Bifurkation.

Alle Verzweigungen stationärer Zustände finden bei Grenzzyklen ihre genaue Entsprechung: Die Sattel-Knoten-, die pitchfork- oder die transkritische Bifurkation treten auf, wenn einer der nicht trivialen Multiplikatoren gleich Eins wird. Die Sattel-Knoten-Bifurkation eines Grenzzyklus ist bei einer relativ häufigen Route ins Chaos, die *Typ-1-Intermittenz* genannt wird, von Bedeutung. Hier existiert im Phasenraum des dynamischen Systems ein seltsamer „Attraktor“ der aber nicht benutzt wird, weil sich das System auf einem stabilen Grenzzyklus befindet. Der Grenzzyklus zieht die Trajektorien praktisch aus dem gesamten Phasenraum an, so daß das seltsame Objekt nicht in Erscheinung tritt. Kollidiert der stabile Grenzzyklus aber in einer Sattel-Knoten-Bifurkation mit einem instabilen Grenzzyklus und verschwindet, dann tritt der seltsame Attraktor in Aktion und man beobachtet Chaos. Die in chemischen Systemen seltene *Typ-2-Intermittenz* enthält eine Torus-Bifurkation anstelle der Sattel-Knoten-Verzweigung, die *Typ-3-Intermittenz* ist mit einer Periodenverdopplungs-Bifurkation verknüpft. Beide Bifurkationen werden unten besprochen; die Intermittenz vom Typ 2 und 3 ist allerdings in chemischen Systemen so selten, daß wir sie nicht eingehend behandeln wollen.

Sekundäre Hopf-(Torus)-Bifurkation

Die zur Hopf-Bifurkation stationärer Zustände analoge Verzweigung ist die *sekundäre Hopf-Bifurkation*. Sie tritt auf, wenn zwei konjugiert komplexe Multiplikatoren gleichzeitig den Einheitskreis verlassen. Durch die sekundäre Hopf Bifurkation entsteht eine zweite Frequenz: Aus einem Grenzzyklus wird ein Torus. Stehen beide Frequenzen in einem inkommensuraten Verhältnis (Quasiperiodizität), so füllt die Trajektorie des Systems die Oberfläche dieses Torus, wie es in Abschnitt 2.6 beschrieben wurde. In diesem Fall führt die sekundäre Hopf-Bifurkation zu einem „quasiperiodischen“ Attraktor, dessen geometrische

Dimension gleich Zwei ist. Wie bei der einfachen Hopf-Bifurkation erhöht sich die Dimension des Attraktors hier also um Eins. Steht die zweite Frequenz in einem rationalen Verhältnis zur Frequenz des Grenzzyklus, so erhält man einen gefalteten Grenzzyklus, der auf der Oberfläche des Torus liegt. Sowohl die Verzweigung vom Grenzzyklus zum Torus als auch die Bifurkation zwischen einfachen und komplexen Grenzzyklen sind in chemischen Oszillatoren beobachtet worden (siehe Abschnitt 3.3).

In ähnlicher Weise, wie aus einem Grenzzyklus ein Torus entstehen kann, können weitere Hopf-Bifurkationen vom Torus zu noch komplexeren Attraktoren führen. Der russische Physiker L.D. Landau schlug 1944 vor, daß turbulentes Verhalten durch eine unendliche Sequenz von Hopf-Bifurkationen entsteht (dieselbe Auffassung wurde auch von E. Hopf vertreten). Jede Hopf-Bifurkation erhöht die Dimension des Attraktors dabei um Eins. Ruelle und Takens konnten allerdings 1971 zeigen, daß ein „dreidimensionaler Torus", der aus dem quasiperiodischen Torus durch eine Hopf-Bifurkation entsteht, nicht stabil sein kann. Ein solcher Attraktor, der drei inkommensurate Frequenzen enthält, zerfällt vielmehr und es entsteht ein seltsamer Attraktor. Ein Torus kann also durch eine einzige weitere Hopf-Bifurkation in Chaos übergehen. Ein anderer Weg ins Chaos besteht in einer graduellen Deformierung des Torus, die schließlich zum Zerfall des Torus und zu Chaos führt.

Periodenverdopplung

Eine wichtige Verzweigung oszillierender Zustände hat keinerlei Entsprechung bei den Bifurkationen punktförmiger Attraktoren: die Periodenverdopplungs-Bifurkation. Sie wird beobachtet, wenn ein einzelner Floquet-Multiplikator den Einheitskreis auf der reellen Achse bei -1 schneidet. Bei der Periodenverdopplung entsteht ein neuer Grenzzyklus, der die doppelte Periodendauer der ursprünglichen Oszillationen besitzt. So kann beispielsweise aus einfachen Oszillationen der Periode Eins (bei denen alle Schwingungen dieselbe Amplitude besitzen) ein Grenzzyklus der Periodizität Zwei dadurch entstehen, daß die Amplitude jeder zweiten Schwingung abnimmt. Der zeitliche Abstand zwischen zwei aufeinanderfolgenden Maxima ändert sich dabei nicht wesentlich. Zu einer vollständigen Schwingungsperiode gehören jetzt aber zwei Oszillationen, so daß die Periodendauer etwa doppelt so groß ist wie die der Schwingung mit der Periode Eins. In aller Regel findet man Kaskaden von Periodenver-

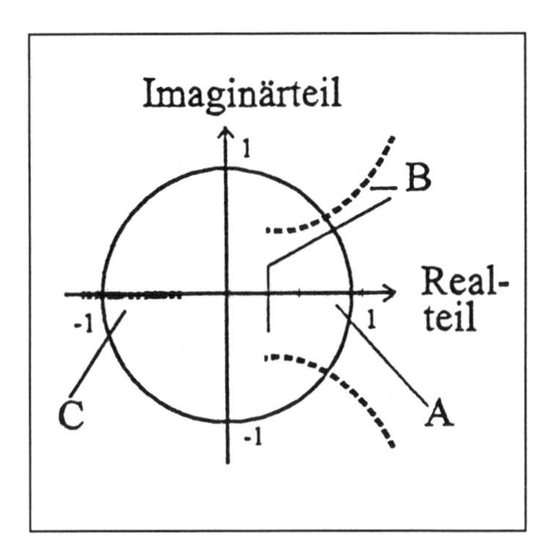

2.17 Entwicklung der Floquet Multiplikatoren in der komplexen Zahlenebene bei der Sattel-Knoten- (A), der Torus- (B) und der Periodenverdopplungs- Bifurkation (C). Bei einer Bifurkation schneidet mindestens ein Multiplikator den Einheitskreis.

dopplungen, die zu immer komplexerem Verhalten führen. Dadurch entsteht eine charakteristische Sequenz von Zuständen der Periode Eins, Zwei, Vier, Acht usw. Kennzeichnend für eine solche Abfolge periodischer Schwingungsmuster ist, daß die Breite des Parameterintervalls, in dem ein bestimmtes Muster auftritt, immer kleiner wird. In anderen Worten, der Abstand zwischen zwei aufeinanderfolgenden Periodenverdopplungs-Bifurkationen wird immer kleiner und konvergiert nach Feigenbaum schließlich gegen Null. Verändert man den Verzweigungsparameter so, daß das System eine solche Sequenz von Periodenverdopplungen durchläuft, so gelangt man schließlich an einen Punkt, an dem bereits eine infinitesimale Änderung des Parameters zu einer Periodenverdopplung führt. Jenseits dieses Punktes oszilliert das System deterministisch chaotisch. Die Sequenz von Periodenverdopplungen ist eine häufige und in chemischen Oszillatoren gut untersuchte *Route ins Chaos.* Sie kommt in der Mathematik auch bei nichtlinearen rekursiven Abbildungen vor (siehe Exkurs 4.2). In Abbildung 2.17 wird schematisch gezeigt, wie sich die kritischen Floquet-Multiplikatoren bei der Sattel-Knoten-, der Torus- und der Periodenverdopplungs-Bifurkation verhalten.

Weiterführende Literatur

- Peter Gray und Stephen K. Scott *Chemical Oscillations and Instabilities*, International Series of Monographs in Chemistry, Band 21; Clarendon Press: Oxford (1994)

- Miloš Marek und Igor Schreiber *Chaotic Behaviour of Deterministic Dissipative Systems*, Academia: Prag (1991)

- John Guckenheimer und Philip Holmes *Nonlinear Oscillations, Dynamical Systems and Bifurcations of Vector Fields*, Applied Mathematical Sciences, Band 42; Springer-Verlag: Heidelberg (1986)

- H.G. Schuster *Deterministic Chaos*, VCH-Verlag: Weinheim, 1994.

- R. Seydel *Practical Bifurcation and Stability Analysis. From Equilibrium to Chaos* Second Edition. Springer Interdisciplinary Applied Mathematics, Volume 5. Springer: New York (1994)

3 Chemische Oszillatoren

In diesem Kapitel wenden wir uns nichtlinearen chemischen Reaktionen in flüssiger Phase zu, die fern von ihrem thermodynamischen Gleichgewicht oszillieren. Bedingt durch die autokatalytische Bildung von Zwischenprodukten (oder auch durch Selbstinhibierung einer Reaktion) ändern sich die Konzentrationen der an der Reaktion beteiligten Spezies in komplizierter Weise. Hat ein solcher *chemischer Oszillator* allerdings sein thermodynamisches Gleichgewicht erreicht, so ändern sich die Konzentrationen seiner Spezies nicht mehr: Um Oszillationen zu erhalten, muß die Reaktion fern vom Gleichgewicht ablaufen. Beim Brüsselator, den wir in Kapitel 2 kennengelernt haben, wird die Gleichgewichtsferne durch die chemical-pool-Annahme gewährleistet. In realen chemischen Experimenten benutzt man einen speziellen Reaktor, in den ständig neue Ausgangsstoffe eingebracht werden, während gleichzeitig eine entsprechende Menge Reaktionslösung abfließt. Im ersten Abschnitt dieses Kapitels wollen wir diesen sogenannten *Durchflußrührreaktor* beschreiben, im zweiten Abschnitt stellen wir die Reaktionsmechanismen einiger chemischer Oszillatoren vor. Der dritte Abschnitt ist der Belousov-Zhabotinsky-Reaktion und ihrer komplexen Dynamik gewidmet und im letzten Abschnitt schließlich behandeln wir die numerische Simulation chemischer Oszillatoren.

3.1 Der Durchflußrührreaktor

Der Durchflußrührreaktor (engl.: *Continuous-Flow Stirred Tank-Reactor*, CSTR) ist das wichtigste Werkzeug für Experimente mit chemischen Oszillatoren. Zwar kann man chemische Oszillationen über begrenzte Zeit auch im Becherglas beobachten, die Reaktion strebt hier allerdings ständig ihrem thermodynamischen Gleichgewicht zu. In einem geschlossenen Reaktor, der mit seiner Umgebung keine Materie austauscht, sind chemische Oszillationen deshalb nur ein transientes Phänomen. Stabile Schwingungen kann man nur erhalten, wenn man verbrauchte Edukte der Reaktion ständig ersetzt und gleichzeitig die Reaktionsprodukte entfernt. In anderen Worten, der *Attraktor* eines chemischen Oszillators kann nur in einem *offenen Reaktor*, eben dem CSTR, beobachtet werden. Ein

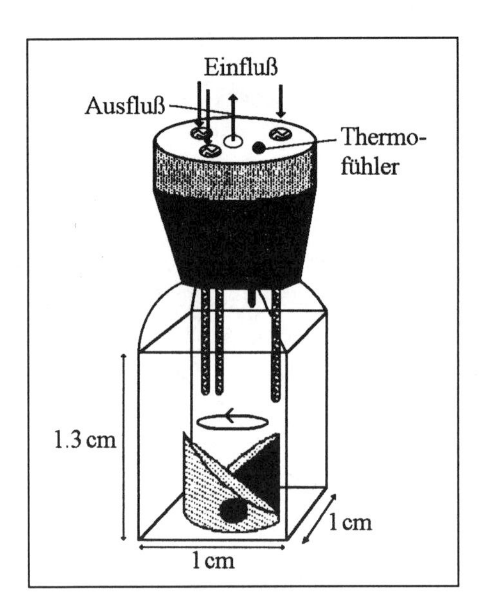

3.1 Beispiel für einen CSTR: Der Reaktor besteht aus einer spektrophotometrischen Zelle aus Quarzglas, die mit einem Teflonstopfen dicht verschlossen ist. Der Stopfen verfügt über Bohrungen mit angeschlossenen Teflonschläuchen, durch die der Reaktor mit Eduktlösungen versorgt wird. Durch einen Auslaß im Stopfen fließt dieselbe Menge an Reaktionslösung kontinuierlich ab. Der Reaktorinhalt wird mittels eines Magnetrührers durchmischt. Zur Detektion von bestimmten Spezies wird der Reaktor in ein UV/Vis-Spektrophotometer gestellt. Dabei kann der Reaktor auch in einen thermostatisierten Küvettenhalter montiert werden.

offener Reaktor zeichnet sich dadurch aus, daß Materie zwischen Reaktorinhalt und der Umgebung ständig ausgetauscht wird. Darüber hinaus ermöglicht ein CSTR auch den Austausch von Wärme mit der Umgebung, wenn beispielsweise eine exotherme Reaktion unter isothermen Bedingungen untersucht werden soll.

Ein solcher CSTR besteht aus einem Reaktionsgefäß mit einem konstanten Volumen V. Er muß aus einem inerten Material gefertigt sein und über die nötigen Zuflüsse und einen Abfluß verfügen. Außerdem muß er einen mechanischen Rührer enthalten. CSTRs gibt es in den verschiedensten Ausführungen vom 5000-l-Rührkessel in chemischen Produktionsanlagen bis zu μ l-Zellen im Labor. In Abbildung 3.1 zeigen wir einen CSTR, wie er sich für Experimente mit der BZ-Reaktion eignet. Dieser Reaktortyp ist relativ einfach herzustellen. Die jeweilige Bauweise und Geometrie des Reaktors richtet sich nach den Erfordernissen der Reaktion, die untersucht werden soll: Material und Volumen des Reaktors können variieren; man kann ionenselektive Elektroden oder Redoxelektroden zur Detektion einbauen; die Zahl der Einlaßöffnungen kann variiert werden, und es können verschiedene Typen von Rührern zum Einsatz kommen.

Allen CSTRs ist gemeinsam, daß sie die einfließenden Reaktanden mit dem Reaktorinhalt möglichst schnell und vollständig vermischen. Der Mischprozeß besteht aus zwei Stadien, die man *Makro–* und *Mikromischen* nennt. Unter Makromischen versteht man die rein hydrodynamische Durchmischung zweier Flüssigkeiten unterschiedlicher Zusammensetzung; Mikromischen beschreibt die Durchmischung von Flüssigkeiten auf molekularer Ebene durch Diffusion. Ein zentraler Begriff des Makromisch-Prozesses ist die *Verweilzeit* der Moleküle im Durchflußreaktor. Hier muß zwischen zwei hypothetischen Grenzfällen unterschieden werden: Beim ungemischten Durchfluß besitzen alle Teilchen dieselbe Verweilzeit im Reaktor. Man kann sich diesen Grenzfall so vorstellen, als ob sich die Flüssigkeit wie ein Pfropfen zwischen Ein- und Auslaßöffnung durch den Reaktor schiebt. Der andere Grenzfall beschreibt den perfekt gemischten Durchfluß, bei dem alle Teilchen im Reaktor dieselbe Wahrscheinlichkeit besitzen, den CSTR im nächsten Augenblick wieder zu verlassen. Das bedeutet, daß ein bestimmtes Molekül, das gerade eben in den Reaktor gelangt ist, von „älteren" Molekülen derselben Art (die sich schon lange im Reaktor befinden) nicht unterscheidbar ist. In diesem Fall entsteht eine exponentielle *Verteilung* von Verweilzeiten im Reaktor, so daß man nur noch eine mittlere Verweilzeit angeben kann. Hier besteht eine Analogie zum radioaktiven Zerfall: Es ist nicht möglich, die genaue Zeit des Zerfalls eines bestimmten Atoms anzugeben; dagegen kann man eine mittlere Zerfallszeit oder Halbwertszeit einer großen Anzahl radioaktiv zerfallender Atome angeben. Einen realen Durchflußrührreaktor kann man sich aus Zonen zusammengesetzt denken, die eher dem einen oder dem anderen Grenzfall entsprechen. So herrscht in unmittelbarer Umgebung der Einlaßöffnungen eher der ungemischte, in der Nähe des Rührers eher der perfekt gemischte Fall vor. Der Mischprozeß im CSTR ist im Detail sehr kompliziert; für uns genügt es festzuhalten, daß der Mischprozeß eine nichtlineare Reaktion unter Umständen merklich beeinflussen kann. Im allgemeinen nimmt man jedoch an, daß ein sorgfältig konstruierter und stark gerührter CSTR gut durch das Modell des perfekt gemischten Durchflusses zu beschreiben ist. Man benutzt daher die mittlere Verweilzeit τ, wenn man die Fließgeschwindgkeit durch den Reaktor angeben will. Dabei nimmt man an, daß keine chemische Reaktion stattfindet, die natürlich die effektive mittlere Verweilzeit verändern würde. Die reziproke Verweilzeit $k_f = 1/\tau$ hat die Einheit s^{-1} und wird *Flußrate* genannt. Sie kann wie eine Geschwindigkeitskonstante für eine Reaktion erster Ordnung interpretiert werden.

Als Beispiel wollen wir eine Reaktion $\mathrm{A} \xrightarrow{k_R} \mathrm{P}$ betrachten. Die Geschwindigkeit dieser Reaktion ist $-dc_\mathrm{A}/dt = k_R\, c_\mathrm{A}$. Die Reaktion soll in einem CSTR ablaufen, in den eine Lösung von A einfließt. Da das Volumen V des Reaktors konstant bleibt, muß dieselbe Menge an Reaktionslösung aus dem Reaktor wieder hinausfließen. Der Einfachheit halber nennen wir die Konzentration von A im Reaktor a und die Konzentration von A in der hereinfließenden Lösung a_0.

Die Fließgeschwindigkeit, mit der Flüssigkeit durch den Reaktor gepumpt wird, ist f. Die mittlere Verweilzeit für ein Molekül A ist damit $\tau = V/f$, die Flußrate ist $k_f = f/V$. Die Spezies A fließt mit einer Geschwindigkeit von $f\,a_0$ in den Reaktor ein und verläßt den Reaktor mit der Geschwindigkeit $f\,a$. Die zeitliche Änderung der Konzentration von A setzt sich nun aus drei Anteilen zusammen: Der Geschwindigkeit des Einflusses von A, der Geschwindigkeit des Ausflusses von A und der Geschwindigkeit der chemischen Reaktion, die A verbraucht:

$$V\,\frac{da}{dt} = f\,a_0 - f\,a - V\,k_R\,a \tag{3.1}$$

Teilt man die Gleichung durch das Volumen V, so erhält man als kinetische *Massenbilanz-Gleichung*

$$\frac{da}{dt} = k_f\,a_0 - k_f\,a - k_R\,a = k_f\,(a_0 - a) - k_R\,a. \tag{3.2}$$

Wenn die Konzentration von A im Reaktor zu Beginn der Reaktion gleich a_0 war, so erhält man durch Integration von Gleichung (3.2) den Ausdruck

$$a = \frac{k_f + k_R\,e^{-(k_f+k_R)\,t}}{k_f + k_R}\,a_0. \tag{3.3}$$

Wenn die Zeit t gegen „unendlich" strebt, wird der Exponentialterm Null und man erhält eine gleichbleibende Konzentration von A, wobei

$$a_{t\to\infty} = \frac{k_f\,a_0}{k_f + k_R} \tag{3.4}$$

ist. Die Reaktion A $\rightarrow$ P besitzt also im CSTR einen stationären Zustand, der nicht mit dem thermodynamischen Gleichgewichtszustand der Reaktion verwechselt werden darf. Wird der stationäre Zustand dieser einfachen Reaktion durch eine kleine Störung gestört, dann klingt diese Störung immer mit zwei Relaxationszeiten $\tau_1 = 1/k_f$ und $\tau_2 = 1/(k_f + k_R)$ zum stationären Zustand hin ab.

3.2 Chemische Oszillatoren im CSTR

Man kennt eine große Zahl von chemischen Reaktionen, die im gerührten Flußreaktor bei bestimmten Eduktkonzentrationen und einer gegebenen Flußrate mehr als einen stationären Zustand besitzen oder auch oszillieren können. Reaktionen, die ein solches Verhalten zeigen, müssen nach Epstein, Kustin, DeKepper und Orban mindestens die folgenden Grundvoraussetzungen erfüllen:

1. Die Reaktion muß fern von ihrem thermodynamischen Gleichgewicht ablaufen. Aus diesem Grund führt man Experimente an nichtlinearen Reaktionen im offenen System, d. h. in einem CSTR durch.

2. Die Bildung irgendeines (Zwischen-)Produktes muß in mindestens einem Elementarschritt einer *Rückkopplung* unterliegen, so daß die dem System entsprechenden kinetischen Gleichungen nichtlineare Terme enthalten. Diese Bedingung wird durch eine Autokatalyse oder – seltener – durch eine Selbstinhibierung (eine Spezies verlangsamt hier ihre eigene Bildung) erfüllt. Auch die Selbstbeschleunigung einer exothermen Reaktion über die Temperaturabhängigkeit der Geschwindigkeitskonstanten stellt eine Rückkopplung dar.

3. Voraussetzung für das Auftreten von Oszillationen ist eine Bistabilität, d. h. es müssen (mindestens) zwei stabile stationäre Zustände bei den gleichen experimentellen Parametern existieren. Chemische Oszillatoren besitzen oft ein *kreuzförmiges Zustandsdiagramm*, wie es in Abbildung 3.2 schematisch gezeigt wird. Trägt man die dynamischen Zustände, die das System besitzt, in eine Parameterebene ein (die etwa durch die Flußrate und eine Einflußkonzentration aufgespannt werden kann), so findet man typischerweise vier Bereiche: Zwei verschiedene stationäre Zustände, Bistabilität und Oszillationen. Letztere können entstehen, wenn ein reversibler chemischer Prozeß zwischen koexistierenden stationären Zuständen hin- und herschaltet.

Ausgehend von diesen Grundregeln wurden in den vergangenen zehn Jahren viele neue chemische Oszillatoren durch gezielte Suche (und nicht etwa nur durch Zufall) entdeckt. Die meisten dieser chemischen Oszillatoren lassen sich einer „Familie“ zuordnen, aus der sie abgeleitet werden können. So gehört z. B. die Belousov-Zhabotinsky-Reaktion in die Familie der *Bromat-Oszillatoren*. Die Bromat-Familie gliedert sich in eine Hauptgruppe von Oszillatoren, die Metal-

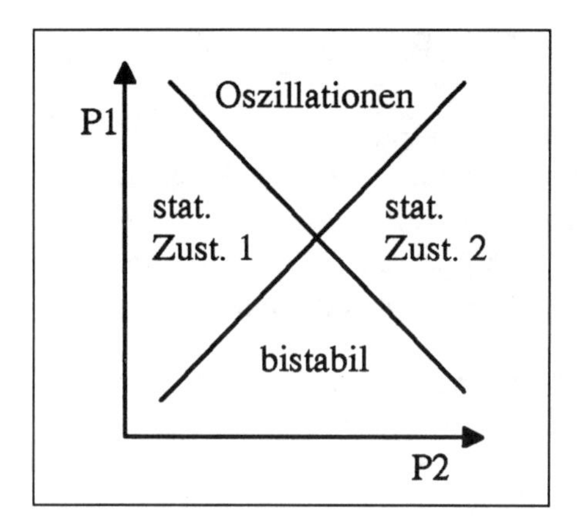

3.2 Typisches gekreuztes Zustandsdiagramm eines chemischen Oszillators. Abhängig von den beiden Parametern P_1 und P_2 findet man zwei stationäre Zustände, Bistabilität oder Oszillationen.

lionen enthalten (wie die BZ-Reaktion) und einen Ast von Systemen ohne Metallionen. Der metallionenhaltige Ast zerfällt in *minimale* Oszillatoren, die nur aus Bromat, Bromid und Metallionen bestehen, und Oszillatoren, die außerdem noch Oxidations- oder Reduktionsmittel enthalten. Der Ast mit Reduktionsmitteln gliedert sich wiederum in Zweige mit anorganischen und organischen Reduktionsmitteln usw. Außer der Bromat-Familie kennt man eine Familie der Chlorit-Oszillatoren, der Iodat-Oszillatoren und der Permanganat-Oszillatoren. Natürlich gibt es auch „Exoten", die keiner dieser großen Familien zugeordnet werden können. Von besonderem Interesse sind auch nichtlineare enzymatische Reaktionen. Wir können in diesem Text keine vollständige Zusammenfassung all dieser Systeme geben. Wir werden jedoch anhand ausgewählter Beispiele wichtige dynamische Eigenschaften, die für chemische Oszillationen kennzeichnend sind, kennenlernen.

3.3 Die BZ-Reaktion im CSTR

Oszillationen mit einfacher Periodizität findet man in der BZ-Reaktion sowohl im geschlossenen Reaktor als auch im CSTR. Im Anhang beschreiben wir ein Demonstrationsexperiment, das chemische Oszillationen mit einfachen Mitteln sichtbar macht. An dieser Stelle wollen wir das dynamische Verhalten der BZ-Reaktion in einem gerührten Durchflußreaktor beschreiben. Dabei werden uns folgende Phänomene begegnen: Stationäre Zustände, einfache Relaxationsoszillationen, Periodenverdopplung und Chaos, Farey-geordnete komplexperiodische Oszillationen und Quasiperiodizität. Alle dynamische Zustände, von denen hier die Rede sein wird, sind *asymptotisch*, d. h. wir wollen transiente

Phänomene außer acht lassen. Die im Text angegebenen Flußraten beziehen sich auf konkrete experimentelle Bedingungen[1]; ähnliches dynamisches Verhalten findet man aber auch bei anderen Konzentrationen und Temperaturen (falls erforderlich werden wir auf die jeweiligen experimentellen Parameter verweisen). Wir beginnen mit der Beschreibung der stationären Zustände.

Stationäre Zustände und Bistabilität

Sowohl bei niedriger als auch bei hoher Flußrate beobachtet man in der BZ-Reaktion stationäre Zustände. Bei niedriger Flußrate ($k_f < 2 \times 10^{-4}\,\mathrm{s}^{-1}$ entsprehend etwa 80 min Verweilzeit) befindet sich die Reaktion – nach dem Abklingen transienter Oszillationen – in der Nähe ihres thermodynamischen Gleichgewichtszustands. Man beobachtet keine stabilen Oszillationen, sondern einen stationären Zustand mit geringer Ce^{4+}- und hoher Br^{-}-Konzentration. Wegen der Nähe zum Gleichgewicht spricht man von dem *thermodynamischen Ast* der Reaktion. Störungen dieses stationären Zustandes, die man experimentell etwa durch eine kurzzeitige Änderung der Flußrate oder durch Zugabe einer kleinen Menge Bromid oder Ce^{4+} realisieren kann, klingen mit einer gedämpften Schwingung ab. Bei dem stationären Zustand handelt es sich demnach um einen stabilen Fokus. Bei hoher Flußrate ($k_f > 4 \times 10^{-3}\,\mathrm{s}^{-1}$ entsprechend etwa 4 min Verweilzeit) beobachtet man einen weiteren stabilen Fokus, der sich durch eine hohe Konzentration an Ce^{4+} und eine niedrige Bromidkonzentration auszeichnet. Dieser Fokus befindet sich weit vom thermodynamischen Gleichgewicht der Reaktion entfernt; er wird aufgrund des Flusses durch den CSTR stabilisiert. Zur Unterscheidung vom thermodynamischen Ast nennt man den stationären Zustand bei hoher Flußrate den *kinetischen Ast* der Reaktion. Beide Fokusse verlieren ihre Stabilität an einer Hopf-Bifurkation.

Stellt man die Flußrate zwischen kinetischem und thermodynamischem Ast ein, so beobachetet man bei bestimmten Konzentrationen[1] Oszillationen, bei anderen Eduktkonzentrationen[2] *Bistabilität*. Im bistabilen Bereich koexistieren zwei stabile stationäre Zustände bei identischen experimentellen Bedingungen.

---

[1]Konzentration von Malonsäure im Reaktor vor der Reaktion: 0,25 mol/l; Konzentration von $Ce_3(SO_4)_2$: 0,001 mol/l; Konzentration von $KBrO_3$: 0,1 mol/l, Konzentration von H_2SO_4: 0,2 mol/l; Temperatur $T = 298$ K

[2]Konzentration von Malonsäure im Reaktor nach Mischen der Eduktlösungen: 0,033 mol/l; Konzentration von Cersulfat: $3,33 \times 10^{-4}$ mol/l; Konzentration von Kaliumbromat: 2×10^{-3} mol/l; Konzentration von Schwefelsäure: 1,5 mol/l.

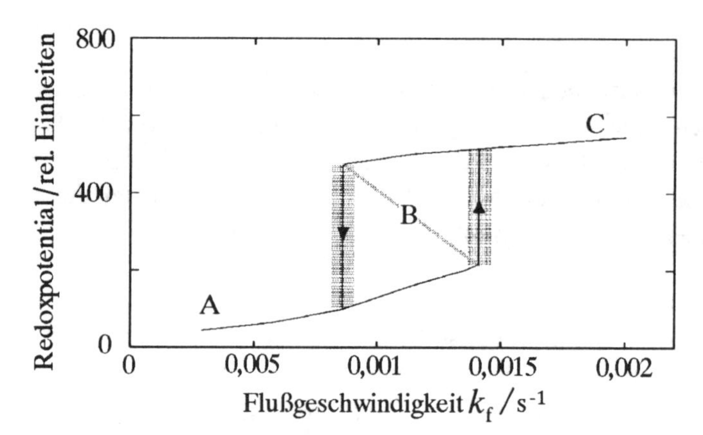

3.3 Bistabilität in der BZ-Reaktion: In einem Intervall von k_f (B) koexistieren der thermodynamische (A) und der kinetische (C) Ast. Die gestrichelte Linie deutet den ungefähren Verlauf des instabilen Zustandes an.

Ein dritter, instabiler stationärer Zustand trennt die beiden stabilen Attraktoren voneinander. Es hängt von den Anfangsbedingungen ab, welcher Zustand innerhalb des Stabilitätsbereiches schließlich erreicht wird. Auch ist es möglich, durch eine ausreichend große Störung, die das System über die Separatrix (den instabilen stationären Zustand) treibt, zwischen den beiden stabilen Zuständen hin- und herzuschalten. Kleine Störungen der stabilen stationären Zustände klingen nicht in gedämpften Schwingungen ab; die Zustände sind demnach nicht als Fokusse, sondern als Knoten zu klassifizieren. In Abbildung 3.3 werden die stationären Zustände der BZ-Reaktion in der Umgebung der Bistabilität gezeigt. In der Abbildung wurde das Redoxpotential der Reaktionsmischung (das der Konzentration von Ce^{4+} proportional ist), gegen die Flußrate aufgetragen. Startet man auf dem thermodynamischen Ast bei kleiner Flußrate – in Abbildung 3.3 mit A markiert – und erhöht k_f, dann springt das System bei einer kritischen Flußgeschwindigkeit auf den kinetischen Ast (C). Dies ist in der Abbildung durch einen Pfeil angedeutet. Verringert man die Flußrate wieder, dann kehrt das System erst bei einer kleineren Flußrate auf den thermodynamischen Ast zurück. In einem Intervall der Flußrate (B) koexistiert also der thermodynamische mit dem kinetischen Ast. Bistabile Reaktionen zeigen eine *Hysterese*, wenn man die Flußrate zyklisch verändert: Der Übergang vom thermodynamischen auf den kinetischen Ast liegt bei einer anderen Flußrate als der Übergang zwischen kinetischem und thermodynamischem Ast. An den beiden kritischen Punkten, an denen die Übergänge stattfinden, fällt der jeweilige stabile stationäre Knoten mit einem (instabilen) Sattelpunkt zusammen. Dieser instabile stationäre Zustand verläuft in Abbildung 3.3 etwa entlang der gestrichelten Linie. Da dieser instabile Zustand experimentell natürlich nicht direkt messbar ist, kann sein Verauf nur „symbolisch" gezeigt werden. Die Punkte, an denen das System zwischen seinen beiden stabilen Zuständen umschaltet, sind durch eine Sattel-Knoten-Bifurkation (siehe Abschnitt 2.7) gekennzeichnet.

Oszillierende Zustände

Wie bereits oben erwähnt, kann es sowohl bei niedriger als auch bei hoher Flußrate eine Hopf-Bifurkation geben. Diese Verzweigungen führen zu Oszillationen der Periodizität Eins und kleiner Amplitude in der Nähe des jeweiligen stationären Zustands. Unter der Periodizität wollen wir die Zahl der Maxima (oder Minima) verstehen, die in einer vollständigen Oszillationsperiode auftreten. Oszillationen der Periodizität Eins – oder einfach *P1-Oszillationen* – besitzen also ein Maximum pro Periode. Ein Schwingungsmuster, bei dem sich etwa eine große und eine kleine Schwingung abwechseln, würde dann als „P2-Muster" bezeichnet werden usw. Die kleinen P1-Schwingungen sind nahezu sinusförmig, d. h. sie besitzen keine ausgeprägten Obertöne (vergleiche hierzu Abschnitt 4.1). Ihre Frequenz ist (unter den in Fußnote[1] genannten Bedingungen) $\omega = 0,03\,\mathrm{s}^{-1}$. Das Flußratenintervall, in dem diese Oszillationen auftreten, ist so schmal, daß die kleinen sinusförmigen Oszillationen im Experiment nur schwierig aufzufinden sind. In einem Flußratenintervall $5,5 \times 10^{-4}\,\mathrm{s}^{-1} < k_f < 1,6 \times 10^{-3}\,\mathrm{s}^{-1}$ beobachtet man Relaxationsoszillationen großer Amplitude mit der Periodizität Eins (Abbildung 3.8). Im Fourier-Spektrum (Abschnitt 4.1) weist das P1-Oszillationsmuster – anders als die annähernd sinusförmigen Schwingungen in der Nähe der Hopf-Bifurkationen – eine ausgeprägte Obertonstruktur auf, d.h. neben einer Hauptfrequenz $\omega = 0,015\,\mathrm{s}^{-1}$ (bei den in Fußnote[1] genannten Bedingungen) enthalten die Oszillationen auch Vielfache dieser Frequenz. Die P1-Oszillationen können auch nach Abstellen des Flusses noch relativ lange Zeit anhalten. Im Anhang beschreiben wir ein Demonstrationsexperiment, das diese Oszillationen im geschlossenen Reaktor zeigt. Ein interessantes dynamisches Verhalten zeigt die BZ-Reaktion, wenn Flußraten zwischen den kleinen sinusförmigen P1-Oszillationen und den großen P1-Relaxationsoszillationen eingestellt werden. Bei kleinen Flußraten (in der Nähe des thermodynamischen Astes) findet man Periodenverdopplung und Chaos, bei großen Flußraten (nahe am kinetischen Ast) beobachtet man Farey-geordnete „mixed-mode"-Oszillationen.

Periodenverdopplung und Chaos

In einem Flußratenbereich $2,5 \times 10^{-4}\,\mathrm{s}^{-1} < k_f < 5,5 \times 10^{-4}\,\mathrm{s}^{-1}$ findet man Periodenverdopplung, Chaos und periodische Oszillationen einer *universellen Sequenz.* Startet man ein CSTR-Experiment im Bereich der P1-Oszillationen und verringert die Flußrate, so findet man Oszillationen der Perioden Zwei und Vier, die schließlich in Chaos übergehen (siehe Abbildung 3.8). In den Bereich chaotischer Oszillationen eingebettet findet man ein „periodisches Fenster“ der Periodizität Drei. Solche periodischen Muster, die das Chaos in einem kleinen Intervall des Verzweigungsparameters unterbrechen, sind in der Chaostheorie als „universelle Sequenz“ bekannt. Periodische Fenster werden auf zwei Seiten des Parameterintervalls von Chaos begrenzt. Der Übergang zwischen Periodizität und Chaos geschieht auf einer Seite durch Periodenverdopplung, auf der anderes Seite durch Typ-1-Intermittenz (siehe Abschnitt 2.7). Bei periodischen Fenstern in der BZ-Reaktion findet man Intermittenz bei höherer Flußrate, Periodenverdopplung bei tieferem k_f. In Abbildung 3.4 werden experimentelle Zeitreihen der optischen Dichte gezeigt. Die optische Dichte bei 350 nm gibt die Konzentration von Ce^{4+} wieder.

Die Dynamik bei niedriger Flußgeschwindigkeit ist jedoch mit Periodenverdopplung und Chaos noch nicht erschöpft. Von einem P2-Zustand wie in Abbildung 3.4 kann man in einen anderen periodischen Zustand der Periodizität Vier umschalten, indem man zum Beispiel den Rührer des CSTR für einige Sekunden anhält. Dieser P4-Zustand darf nicht mit den P4-Oszillationen verwechselt werden, die aus dem P2-Grenzzyklus durch Periodenverdopplung entstehen; es handelt sich vielmehr um zwei Zustände, die unter denselben experimentellen Bedingungen *koexistieren.* Man spricht in einem solchen Fall von *multiplen Attraktoren.* In Abbildung 3.5 wird ein Experiment gezeigt, bei dem zwischen P2 und P4 umgeschaltet wurde.

Farey-Sequenzen

Erhöht man ausgehend von den P1-Relaxationsoszillationen die Flußrate, so treten für $k_f > 2,4 \times 10^{-3}\,\mathrm{s}^{-1}$ zusätzlich zu den großen Oszillationen des P1-Musters auch kleine Oszillationen auf. Man erhält also „mixed-mode“ Oszillationen mit höherer Periodizität. Eine vollständige Schwingungsperiode besteht nun aus G großen und K kleinen Oszillationen. Hier ist die Amplitude

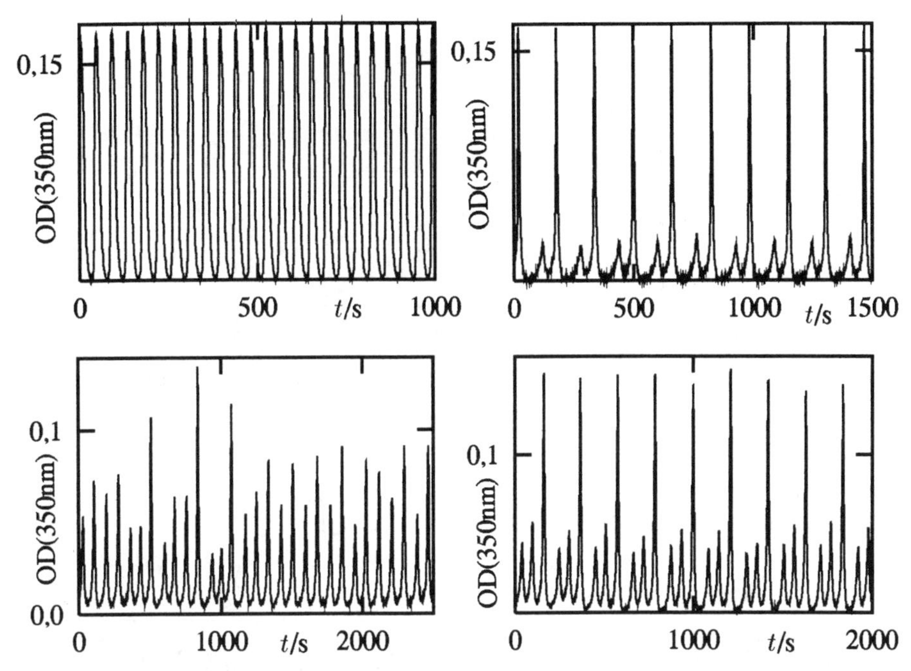

3.4 Periodenverdopplung, Chaos und universelle Sequenz in der BZ-Reaktion: Bei abnehmender Flußrate beobachtet man Oszillationen der Perioden Eins, Zwei, Vier (nicht gezeigt), Chaos und P3. OD steht für „Optische Dichte“.

der großen Schwingungn mit der Amplitude der P1-Oszillationen bei mittlerer Flußrate vergleichbar; die kleinen Oszillationen entsprechen der Amplitude der sinusartigen P1-Schwingungen in der Nähe des kinetischen Astes. Die komplexen Oszillationsmuster können also als Kombination dieser beiden einfachen Schwingungsformen aufgefasst werden. Dabei wird die Zahl der kleinen Oszillationen pro Periode mit steigender Flußrate größer. Jedes Oszillationsmuster kann durch die Zahl seiner kleinen und großen Schwingungen charakterisiert werden. Dazu wollen wir die Schreibweise G^K benutzen. Wie in Abschnitt 2.6 bereits gezeigt wurde, kann man nun jedem Muster eine gebrochene Zahl F zuordnen, die den relativen Anteil der kleinen Oszillationen an der gesamten Periode beschreibt:

$$F = \frac{K}{G + K} \tag{3.5}$$

In dieser Schreibweise werden die P1-Relaxationsoszillationen als 1^0-Muster und die kleinen sinusförmigen Schwingungen als 0^1-Muster bezeichnet. Die zugehörigen Bruchzahlen sind nach (3.5) $F = 0/1$, bzw. $F = 1/1$. Alle komplexen Oszillationsmuster besitzen also Zahlenwerte von F im Intervall $0 < F < 1$. Mit

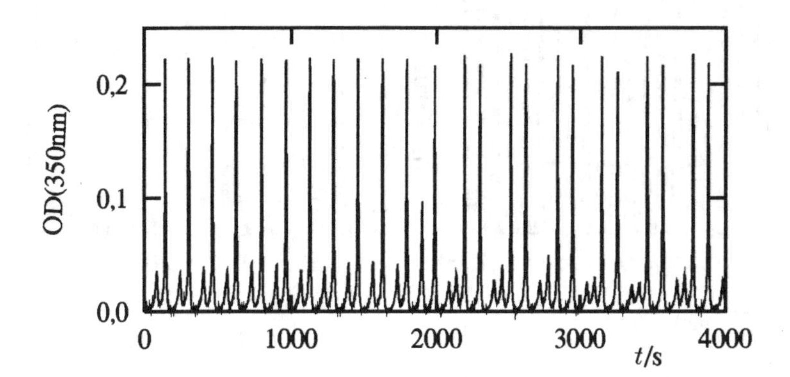

3.5 Multiple Attraktoren in der BZ-Reaktion: Die beiden Oszillationsmuster koexistieren unter denselben experimentellen Bedingungen. Indem man den Rührer des CSTR kurz anhält, kann man von P2 (links) nach P4 (rechts) umschalten.

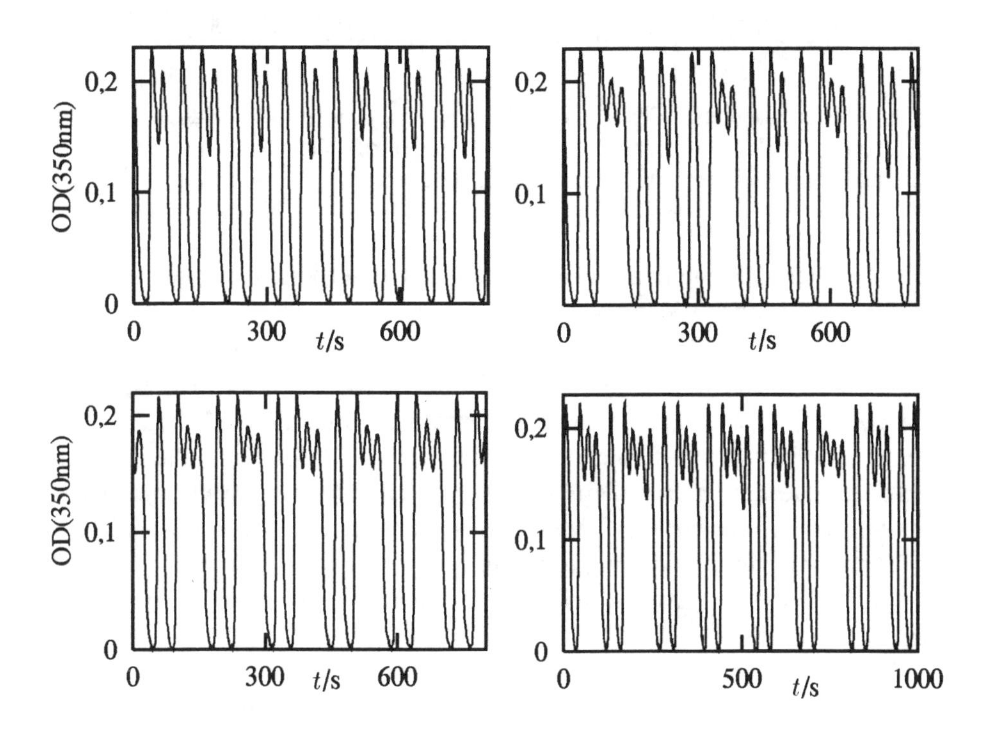

3.6 Ausschnitt einer Farey-Sequenz in der BZ-Reaktion.

steigender Flußrate beobachtet man die Muster 1^0, 3^1 ($k_f = 2,48 \times 10^{-3}\,\mathrm{s}^{-1}$), 2^1 ($k_f = 2,55 \times 10^{-3}\,\mathrm{s}^{-1}$), $2^1 2^2$ ($k_f = 2.81 \times 10^{-3}\,\mathrm{s}^{-1}$) (zwei große und eine kleine Oszillation gefolgt von zwei großen und zwei kleinen Amplituden), 2^2 ($k_f = 2,96 \times 10^{-3}\,\mathrm{s}^{-1}$), $2^2 2^3$ ($k_f = 3,15 \times 10^{-3}\,\mathrm{s}^{-1}$) (Abbildung 3.6), 2^3 ($k_f = 3,40 \times 10^{-3}\,\mathrm{s}^{-1}$) usw. Die Bruchzahlen der fünf letztgenannten Muster sind $1/3$, $3/7$, $2/4$, $5/9$ und $3/5$. Ihre Reihenfolge gehorcht der Farey-Arithmetik (Abschnitt 2.6), d. h. zwischen zwei Mustern mit $F_1 = p_1/q_1$ und $F_2 = p_2/q_2$ liegt ein Muster mit $F_{1,2} = (p_1 + p_2)/(q_1 + q_2)$:

$$\frac{1}{3} \oplus \frac{2}{4} = \frac{3}{7}; \quad \frac{3}{7} \oplus \frac{5}{9} = \frac{2}{4}; \quad \frac{2}{4} \oplus \frac{3}{5} = \frac{5}{9} \tag{3.6}$$

Wie bei niedrigen Flußraten findet man auch hier multiple Attraktoren: Das 2^2-Muster bei $k_f = 2,96 \times 10^{-3}\,\mathrm{s}^{-1}$ koexistiert mit einem 1^1-Muster; durch Anhalten der Pumpe oder des Rührmotors für einige Sekunden kann man zwischen beiden Mustern hin– und herschalten. Stellt man das 1^1-Muster in einem Experiment ein und erhöht die Flußrate, so findet man nicht die oben beschriebene Abfolge Farey-geordneter Oszillationsmuster, sondern die Sequenz 1^1 ($k_f = 2,96 \times 10^{-3}\,\mathrm{s}^{-1}$), $1^1 1^2$ ($k_f = 3,40 \times 10^{-3}\,\mathrm{s}^{-1}$), 1^2 ($k_f = 3,51 \times 10^{-3}\,\mathrm{s}^{-1}$). Die zu diesen Mustern gehörenden Bruchzahlen $1/2$, $3/5$ und $2/3$ gehorchen ebenfalls der Farey-Arithmetik: $3/5 = 1/2 \oplus 2/3$. Man kann hier also von zwei koexistierenden Farey-Ästen periodischer Oszillationsmuster sprechen. Ähnliche Phänomene beobachtet man auch, wenn Mn^{2+} anstelle von Ce^{3+} als Katalysator benutzt wird.

Aperiodische Oszillationen bei hoher Flußrate

Wenn man die Flußrate gerade zwischen zwei periodischen Oszillationsmustern der oben beschriebenen Farey-Reihen einstellt, beobachtet man im Experiment aperiodische Oszillationen. Ein Beispiel wird in Abbildung 3.7 gezeigt. Diese irregulären Schwingungsmuster wurden schon Ende der siebziger Jahre – etwa fünf Jahre vor der Entdeckung von Chaos bei niedriger Flußrate in der BZ-Reaktion – als deterministisches Chaos interpretiert. In den letzten Jahren wurde das Problem der aperiodischen Oszillationen bei hoher Flußrate in der Literatur kontrovers diskutiert. Eingehende Computeranalysen der experimentellen Daten (die wichtigsten Methoden werden in Kapitel 4 beschrieben) legen nahe, daß experimentelle Fluktuationen – die in Experimenten unvermeidlich sind – zwischen benachbarten periodischen Zuständen hin– und herschalten. Insbesondere

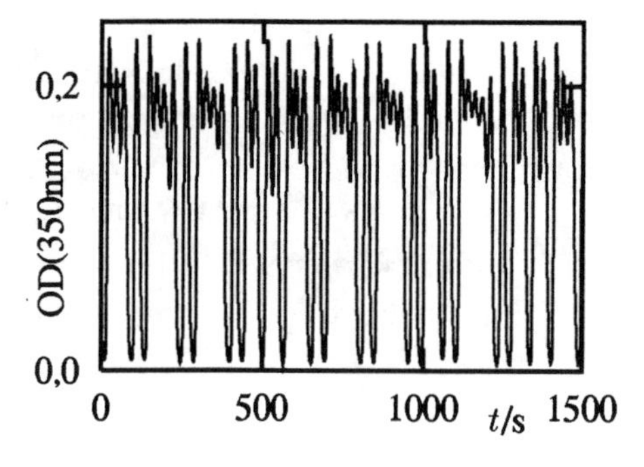

3.7 Irreguläre Zeitreihe der optischen Dichte in der BZ-Reaktion bei einer Flußrate von $k_f = 2,87 \times 10^{-3}\,s^{-1}$.

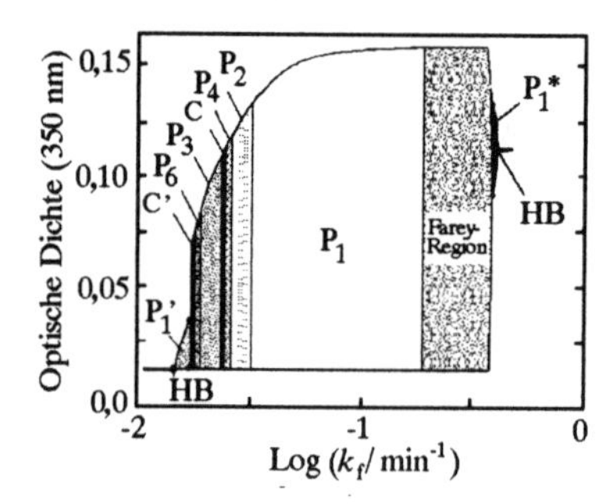

3.8 Verschiedene dynamische Zustände, die bei einer Variation der Flußrate in der BZ-Reaktion beobachtet werden. Komplexes Verhalten tritt zwischen den kleinen und den großen Relaxationsoszillationen auf. Die Hopf-Bifurkationen werden mit HB bezeichnet.

sprechen die Dimensionsanalyse der rekonstruierten Attraktoren (Abschnitt 4.5) und die eindimensionale Abbildung (Abschnitt 4.4) deutlich gegen eine chaotische Dynamik. Der Ursprung für die gefundenen aperiodischen Zeitreihen wäre demnach statistisch und hätte nichts mit deterministischem Chaos zu tun. Zum gegenwärtigen Zeitpunkt ist die Kontroverse um Chaos bei hoher Flußrate noch nicht beigelegt.

Das in diesem Abschnitt beschriebene dynamische Verhalten der BZ-Reaktion im CSTR wird in Abbildung 3.8 zusammengefaßt. Hier wurden die beobachteten dynamischen Zustände gegen die Flußrate aufgetragen; die Einhüllende beschreibt Minima und Maxima der (oszillierenden) optischen Dichte bei 350 nm. Bei dieser Wellenlänge absorbiert das Ce^{4+}-Ion.

Quasiperiodizität

Unter bestimmten experimentellen Bedingungen[3] beobachtet man in der BZ-Reaktion auch quasiperiodische Oszillationen. Der Torus entsteht aus einem einfachen P1-Grenzzyklus über eine sekundäre Hopf-Bifurkation; in einigen Experimenten scheint der Übergang zwischen dem einfachen Grenzzyklus und dem quasiperiodischen Torus aber mit einer Sattel-Knoten-Bifurkation zusammenzuhängen. Beim letzteren verschwindet der stabile P1-Grenzzyklus durch Kollision mit einem instabilen Grenzzyklus und das System weicht auf den Torus aus; dieses Verhalten ist analog zur Typ-1-Intermittenz, die wir in Abschnitt 2.7 kennengelernt haben. Erhöht man die Flußrate durch den Reaktor, so beobachtet man einen Übergang zu chaotischen Oszillationen durch eine graduelle Deformierung des Torus. Unter etwas anderen experimentellen Bedingungen verschwindet der Torus, indem das „Loch" in seinem Zentrum immer kleiner wird. Gleichzeitig verweilt das System immer länger in diesem inneren Bereich. Jenseits einer kritischen Flußrate geht die Reaktion schließlich in einen stationären Zustand in der Mitte des Torus über.

3.4 Chemische Reaktionsmechanismen

Nachdem wir typische Beispiele für das dynamische Verhalten nichtlinearer Reaktionen im CSTR kennengelernt haben, wollen wir einige chemische Mechanismen solcher Reaktionen diskutieren. Wir werden den Mechanismus der BZ-Reaktion vergleichsweise detailliert besprechen, da er sehr intensiv untersucht wurde (und noch wird) und typische Merkmale chemischer Oszillatoren deutlich werden läßt.

3.4.1 Der FKN-Mechanismus der BZ-Reaktion

Ein erster detaillierter Mechanismus der BZ-Reaktion wurde 1972 durch Field, Körös und Noyes (daher der Kurzname FKN) aufgestellt. Er bildet heute noch die Grundlage unseres Verständnisses dieser Reaktion, wenn auch einige Details mittlerweile in anderem Licht erscheinen. Der FKN-Mechanismus nimmt zwei weitgehend unabhängige Prozesse A und B an, die abwechselnd die Kontrolle über das Reaktionsgeschehen übernehmen. Prozeß A enthält ausschließlich

[3] Konzentration von Malonsäure im Reaktor: 0,166 mol/l; Konzentration von $KBrO_3$: 0,012 mol/l; Konzentration von $Ce_3(SO_4)_2$: 8×10^{-5} mol/l; Konzentration von H_2SO_4: 0,333 mol/l, Temperatur: T=312 K; Flußrate: $k_f = 6,6 \times 10^{-4}\,s^{-1}$

nicht-radikalische Spezies (Singulettspezies), während Prozeß B vorwiegend auf Radikalspezies beruht. Die aktuell vorherrschende Konzentration an Bromidionen bestimmt, welcher Prozeß gerade dominiert: Oberhalb einer kritischen Bromidkonzentration kontrolliert Prozeß A die Reaktion, unterhalb läuft bevorzugt Prozeß B ab. Man nennt deshalb Bromid auch die *Kontrollspezies* der Reaktion, während die Nichtlinearität auf der autokatalytischen Bildung von bromiger Säure beruht. In Prozeß A reagieren (konproportionieren) Bromat und Bromid zu Br_2, das mit Malonsäure (MS) zu Brommalonsäure (BrMS) weiterreagiert. Es wird also Bromid verbraucht und Brommalonsäure gebildet:

Prozeß A

$$\begin{aligned} Br^- + BrO_3^- + 2\,H^+ &\longrightarrow HBrO_2 + HOBr \\ Br^- + HBrO_2 + H^+ &\longrightarrow 2\,HOBr \\ Br^- + HOBr + H^+ &\longrightarrow Br_2 + H_2O \\ Br_2 + CH_2(COOH)_2 &\longrightarrow BrCH(COOH)_2 + Br^- + H^+ \end{aligned}$$

Zusammengefaßt ergeben diese Schritte:

$$2\,Br^- + BrO_3^- + 3\,MS + 3\,H^+ \longrightarrow 3\,BrMS + 3\,H_2O$$

Sobald Prozeß A genügend Bromid verbraucht hat, so daß die Reaktion zwischen bromiger Säure ($HBrO_2$) und Bromat mit der Umsetzung von Br^- und BrO_3^- konkurrieren kann, kommt Prozeß B in Gang. Dieser Prozeß schließt die autokatalytische Bildung von $HBrO_2$ ein.

Prozeß B

$$\begin{aligned} BrO_3^- + HBrO_2 + H^+ &\longrightarrow 2\,BrO_2^{\cdot} + H_2O \\ Ce^{3+} + BrO_2^{\cdot} + H^+ &\longrightarrow Ce^{4+} + H_2O + HBrO_2 \end{aligned}$$

Die Gesamtreaktion ist:

$$HBrO_2 + 2\,Ce^{3+} + BrO_3^- + 3\,H^+ \longrightarrow 2\,HBrO_2 + 2\,Ce^{4+} + H_2O$$

Aus einem Äquivalent $HBrO_2$ entstehen also zwei. Die autokatalytische Spezies disproportioniert nach

$$2\,HBrO_2 \longrightarrow HOBr + BrO_3^- + H^+.$$

Das aus Bromat und bromiger Säure in Prozeß B gebildete Radikal $BrO_2^{\cdot}$ oxidiert Ce^{3+} zu Ce^{4+}, das seinerseits Bromidionen aus Brommalonsäure freisetzt. Diese mit Prozeß C bezeichnete Reaktion läßt die Bromidkonzentration langsam wieder ansteigen, so daß nach einer gewissen Zeit Prozeß A wieder reaktionsbestimmend wird: Der Oszillationszyklus schließt sich.

Prozeß C

$$6\,Ce^{4+} + MS + 2\,H_2O \longrightarrow 6\,Ce^{3+} + HCOOH + 2\,CO_2 + 6\,H^+$$
$$4\,Ce^{4+} + BrMS + 2\,H_2O \longrightarrow 4\,Ce^{3+} + HCOOH + 2\,CO_2 + 5\,H^+ + Br^-$$

Vor allem ist der Prozeß C noch immer Gegenstand intensiver Forschung. Neuere Ergebnisse legen nahe, daß die Oxidation der Brommalonsäure durch Ce^{4+} nicht die hauptsächliche Quelle für Bromid darstellt, sondern Ce^{4+} vielmehr eine Radikalkettenreaktion der Art

$$RH + Ce^{4+} \longrightarrow R^{\cdot} + Ce^{3+} + H^+$$
$$R^{\cdot} + HOBr \longrightarrow ROH + Br^{\cdot}$$
$$Br^{\cdot} + RH \longrightarrow R^{\cdot} + H^+ + Br^-$$
$$RH + HOBr \longrightarrow ROH + H^+ + Br^-$$

in Gang bringt, in der RH stellvertretend für eine Reihe organischer Spezies steht. Die Rolle von Radikalen in der BZ-Reaktion hat im vergangenen Jahrzehnt zunehmend Beachtung gefunden. Oszillationen kleiner Amplitude und relativ großer Frequenz sind nämlich auch in Gegenwart von Silber- oder Thalliumionen beobachtet worden, die mit Bromidionen praktisch unlösliche Salze bilden. Die Konkurrenz der Prozesse A und B um Bromid kann demnach nicht der einzige Kontrollmechanismus sein; es existiert vielmehr (vor allem in stark saurem Reaktionsmedium) ein zweiter, radikalkontrollierter Zyklus. Für ein qualitatives Verständnis der BZ-Reaktion sind diese Details aber nicht ausschlaggebend. Der gesamte Prozeß C mit all seinen noch unverstandenen Einzelschritten kann im Sinne eines vereinfachten Modells zu einer Gesamtreaktion

$$2\,Ce^{4+} + BrMS + MS \longrightarrow 2\,Ce^{3+} + f\,Br^- + \text{andere Produkte}$$

zusammengefaßt werden, in der f ein mehr oder weniger frei wählbarer Parameter ist. Die wesentlichen Eigenschaften des FKN-Mechanismus können in einem vereinfachten Reaktionsschema, dem sogenannten *Oregonator* (nach dem

US-Staat Oregon; der Name wurde in Analogie zum Brüsselator gewählt), zusammengefaßt werden.

Ein einfaches Modell: der Oregonator

Bei der Reduktion des FKN-Mechanismus nimmt man zunächst an, daß die in den CSTR einfließenden Spezies Bromat, Ce^{3+}, Malonsäure und Schwefelsäure in einem großen Überschuß vorliegen. Sie können deshalb als konstante Parameter betrachtet werden. Diese *chemical-pool*-Annahme ist uns bei der Diskussion des Brüsselators in Abschnitt 2.1 bereits begegnet. Weiter kann man annehmen, daß kurzlebige Zwischenstoffe wie das Radikal $BrO_2^{\cdot}$ in einer geringen und praktisch konstanten Konzentration vorliegen. Diese beiden Annahmen erlauben es, den FKN-Mechanismus auf die wesentlichen variablen Spezies $HBrO_2$, Br^-, Ce^{4+} und HOBr zu reduzieren. Diese Zwischenstoffe werden gemeinhin mit Großbuchstaben bezeichnet, um den vereinfachten und formalen Charakter des resultierenden Modells zu betonen. Man setzt $HBrO_2 = X$, $Br^- = Y$, $Ce^{4+} = Z$ und HOBr = P sowie die konstanten Spezies $BrO_3^- = A$ und BrMS = B. Damit ergibt sich das folgende Reaktionsschema:

$$\begin{aligned} A + Y &\longrightarrow X + P \\ X + Y &\longrightarrow 2P \\ A + X &\longrightarrow 2X + Z \\ 2X &\longrightarrow A + P \\ B + Z &\longrightarrow fY \end{aligned} \tag{3.7}$$

Die ersten beiden Reaktionsschritte geben Prozeß A wieder, der dritte und vierte Schritt fassen die autokatalytische Bildung und die Disproportionierung von bromiger Säure in Prozeß B zusammen und Prozeß C wird durch die letzte Reaktion ausgedrückt. Nimmt man an, daß alle fünf Reaktionen irreversibel ablaufen (P ist dann nur ein inertes Produkt), so kann dieses Reaktionsschema durch drei gewöhnliche Differentialgleichungen mathematisch dargestellt werden:

$$\begin{aligned} \frac{dc_X}{dt} &= k_1\, c_A\, c_Y - k_2\, c_X\, c_Y + k_3\, c_A\, c_X - 2\, k_4\, c_X^2 \\ \frac{dc_Y}{dt} &= -k_1\, c_A\, c_Y - k_2\, c_X\, c_Y + f\, k_5\, c_B\, c_Z \\ \frac{dc_Z}{dt} &= k_3\, c_A\, c_X - k_5\, c_B\, c_Z \end{aligned} \tag{3.8}$$

Die Geschwindigkeitskonstante k_i bezieht sich hier auf die i-te Reaktionsgleichung im Oregonator. Zur weiteren Vereinfachung des Mechanismus überführt man die Konzentrationsvariablen X,Y und Z in die normierten Variablen x,y,z. Die folgende Normierung hat sich hierzu als praktisch erwiesen:

$$x = \frac{c_X}{k_3\, c_A/2\, k_4}, \quad y = \frac{c_Y}{k_3\, c_A/k_2}, \quad z = \frac{c_Z}{(k_3\, c_A)^2/k_4\, k_5\, c_B}, \quad \tau = \frac{t}{k_5\, c_B} \tag{3.9}$$

Definiert man zusätzlich noch die dimensionslosen Parameter

$$\epsilon = \frac{k_5\, c_B}{k_3\, c_A}, \quad \epsilon' = \frac{2\, k_5\, k_4\, c_B}{k_2\, k_3\, c_A} \quad \text{und} \quad q = \frac{2\, k_1\, k_4}{k_2\, k_3}, \tag{3.10}$$

so lauten die Modellgleichungen in dimensionsloser Form

$$\begin{aligned} \epsilon \frac{dx}{d\tau} &= q\, y - x\, y + x\,(1-x) \\ \epsilon' \frac{dy}{d\tau} &= -q\, y - x\, y + f\, z \\ \frac{dz}{d\tau} &= x - z. \end{aligned} \tag{3.11}$$

Wenn man realistische Zahlenwerte in die Definitionsgleichungen (3.10) einsetzt, zeigt sich, daß ϵ' typischerweise zwei Größenordnungen kleiner ist als ϵ. Realistische Werte sind etwa $\epsilon = 4 \times 10^{-2}$ und $\epsilon' = 4 \times 10^{-4}$. Das bedeutet, daß die dimensionslose Konzentration von Bromid y durch die beiden übrigen Variablen x und z ausgedrückt werden kann. Die Bromidkonzentration wird sich, abhängig von x und z, stets so einstellen, daß $\epsilon'\, dy/d\tau \approx 0$ gilt. Daraus läß sich der algebraische Ausdruck

$$y = \frac{f\, z}{q + x} \tag{3.12}$$

ableiten. Mit (3.12) kann man y aus den Gleichungen (3.11) eliminieren, so daß nur noch zwei dimensionslose Variablen übrigbleiben:

$$\begin{aligned} \epsilon \frac{dx}{d\tau} &= x\,(1-x) + \frac{f\,(q-x)\,z}{q+x} \\ \frac{dz}{d\tau} &= x - z \end{aligned} \tag{3.13}$$

Dieser stark vereinfachte *Zwei-Variablen-Oregonator* ist uns in Abschnitt 2.3 (Gleichung 2.13) bereits begegnet. Dort haben wir am Beispiel von (3.13) erklärt, wie Relaxationsoszillationen in einem chemischen Oszillator entstehen.

Eine Analyse der Hopf-Bifurkation, mit der Oszillationen einsetzen, ist für das Modell (3.13) ohne weiteres möglich. Wir wollen dem interessierten Leser eine solche Analyse zur Übung der in Abschnitt 2.4 erläuterten Technik empfehlen.

Es versteht sich, daß ein so drastisch vereinfachtes Modell wie der Oregonator viele experimentelle Details nicht korrekt wiedergeben kann; allerdings erlaubt die Reduktion auf zwei Variablen erst ein qualitatives Verständnis der Hopf-Bifurkation und der Relaxationsoszillationen in der BZ-Reaktion. Man hat im Laufe der Jahre ausgehend vom FKN-Mechanismus verschiedene komplexere Modelle entwickelt, die Phänomene wie Chaos oder Farey-Sequenzen erklären. Bis heute existiert aber noch kein Modell, das alle experimentellen Befunde befriedigend erklären kann. Zwei erweiterte Modelle der BZ-Reaktion, die häufig in der Literatur erscheinen, sollen – stellvertretend für alle Varianten des Mechanismus – kurz vorgestellt werden.

Der erweiterte Oregonator

Im Jahre 1978 wurde von K. Showalter, R. Noyes und K. Bar-Eli ein erweitertes Oregonator-Modell vorgeschlagen, das den Details des chemischen Mechanismus der BZ-Reaktion besser gerecht wird als der einfache Orgeonator. Der *erweiterte Oregonator*, auch *SNB-Modell* genannt, gibt die bei kurzen Verweilzeiten im CSTR gefundenen Farey-geordneten komplexen Oszillationen sehr gut wieder. Er reproduziert das bei langen Verweilzeiten gefundene Chaos aber nur dann, wenn „falsche“ Geschwindigkeitskonstanten eingesetzt werden. Zudem erhält man dabei sehr hohe Konzentrationen an unterbromiger Säure, die im experimentellen System nicht auftreten. Dieses Dilemma kennzeichnet bis heute mechanistische Modelle der BZ-Reaktion: Sie beschreiben nur einen Teil der Experimente korrekt und ergeben bei anderen Parameterwerten oft chemisch unrealistische Resultate. Der erweiterte Oregonator läßt sich aus dem einfachen Modell (3.7) ableiten, indem man reversible Reaktionen annimmt und den autokatalytischen Schritt in chemisch realistische Teilschritte zerlegt. Dabei ist es notwendig, das Bromdioxidradikal $BrO_2^{\cdot}$ und Ce^{3+} als zusätzliche Variablen in das Modell einzuführen. Es ergibt sich das folgende Reaktionsschema:

$$\begin{aligned}
2\,H^+ + BrO_3^- + Br^- &\rightleftharpoons HBrO_2 + HOBr \\
HBrO_2 + H^+ + Br^- &\rightleftharpoons 2\,HOBr \\
H^+ + BrO_3^- + HBrO_2 &\rightleftharpoons 2\,BrO_2^{\cdot} + H_2O
\end{aligned}$$

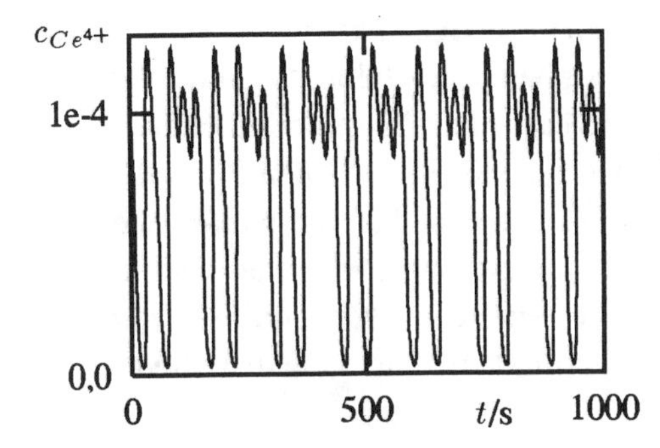

3.9 Zeitreihe der Konzentration von Ce^{4+} im SNB-Modell.

$$
\begin{aligned}
H^+ + Ce^{3+} + BrO_2^{\cdot} &\rightleftharpoons HBrO_2 + Ce^{4+} \\
2\,HBrO_2 &\rightleftharpoons BrO_3^- + HOBr + H^+ \\
Ce^{4+} + (\text{organ. Bromverb.}) &\longrightarrow g\,Br^- + Ce^{3+}
\end{aligned}
\qquad (3.14)
$$

Die Rolle von organischen Zwischenstoffen bei der Bromidproduktion in Prozeß C (letzter Schritt in (3.14)) wird in einem konstanten Parameter g zusammengefaßt. Dieser Parameter ist nur halb so groß wie das entsprechende f im einfachen Oregonator, weil in (3.14) sowohl Ce^{3+} als auch Ce^{4+} als dynamische Variablen des Modells behandelt werden. Bei der numerischen Integration (siehe auch Exkurs 3.1) des SNB-Modells auf dem Computer erweitert man die kinetischen Gleichungen um Terme, die die Randbedingungen des CSTR berücksichtigen (vergleiche Gleichung (3.2) in Abschnitt 3.1). Man verzichtet also auf die einfachere chemical-pool-Näherung und benutzt stattdessen das Modell eines perfekt gemischten Durchflußrührreaktors. Zur Illustration zeigt Abbildung 3.9 eine Zeitreihe der Ce^{4+}-Konzentration, die mit dem SNB-Modell berechnet wurde. Angeregt von den Problemen, die das SNB-Modell bei langen Verweilzeiten bereitet, schlugen R. Field und L. Györgyi Anfang der 90er Jahre ein Modell vor, das zunächst eine Vielzahl von Experimenten zu erklären schien. Insbesondere kann deterministisches Chaos bei langen Verweilzeiten mit diesem Modell berechnet werden.

Das Field-Györgyi-Modell („Montanator“)

Ausgehend von über achtzig Einzelreaktionen stellten Field und Györgyi eine Reihe relativ einfacher Modelle der BZ-Reaktion auf, die den organischen Teil der BZ-Reaktion, der im Oregonator auf einen einzigen Parameter reduziert wird, genauer berücksichtigen. Der oxidative Abbau von Malonsäure und Brommalonsäure läuft dabei über Tartronsäure (TS) als Zwischenprodukt. In der folgenden Übersicht zeigen wir ein Modell, das aus sieben variablen Spezies und elf Reaktionen besteht. Dieses Modell wurde aus einem 11-Variablen-Modell über ein 9-Variablen-Modell erhalten und läßt die Besonderheiten des Montanators noch gut erkennen. Es gibt auch stärker vereinfachte vier- und drei-Variablen-Montanatoren, die aber weniger transparent sind und hier nicht diskutiert werden sollen.

$$\begin{aligned}
HBrO_2 + Br^- + H^+ &\xrightarrow{MS} 2\,BrMS \\
BrO_3^- + Br^- + 2\,H^+ &\xrightarrow{MS} HBrO_2 + BrMS \\
2\,HBrO_2 &\xrightarrow{MS} BrO_3^- + BrMS + H^+ \\
BrO_3^- + HBrO_2 + H^+ &\longrightarrow 2\,BrO_2^{\cdot} + H_2O \\
2\,BrO_2^{\cdot} + H_2O &\longrightarrow BrO_3^- + HBrO_2 + H^+ \\
Ce^{3+} + BrO_2^{\cdot} + H^+ &\longrightarrow HBrO_2 + Ce^{4+} \\
HBrO_2 + Ce^{4+} &\longrightarrow Ce^{3+} + BrO_2^{\cdot} + H^+ \\
MS + Ce^{4+} &\longrightarrow MS^{\cdot} + Ce^{3+} + H^+ \\
BrMS + Ce^{4+} &\longrightarrow Ce^{3+} + Br^- + \text{andere Produkte} \\
MS^{\cdot} + BrMS &\longrightarrow MS + Br^- + \text{andere Produkte} \\
2\,MS^{\cdot} &\longrightarrow MS + TS
\end{aligned} \qquad (3.15)$$

Die Konzentrationen von H^+, BrO_3^-, H_2O und Malonsäure sind konstante Parameter. Alle Montanator-Varianten gehen auf den einfachen Oregonator und das SNB-Modell zurück und erweitern diese um den organisch-chemischen Teil der BZ-Reaktion. Es wird in (3.15) außerdem angenommen, daß HOBr mit Bromid diffusionskontrolliert zu Br_2 reagiert, das seinerseits mit der Enolform der Malonsäure sehr schnell Brommalonsäure bildet. Daher können sich HOBr und Br_2 nicht anreichern. Letztere Spezies wurden deshalb aus dem Modell eliminiert.

Problematisch ist allerdings die Reaktion von Ce^{4+} mit Malonsäure, wie jüngst von Försterling und Noszticzius mit Hilfe chromatographischer Techniken gezeigt wurde. Der Montanator nimmt an, daß die bei der Reaktion von Malonsäure mit Ce^{4+} nach

$$Ce^{4+} + CH_2(COOH)_2 \longrightarrow {}^{\cdot}CH(COOH)_2 + Ce^{3+} + H^+$$

gebildeten Malonylradikale gemäß

$$2\ {}^{\cdot}CH(COOH)_2 + H_2O \longrightarrow CHOH(COOH)_2 + CH_2(COOH)_2$$

zu Tartronsäure und Malonsäure disproportionieren. Tatsächlich entstehen bei der Weiterreaktion von Malonylradikalen (unter Ausschluß von Luftsauerstoff) zwei andere Produkte, die aus einer Rekombination der Malonylradikale, bzw. eines Malonylradikals mit einem umgelagerten Radikal, gebildet werden:

$$\begin{aligned} 2\ {}^{\cdot}CH(COOH)_2 &\rightarrow (COOH)_2CH - CH(COOH)_2 \\ {}^{\cdot}CH(COOH)_2 + {}^{\cdot}OOCH_2(COOH) &\rightarrow (COOH)_2CH - OOCH_2(COOH) \end{aligned}$$

Tartronsäure ist also mit großer Sicherheit kein Primärprodukt dieser Reaktion. Damit ist aber die angenommene Stöchiometrie der Rückbildung von Bromid in Prozeß C fraglich! Auch nach mehr als zwanzigjähriger Arbeit ist also der Mechanismus der BZ-Reaktion noch nicht genau bekannt.

3.4.2 Der minimale Bromat-Oszillator (MBO)

In der BZ-Reaktion ist Malonsäure (oder ein anderes organische Substrat) nötig, um die in Prozeß A verbrauchten Bromidionen zurückzubilden. Anstatt durch das organische Substrat kann Bromid aber auch durch direktes Einfließen einer Br^--haltigen Lösung in den CSTR regeneriert werden. Der *minimale Bromat-Oszillator (MBO)* beruht auf dieser Idee. Oszillationen von Ce^{4+} oder Bromid können im MBO allerdings – anders als in der BZ-Reaktion – nur im Durchflußreaktor erhalten werden. Während die Rückbildung von Bromid im BZ-System in einem geschlossenen Reaktor – also in einem Reaktor, in den keine Eduktlösungen einfließen – möglich ist, solange genügend organisches Substrat vorhanden ist, hören die Oszillationen in Abwesenheit organischer bromierbarer Spezies auf, wenn kein Bromid mehr einfließt. Der minimale Bromat-Oszillator kann also als der „anorganische Teil" der BZ-Reaktion aufgefasst werden. Sein Mechanismus ist – verglichen mit dem Mechanismus der BZ-Reaktion – sehr gut bekannt. Das dynamische Verhalten des MBO-Systems wird durch den sogenannten *NFT-Mechanismus* (so benannt nach Noyes, Field und Thomson) gut beschrieben. Das NFT-Modell wurde entwickelt, um die Oxidation von Ce^{3+} durch Bromat in schwefelsaurer Lösung zu beschreiben. Motivation hierzu war, den FKN-Mechanismus der BZ-Reaktion zu präzisieren. Die folgenden sieben Teilreaktionen, an denen insgesamt zehn Spezies beteiligt sind, beschreiben den

NFT-Mechanismus des minimalen Bromat-Oszillators:

$$
\begin{aligned}
BrO_3^- + Br^- + 2\,H^+ &\rightleftharpoons HBrO_2 + HOBr \\
HBrO_2 + Br^- + H^+ &\rightleftharpoons 2\,HOBr \\
HOBr + Br^- + H^+ &\rightleftharpoons Br_2 + H_2O \\
BrO_3^- + HBrO_2 + H^+ &\rightleftharpoons 2\,BrO_2^{\cdot} + H_2O \\
Ce^{3+} + BrO_2^{\cdot} + H^+ &\rightleftharpoons Ce^{4+} + HBrO_2 \\
Ce^{4+} + BrO_2^{\cdot} + H_2O &\rightleftharpoons Ce^{3+} + BrO_3^- + 2\,H^+ \\
2\,HBrO_2 &\rightleftharpoons BrO_3^- + HOBr + H^+
\end{aligned}
\qquad (3.16)
$$

Die Dynamik dieser Reaktionsfolge wird im wesentlichen durch die Konkurrenz zwischen Br^- und BrO_3^- um $HBrO_2$ bestimmt. Dominiert – bei hoher Bromidkonzentration – die Reaktion zwischen Bromid und $HBrO_2$, so bleibt die Konzentration an unterbromiger Säure klein und es resultiert ein Zustand, der durch hohe Konzentrationen von Bromid und Ce^{4+} charakterisiert ist. Hat sich genügend $HBrO_2$ angesammelt, so daß die Reaktion zwischen unterbromiger Säure und Bromat überwiegt, dann ergeben sich geringe Konzentrationen an Bromid und Ce^{4+}. Das Modell zeigt – wie auch das experimentelle System – unter den Randbedingungen eines CSTR (Abschnitt 3.1) Bistabilität sowie Relaxationsoszillationen der Periode Eins zwischen diesen beiden Zuständen. Wie der FKN-Mechanismus kann auch das NFT-Modell auf seinen chemischen „Kern“ reduziert werden. Dazu macht man die folgenden Annahmen:

Die Reaktion zwischen Ce^{4+} und $BrO_2^{\cdot}$ ist viel langsamer als die zwischen $BrO_2^{\cdot}$ und Ce^{3+}, so daß die oxidierte Form des Katalysators nicht stark in die Dynamik der Reaktion eingreift. Damit kann die vorletzte Reaktion in (3.16) entfallen. Die Konzentration des – für die Dynamik ohnehin nicht essentiellen Ce^{4+} – kann durch eine konstante Gesamtkonzentration an Cerionen vermindert um die Konzentration von Ce^{3+} ausgedrückt werden. Zusätzlich kann man die Konzentrationen von BrO_3^-, H^+ und Wasser als annähernd konstant ansehen, da diese Spezies in einem großen Überschuß vorliegen. Betrachtet man außerdem molekulares Brom (Br_2) als inertes Reaktionsprodukt, so bleiben von den zehn variablen Konzentrationen im originalen Modell nur noch fünf übrig. Zur weiteren Reduktion des Mechanismus überführt man die verbleibenden Konzentrationsvariable in dimensionslose Größen. Dazu geht man in ähnlicher Weise vor, wie wir es bei der Vereinfachung des Oregonator-Modells in Abschnitt 3.4.1 schon gesehen haben. Aus den dimensionslosen Gleichungen, auf die wir hier nicht im Detail eingehen wollen, wird ersichtlich, daß – wegen der unterschiedlichen Geschwindigkeiten in den langsamen und schnellen Abschnitten des Relaxationsoszillators – die beiden Zwischenstoffe $BrO_2^{\cdot}$ und HOBr als quasi-stationär angenommen werden dürfen. Die Eliminierung der Bromidkonzentration als dynamische Variable (durch die Annahme eines quasi-stationären Zustandes wie beim 2-Variablen-Oregonator (3.13)) wäre zwar formal möglich, aber mechanistisch inkonsistent, da Br^- für Oszillationen und Bistabilität im MBO-System essentiell ist. Somit bleiben die (dimensionslosen) Konzentrationen von Br^-, $HBrO_2$ und Ce^{3+} als essentielle Variablen zurück, mit denen man das dynamische Verhalten des minimalen Bromat-Oszillators beschreiben kann.

3.4.3 Die Chlorit-Thioharnstoff-Reaktion

Als Beispiel eines Chlorit-Oszillators wollen wir die Reaktion von ClO_2^- mit $CS(NH_2)_2$ betrachten. In Abschnitt 8.3 werden wir als weiteren Vertreter der Gruppe der Chlorit-Oszillatoren die Umsetzung von Chlorit, Iodid und Malonsäure kennenlernen. In der Chlorit-Thioharnstoff-Reaktion wurden sowohl im geschlossenen System als auch im Durchflußreaktor interessante dynamische Phänomene beobachtet. Läuft die Reaktion in einem geschlossenen Reaktor ab, so zeigt sie eine lange Induktionsperiode, gefolgt von einem plötzlichen Anstieg der Konzentration von Chlordioxid. Die Dauer der Induktionsperiode hängt von den Anfangsbedingungen der Reaktion ab; man kann sie experimentell sehr genau einstellen. Man spricht hier auch von einer *chemischen Uhr*. Im CSTR wurden bei dieser Reaktion Bistabilität, einfache und komplexe Oszillationen und sogar deterministisches Chaos gefunden.

Ist die Chloritkonzentration etwa doppelt so hoch wie die Konzentration von Thioharnstoff und ist der pH-Wert der Reaktionsmischung kleiner als drei, dann ergibt sich für die Gesamtrektion die folgende Stöchiometrie:

$$2\,ClO_2^- + CS(NH_2)_2 + 2\,H_2O \rightleftharpoons 2\,NH_4^+ + CO_2 + 2\,Cl^- + SO_4^- \qquad (3.17)$$

Bei einer höheren Thioharnstoffkonzentration entstehen neben Cl^- und SO_4^- auch andere Produkte wie elementarer Schwefel und HOCl. Ist der pH-Wert größer als drei, so entstehen weder Ammoniak noch Kohlendioxid, sondern die Reaktion bleibt bei Harnstoff ($CO(NH_2)_2$) stehen. Der Mechanismus der Chlorit-Thioharnstoff-Reaktion ist relativ komplex. Er läßt sich wie folgt formulieren:

$$\begin{aligned} H^+ + ClO_2^- &\rightleftharpoons HClO_2 \\ H^+ + THA &\rightleftharpoons HTHA^+ \end{aligned}$$

$$
\begin{aligned}
H^+ + ClO_2^- + THA &\rightarrow HOCl + HOT \\
ClO_2^- + HTHA &\rightarrow HOCl + HOT \\
Cl_2 + H_2O &\rightleftharpoons HOCl + Cl^- + H^+ \\
Cl_2 + 2\,ClO_2^- &\rightarrow 2\,ClO_2 + 2\,Cl^- \\
HOCl + H^+ + 2\,ClO_2^- &\rightarrow 2\,ClO_2 + Cl^- + H_2O \\
2\,ClO_2 + HOT + H_2O &\rightarrow HO_3T + HOCl + Cl^- + H^+ \\
ClO_2^- + HOT &\rightarrow HO_3T + Cl^- \\
ClO_2^- + HO_3T + H_2O &\rightarrow SO_4^{2-} + CO(NH_2)_2 + HOCl + H^+ \\
HOCl + HO_3T + H_2O &\rightarrow SO_4^{2-} + CO(NH_2)_2 + Cl^- + 3\,H^+ \\
HOT + THA &\rightarrow CSSC + H_2O \\
CSSC + ClO_2^- + H_2O + H^+ &\rightarrow 2\,HOT + HOCl \qquad (3.18)
\end{aligned}
$$

Hier bedeuten die Abkürzungen THA Thioharnstoff ($CS(NH_2)_2$), HTHA protonierten Thioharnstoff ($HSC(NH_2)_2^+$), HOT steht für $HOSC(NH)NH_2$, HO_3T für $HO_3SC(NH)NH_2$ und CSSC bedeutet $NH_2(NH)CSSC(NH)NH_2$.

Die Nichtlinearität des Mechanismus besteht in der autokatalytischen Bildung des Dimeren CSSC:

$$
\begin{aligned}
CSSC + ClO_2^- + H_2O + H^+ &\rightarrow 2\,HOT + HOCl \\
2 \times (HOT + THA &\rightarrow CSSC + H_2O)
\end{aligned}
$$

Zusammengefaßt ergibt sich somit:

$$
CSSC + ClO_2^- + 2\,THA + H^+ \rightarrow 2\,CSSC + H_2O + HOCl
$$

Diese autokatalytische Reaktion geht mit einem raschen Anwachsen der HOCl-Konzentration einher. Die hyperchlorige Säure spielt beim Abbau von Chlorit eine wichtige Rolle; sie ist für die Bildung von Chlordioxid essentiell, das seinerseits für den Sauerstofftransfer auf die Schwefelspezies sorgt.

Mit dem Mechanismus (3.18) können viele experimentelle Befunde, wie die Dauer der Induktionsperiode, die pH-Abhängigkeit der Reaktion, Bistabilität und auch Oszillationen erklärt werden. Er gibt allerdings das experimentell beobachtete Chaos nicht wieder.

3.4.4 Enzymatische chemische Oszillatoren

Enzymatische oszillierende Reaktionen sind wegen ihrer biologischen Bedeutung von besonderem Interesse. Die ersten chemischen Oszillationen in lebenden Organismen wurden 1955 von Wilson und Calvin in der Dunkelreaktion der Photosynthese gefunden. Seither wurden im Zusammenhang mit vielen essentiellen Lebensvorgängen, wie der Zellatmung, dem Kohlenhydratstoffwechsel, der Mitose oder bei der Enzymsynthese chemische Oszillationen beobachtet. Die Rückkopplung in enzymatischen Reaktionen besteht meist darin, daß die Aktivität eines Enzyms häufig von der Konzentration der Substrate oder Produkte abhängt.

Ein bekanntes Beispiel ist die *Glykolyse* – der anaerobe Abbau von Glukose zu Brenztraubensäure – die in lebenden Zellen stattfindet. Oszillationen der Konzentration von NADH in diesem System wurden nicht nur *in vivo*, sondern nach Extraktion des Reaktionskomplexes aus Hefezellen auch *in vitro* beobachtet. Hier ist die Phosphofruktokinase, ein allosterisches Enzym, das im Muskel durch AMP und ADP aktiviert und durch ATP gehemmt wird, für die Rückkopplung verantwortlich. Die Phosphofruktokinase katalysiert die Reaktion

$$\text{ATP} + \text{Fruktose-6-Phosphat} \rightarrow \text{ADP} + \text{Fruktose-1,6-biphosphat.}$$

Bei dieser Reaktion katalysiert das Enzym die Bildung seines Aktivators (ADP) und verbraucht seinen Inhibitor (ATP). Das Ergebnis ist eine positive Rückkopplung, die schließlich zu Oszillationen der Enzymaktivität und damit verschiedener an der Glykolyse beteiligter Spezies führt. In dieser Reaktion wurden periodische, quasiperiodische und chaotische Oszillationen in einem Füllreaktor, der keinen Auslaß besitzt, beobachtet. Ein weiteres, gut untersuchtes Beispiel eines enzymkatalysierten chemischen Oszillators ist die durch das Enzym Peroxidase katalysierte Oxidation von NADH durch Luftsauerstoff zu NAD^+.

Die Meerrettichperoxidase-Oxidase-Reaktion

Diese Reaktion, die wir im folgenden kurz als PO-Reaktion bezeichnen wollen, war die erste Enzymrekation, die *in vitro* praktisch beliebig lang in einem oszillierenden Zustand gehalten werden konnte. Sie wurde erstmals 1965 durch Yamazaki, Yokota und Nakajima untersucht und zeigt ein reiches dynamisches Verhalten. Ein erster Mechanismus der Reaktion wurde 1979 von L.F. Olsen aufgestellt; dieses Modell enthält allerdings chemisch nicht sinnvolle Reaktionsschritte. Neben einfachen Oszillationen wurde in der PO-Reaktion (als erste chemische Reaktion überhaupt) Chaos beobachtet. Außerdem findet man im CSTR Quasiperiodizität und Farey-geordnete komplexe periodische Oszillationen. Im Laufe der Jahre wurde eine Anzahl unterschiedlicher Mechanismen für die PO-Reaktion vorgeschlagen. Heute noch ist ihr Mechanismus nicht in allen Details geklärt. Allerdings sind die wesentlichen chemischen Prinzipien der Reaktion recht gut bekannt.

Das Enzym Meerrettichperoxidase katalysiert die Elektronenübertragung zwischen dem Substrat (NADH) und einem Oxidationsmittel (O_2). Es kann in fünf Oxidationsstufen vorliegen, die alle an dem enzymatischen Reaktionszyklus beteiligt sind. In freier Form liegt die Meerrettichperoxidase in ihrer *ferri-Form* mit der Oxidationsstufe +3 vor. Das freie Enzym wird meist mit Per^{3+} bezeichnet. Daneben gibt es noch die *Ferro-Peroxidase* (Per^{2+}, Oxidationsstufe +2), die sogenannte *Verbindung 2* (CoII, Oxidationsstufe +4), die *Verbindung 1* (CoI, Oxidationsstufe +5) und die *Verbindung 3* (CoIII, Oxidationsstufe +6). Die essentiellen Zwischenstoffe der Reaktion sind Sauerstoff, CoI, CoII, CoIII, das Radikal $NAD^{\cdot}$ und das Superoxidradikal. Am autokatalytischen Reaktionszyklus direkt beteiligt sind NAD^+, CoI und CoII. Aguda und Larter haben 1991 das folgende Reaktionsschema, das als *AL-Modell* bezeichnet wird, vorgeschlagen:

$$\begin{aligned}
Per^{3+} + H_2O_2 &\longrightarrow CoI \\
CoI + NADH &\longrightarrow CoII + NAD^{\cdot} \\
CoII + NADH &\longrightarrow Per^{3+} + NAD^{\cdot} \\
CoIII + NAD^{\cdot} &\longrightarrow CoI + NAD^{+} \\
Per^{3+} + O_2^{\cdot -} &\longrightarrow CoIII \\
NAD^{\cdot} + O_2 &\longrightarrow NAD^{+} + O_2^{\cdot -} \\
NADH + O_2^{\cdot -} + H^{+} &\longrightarrow NAD^{\cdot} + H_2O_2 \\
2\,NAD^{\cdot} &\longrightarrow (\,NAD\,)_2 \\
O_2\,(Luft) &\rightleftharpoons O_2\,(Lösung) \\
NADH\,(Reservoir) &\longrightarrow NADH\,(Lösung) \\
Per^{3+} + NAD^{\cdot} &\longrightarrow Per^{2+} + NAD^{+} \\
Per^{2+} + O_2 &\longrightarrow CoIII
\end{aligned} \tag{3.19}$$

Das AL-Modell reproduziert – mit den entsprechenden Geschwindigkeitskonstanten – das experimentell gefundene Chaos, es zeigt aber weder Quasiperiodizität noch Farey-Sequenzen. Erweiterte Modelle auf der Grundlage des AL-Modells versprechen eine bessere Übereinstimmung mit dem Experiment; insbesondere wird derzeit über die Rolle von Methylenblau und vor allem 2,4-Dichlorphenol diskutiert, ohne die keine stabilen Oszillationen erhalten werden. In vielen Experimenten wird zudem NADH aus NAD^+ durch Glucose-6-Phosphat in Anwesenheit des Enzyms Glucose-6-Phosphat-Dehydrogenase regeneriert. In diesem Zwei-Enzym-System ist NAD^+ kein inertes Produkt mehr und die mechanistischen Details werden damit noch komplizierter.

3.4.5 Thermokinetische Oszillatoren

Bisher haben wir chemische Oszillatoren diskutiert, die aufgrund autokatalytischer Rückkopplungen nichtlineares Verhalten zeigen. Nichtlinearität kann aber auch durch thermische Rückkopplung entstehen. Die Geschwindigkeitskonstante einer chemischen Reaktion hängt nach Arrhenius von der Temperatur ab:

$$k(T) = A_\mathrm{r}\, \mathrm{e}^{-E/RT} \tag{3.20}$$

Hier is A_r der präexponentielle Faktor, E die Aktivierungsenergie der Reaktion, R die allgemeine Gaskonstante und T die absolute Temperatur. Als einfaches Beispiel einer thermisch rückgekoppelten Reaktion wollen wir die irreversible, exotherme Reaktion erster Ordnung $\mathrm{X} \rightarrow \mathrm{P}$ betrachten, die fern vom thermodynamischen Gleichgewicht abläuft. Um diese Reaktion fern vom Gleichgewicht zu halten, muß das Edukt X entweder durch eine weitere chemische Reaktion oder durch eine Pumpe ständig nachgeliefert werden, wie wir es in Abschnitt 3.1 gesehen haben. Damit lautet das Reaktionsschema:

$$\begin{aligned} \mathrm{A} &\xrightarrow{k_1} \mathrm{X} \\ \mathrm{X} &\xrightarrow{k_2} \mathrm{P} \end{aligned} \tag{3.21}$$

Die erste Zeile dieses Schemas kann als eine chemische Reaktion aufgefaßt werden, in der X aus einem Ausgangsstoff A, dessen Konzentration als konstant betrachtet wird (chemical-pool-Annahme), gebildet wird. Ebenso kann X aber auch mit einer konstanten Flußrate k_1 aus einem Reservoir mit konstanter Konzentration nachgeliefert werden. Wir wollen annehmen, daß die erste „Reaktion" in Schema (3.21) keine Aktivierungsenergie benötigt und ihre Geschwindigkeit somit nicht von der Temperatur abhängt. Dagegen soll die Reaktion des Zwischenstoffes X zu dem inerten Produkt P die Aktivierungsenergie E_2 besitzen; die Geschwindigkeitskonstante dieses zweiten Reaktionsschrittes ist dann nach

(3.20) $k_2(T) = A_r\, e^{-E_2/RT}$ und damit temperaturabhängig. Außerdem soll die Reaktion A $\rightarrow$ X keine Wärme freisetzen ($\Delta H_1 = 0$); die Reaktion X $\rightarrow$ P dagegen ist exotherm mit der Wärmetönung $\Delta H_2 < 0$. Die Reaktion findet in einem Reaktor statt, der sich in einer Umgebung von konstanter Temperatur befindet. Dieses einfache *thermokinetische* Reaktionsschema wurde bereits 1949 von Sal'nikov untersucht. Das dynamische Verhalten des Mechanismus (3.21) kann unter diesen Voraussetzungen durch zwei Diffferentialgleichungen beschrieben werden: Eine Gleichung beschreibt die Massenbilanz des Zwischenstoffes X, die zweite Gleichung berücksichtigt die Energiebilanz der Reaktion. Die beiden Variablen, die den Phasenraum von (3.21) aufspannen, sind die Konzentration von X und die Temperatur. Das Geschwindigkeitsgesetz für X lautet:

$$\frac{dc_X}{dt} = k_1\, c_A - k_2\, c_X \tag{3.22}$$

Wenn wir die konstante Konzentration von A mit dem Symbol A_0 bezeichnen und die temperaturabhängige Geschwindigkeitskonstante k_2 mit Hilfe der Arrheniusgleichung (3.20) ausdrücken, erhalten wir

$$\frac{dc_X}{dt} = k_1\, A_0 - A_r\, e^{-E_2/RT}\, c_X . \tag{3.23}$$

Die Energiebilanz ist etwas „umständlicher" zu formulieren. Da die Reaktion Wärme erzeugt und sich somit die Temperatur des Systems erhöht, steigt auch die Geschwindigkeitskonstante an. Dadurch steigt die Reaktionsrate und auch die Wärmeproduktion. Gleichzeitig tauscht das System aber auch thermische Energie mit seiner Umgebung aus. Die Rate dieses Wärmetausches ist der Temperaturdifferenz zwischen dem System und seiner Umgebung proportional. Wenn sich das System aufheizt, verliert es also auch mehr Wärme an die Umgebung, deren Temperatur konstant bleibt (d. h. das Modell nimmt eine Umgebung mit „unendlicher" Wärmekapazität an). Die Änderung der Temperatur des thermokinetischen Systems setzt sich demnach aus einem Term, der die Wärmeerzeugung durch die Reaktion beschreibt, und einem Term, der den Wärmeaustausch mit der Umgebung beschreibt, zusammen:

$$(V\,\rho\, C_p)\,\frac{dT}{dt} = -\Delta H_2\, V\, k_2(T)\, c_X - S\,\chi\,(T - T_a) \tag{3.24}$$

$$(\text{zeitl. Änderung von } T = \text{Wärmeerzeugung} - \text{Wärmeaustausch})$$

Wegen der exponentiellen Nichtlinearität dieser Gleichung spricht man im Zusammenhang mit thermokinetischen Oszillatoren auch von *exponentieller Autokatalyse*; davon ist die *quadratische Autokatalyse* in isothermen chemischen

Oszillatoren zu unterscheiden. In diesem Ausdruck ist V das Volumen des Systems, ρ die Dichte der Reaktionsmischung, C_p die spezifische Wärmekapazität, S die Oberfläche, χ der der Wärmetransportkoeffizient der Reaktorwände und T_a die Umgebungstemperatur. Meist ist es in Experimenten mit thermokinetischen Oszillatoren einfacher, die Temperatur der *Umgebung* des Systems – etwa die konstante Temperatur eines Wasserbades, in dem sich der Reaktor befindet – anzugeben als die Temperatur des thermokinetischen Systems selbst. Somit ist es sinnvoller, die Temperaturdifferenz $\Delta T = T - T_\mathrm{a}$ anstelle der Temperatur T als Variable zu verwenden. Gleichung (3.24) wird dann zu

$$(V \rho C_p) \frac{d\Delta T}{dt} = -\Delta H_2 V k_2 (\Delta T) c_X - S \chi \Delta T. \tag{3.25}$$

Dabei beschreibt $k_2(\Delta T)$ die Änderung der Geschwindigkeitskonstanten im Temperaturintervall ΔT. Die Gleichungen (3.23) und (3.24) oder (3.25) beschreiben das dynamische Verhalten des thermokinetischen Oszillators (3.21). Sie können numerisch, aber auch analytisch – durch lineare Stabilitätsanalyse (Abschnitt 2.4) – untersucht werden. In jedem Fall transformiert man die Gleichungen in eine dimensionslose Form, um sie „handlicher" zu machen. Dimensionslose kinetische Gleichungen kennen wir bereits aus den Abschnitten 2.1 und 3.4.1. Ohne auf die im Sal'nikov-Modell übliche Normierung von c_X und T näher einzugehen, zeigen wir in Abbildung 3.10 Oszillationen der (dimensionslosen) Temperatur, wie sie durch numerische Integration erhalten werden. Natürlich muß auch die Konzentration von X oszillieren, da der Phasenraum des Modells nur aus diesen beiden Variablen besteht. Die lineare Stabilitätsanalyse ergibt eine Hopf-Bifurkation, die bei einer Variation der Geschwindigkeitskonstanten k_2 oder der Eduktkonzentration A_0 erreicht werden kann.

Die Analyse des einfachen thermokinetischen Systems (3.21) zeigt also, daß Oszillationen der Temperatur und der Konzentration von Zwischenstoffen durch thermische Rückkopplung entstehen können. Thermokinetische Oszillationen sind experimentell in vielen chemischen Reaktionen gefunden worden, von denen einige sogar von technischem Interesse sind. Als Beispiele seien die Verbrennung von Acetaldehyd, die Hydrierung von 2,3-Epoxy-1-propanol und die Oxidation von Cyclohexan genannt.

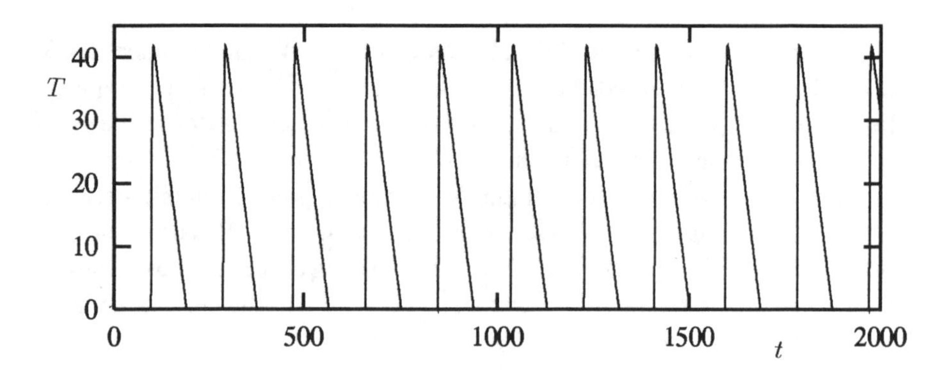

3.10 Temperaturoszillationen im (dimensionslosen) Sal'nikov-Modell. Hier wurde angenommen, daß die thermokinetische Reaktion unter isobaren Bedingungen in einem kugelförmigen Reaktor (d.h.$S/V = 3/r$, wobei r der Kugelradius ist) abläuft.

Exkurs 3.1 Numerische Integration

Um aus einem Modell wie dem Brüsselator, dem Oregonator oder dem Montanator Zeitreihen für die Konzentration der Spezies zu erhalten, muß man die kinetischen Differentialgleichungen integrieren. Wegen der Nichtlinearität dieser Gleichungen kann die Integration aber nur numerisch mit Hilfe eines Computers durchgeführt werden. Es gibt eine Vielzahl von mehr oder minder komfortablen Programmen zur numerischen Integration gewöhnlicher Differentialgleichungen; das Programmpaket *Mathematica* stellt solche Hilfsmittel ebenso zur Verfügung wie etwa die an jeder Universität verfügbare Fortran-Bibliothek *IMSL*. Im Internet findet man entsprechende Software zum Beispiel im Münchner LEO-Archiv (LEO steht für „Link Everything Online") in *http://www.leo.org/archiv/* unter dem Stichwort „ODE solver". An dieser Stelle können wir nur auf die Grundlagen der numerischen Integration eingehen.
Das eigentliche Problem bei der numerischen Integration besteht darin, für eine kontinuierliche Differentialgleichung

$$\frac{dX}{dt} = f(X,t)$$

mit der Anfangsbedingung $X(t_0) = X_0$ an den diskreten und äquidistanten *Gitterpunkten* $t_0, t_1, \cdots, t_N$ Näherungslösungen zu finden. Mit anderen Worten, man sucht eine Näherung für $X(t_{i+1})$ bei bekanntem $X(t_i)$. Der Abstand zwischen zwei aufeinanderfolgenden Punkten des zeitlichen Gitters ist $t_{i+1} - t_i = h$ und wird *Schrittweite* genannt. Die exakte Lösung der kontinuierlichen (kinetischen) Differentialgleichung ist eine Funktion $X(t)$ (die *Zeitreihe* der Variablen X). Eine numerische Näherung der Zeitreihe $X(t)$ an den diskreten Punkten des zeitlichen Gitters läßt sich mit Hilfe des *Taylorschen Satzes* formulieren:

$$X(t_{i+1}) \approx X(t_i) + h\,\frac{dX(t_i)}{dt} + \frac{h^2}{2}\,\frac{d^2X(\tau)}{dt^2}$$

Hier ist τ eine beliebige Zeit im Intervall (t_i, t_{i+1}). Das *Eulersche* Verfahren der numerischen Integration beruht darauf, daß der Term höherer Ordnung einfach getilgt wird. Daraus resultiert die folgende Approximation für $X(t_{i+1})$:

$$X(t_{i+1}) \approx X_i + h\,f(X_i, t_i)$$

Dieses Verfahren ist zwar einfach, aber recht ungenau und praktisch nicht von Bedeutung. Der *lokale Fehler*, der bei jedem Schritt auftritt, ist hier proportional zu h^2, wodurch sich bei einer Folge mehrerer Euler-Schritte ein großer *globaler Fehler* akkumulieren kann.

Aus diesem Grund hat man genauere Methoden entwickelt. Dazu schiebt man in das Intervall (t_{i+1}, t_i) einen „Test-Schritt" ein, mit dem man sodann einen korrigierten Schritt über das gesamte Intervall h formuliert:

$$\begin{aligned} k_1 &= h\,f(X_i, t_i) \\ k_2 &= h\,f(X_i + \frac{1}{2}k_1, t_i + \frac{1}{2}h) \\ X_{i+1} &\approx X_i + k_2 \end{aligned}$$

Der Fehler ist nun zu h^3 proportional und wächst langsamer als bei der Euler-Methode (man beachte, daß $h \ll 1$). Diese Methode wird *Mittelpunktsmethode* oder *Runge-Kutta-Methode* zweiter Ordnung genannt. Diese Idee läßt sich weiterführen, indem mehrere „Zwischenschritte" durchgeführt werden. Die Schrittweite h kann zudem optimiert werden, indem man versuchsweise die doppelte Schrittweite $2\,h$ benutzt und das Resultat mit dem bei einfacher Schrittweite erhaltenen Ergebnis vergleicht. Dadurch kann man die Schrittweite adaptiv so einstellen, daß sie stets „so groß wie möglich, aber so klein wie nötig" ist (*Gear-Methode*).

Im Anhang findet sich ein Programmlisting in *Pascal*, das die Anwendung des Eulerschen Verfahrens beim Brüsselator verdeutlicht.

Literatur

- Allgemein: I.R. Epstein, K. Kustin, P. DeKepper, M. Orbán *Spektrum der Wissenschaft* Mai 1983, 98.
- F.W. Schneider, R. Field *Chemie in unserer Zeit* **22** (1) 1988.
- BZ-Reaktion: F.W. Schneider, A.F. Münster *J. Phys. Chem.* **95**, 2130 (1991); R. Simoyi, A. Wolf, H.L. Swinney *Phys. Rev. Lett.* **49** 245 (1982).
- FKN-Mechanismus: R. Field, E. Körös, R.M. Noyes *J. Am. Chem. Soc.* **94** 8649 (1972).
- Thermokinetische Oszillatoren: I. Sal'nikov, *Zh. fiz. Khim.* **23**, 258 (1949);
- Lehrbuch: S.K. Scott, *Chemical Chaos* Oxford University Press: Oxford 1991.

4 Methoden der Zeitreihenanalyse

Nichtlineare chemische Reaktionen können, wie aus den vorangegangenen Kapiteln hervorgeht, zu komplexen zeitlichen Veränderungen der Systemvariablen führen. So können die Konzentration von Spezies, aber auch Größen wie der Druck, die Temperatur oder das elektrochemische Potential periodisch oder unregelmäßig oszillieren. In einem Experiment zeichnet man den Wert einer geeigneten Variablen auf und erhält somit eine Zeitreihe, die das dynamische Verhalten der Reaktion wiedergibt. Zeitreihen sind uns bereits in Abschnitt 2.2 und im vorangehenden Kapitel begegnet. In der Belousov-Zhabotinsky-Reaktion zum Beispiel mißt man die optische Dichte der Reaktionslösung oder das Potential einer geeigneten Elektrode im Sekundentakt und zeichnet die Meßwerte mit einem Laborrechner auf. Auf diese Weise entsteht eine Zeitreihe aus diskreten Meßpunkten, die durch ein konstantes Zeitintervall voneinander getrennt sind. In diesem Kapitel wollen wir numerische Methoden vorstellen, die eine eingehende Analyse dieser Zeitreihen erlauben. Wir beschränken uns dabei auf eine einführende Besprechung der einzelnen Methoden; der interessierte Leser findet detailliertere Informationen in der Literatur am Ende des Kapitels.

4.1 Fourier-Transformation

Aus einer Zeitreihe berechnet man bei der Fourier-Transformation ein *Spektrum*, das die Oszillationsfrequenzen der Zeitreihe aufzeigt. Während die Zeitreihe eine nichtlineare chemische Reaktion in der *Zeitdomäne* beschreibt, gibt das Fourier-Spektrum die Dynamik in der *Frequenzdomäne* wieder. Mathematisch ist die Zeitreihe eines Signals S eine zeitabhängige Funktion $S(t)$. Das Spektrum dagegen besteht aus einer Amplitudenfunktion $F(f)$, die den Beitrag einer bestimmten Oszillationsfrequenz f in der Zeitreihe $S(t)$ angibt. Im allgemeinen ist die Amplitude F eine komplexe Größe. Man nennt die Amplitudenfunktion $F(f)$ auch *Fouriertransformierte* der Funktion $S(t)$. Die beiden Funktionen $S(t)$ und $F(f)$ enthalten dieselbe Information über die Dynamik des betrachteten Systems; sie sind lediglich zwei verschiedene Repräsentationen desselben dynamischen Verhaltens.

Exkurs 4.1: Historisches

Die Transformation einer Funktion von der Zeit- in die Frequenzdomäne geht auf den französischen Mathematiker Jean Baptiste de Fourier (1768–1830) zurück. Man spricht daher von *Fourier-Transformation.* Dank der Hilfe leistungsfähiger Computer hat sie sich in den vergangenen Jahren zu einem Standardwerkzeug entwickelt, das dort eingesetzt werden kann, wo zeitabhängige Signale bearbeitet oder analysiert werden sollen. So leistet die Fourier-Transformation bei der digitalen Neubearbeitung älterer Musikaufnahmen für rauscharme Compact-Disc-Tonträger ebenso gute Dienste wie bei der Identifizierung von Stimmen durch den Kriminaltechniker.

Fourier wurde als Sohn eines Schneiders in Auxerre geboren, wo er auch die Militärakademie besuchte. Da ihm wegen seiner Herkunft die Offizierslaufbahn verschlossen blieb, trat er anschließend ins Priesterseminar ein. Die Revolution von 1789 hinderte ihn jedoch daran, sein Gelübde abzulegen. Stattdessen nahm er eine Lehrtätigkeit in Auxerre an, studierte dann in Paris und wurde 1798 Direktor des Institut d'Égypte in Kairo. Nachdem er 1801 als Präfekt des Departements Isère nach Paris zurückgekehrt war, widmete er sich der Trockenlegung malariaverseuchter Sumpfgebiete. Nach dem Sturz Napoleons verlor Fourier alle Ämter, wurde jedoch 1817 in die Akademie der Wissenschaften gewählt, deren Sekretär er ab 1822 war. Fourier wurde durch ein sehr praxisnahes Problem zu seinen Arbeiten angeregt: Die Wände von Häusern heizen sich während des Tages auf und geben die gespeicherte Wärme nachts wieder an die Umgebung ab. Durch den periodischen Wechsel von Tag und Nacht entstehen im Inneren einer Wand Temperaturgradienten, die stark von der Dicke der Wand abhängen. Neben dem Rhythmus von Tag und Nacht spielt bei sehr dicken Wänden auch der langsame, aber periodische Wechsel der Jahreszeiten eine Rolle. Fourier muß ein Mensch gewesen sein, der stark unter der Kälte gelitten hat: es ist überliefert, daß er seine Wohnung ständig überheizte und zudem noch dicke Kleidung trug. Das Problem des Wärmetransports in Wänden lag ihm deshalb besonders am Herzen. Um den Wärmehaushalt einer Steinwand zu verstehen, zerlegte Fourier die komplizierten Temperaturgradienten in der Wand in ihre einfachen Komponenten, indem er die raum-zeitliche Temperaturverteilung in eine Reihe von trigonometrischen Funktionen entwickelte.

Die Fourier-Transformation zwischen Zeit- und Frequenzdomäne basiert auf den folgenden Grundgleichungen:

$$F(f) = \int_{-\infty}^{\infty} S(t)\, e^{2\pi i f t}\, dt \tag{4.1}$$

$$S(t) = \int_{-\infty}^{\infty} F(f)\, e^{-2\pi i f t}\, df \tag{4.2}$$

Nach der Eulerschen Formel $e^{i\phi} = \cos\phi + i\sin\phi$ bedeutet die Fourier- Transformation also nichts anderes als die Entwicklung der Zeitreihe $S(t)$ in eine *trigonometrische Reihe*. Umgekehrt kann die Zeitreihe aus den Beiträgen der einzelnen Frequenzen wieder exakt rekonstruiert werden. Man nennt die Zerlegung eines zeitabhängigen Signals in trigonometrische Funktionen auch *Fourier-Analyse*, die Rekonstruktion des Signals aus Sinus– und Cosinusfunktionen heißt *Fourier-Synthese*. Da die Amplituden $F(f)$ durch komplexe Zahlen ausgedrückt werden, bleibt bei der Fouriertransformation die Information über die Phasenbeziehung zwischen den Sinus– und Cosinusanteilen der Funktion $S(t)$ erhalten.

Mißt man die Zeit t in Sekunden, dann wird die Frequenz f in s^{-1} oder *Hertz* (Hz) angegeben. In vielen Fällen ist es jedoch praktischer, die Frequenz im Bogenmaß zu messen. Die Frequenz f wird dann zur Kreisfrequenz ω, wobei $\omega = 2\pi f$ gilt.

Eigenschaften der Fourier-Transformation

Die Fourier-Transformation ist eine lineare Operation. Das bedeutet, daß die Fouriertransformierte einer Summe zweier Funktionen gleich der Summe ihrer beiden Transformierten ist. Auch ist die Transformierte des Produktes zwischen einer Konstanten und einer Funktion gleich dem Produkt zwischen derselben Konstanten und der Fouriertransformierten der Funktion.

Ein wichtiger Begriff bei der Fouriertransformation ist die *Energie*, die in einem Signal enthalten ist. Darunter versteht man das Integral über das Quadrat des Signales $S(t)$, bzw. über das Quadrat seiner Fouriertransformierten. Die Gesamtenergie in einem Signal ist also

$$P_{\text{gesamt}} = \int_{-\infty}^{\infty} |S(t)|^2\, dt \qquad \text{oder}$$

$$P_{\text{gesamt}} = \int_{-\infty}^{\infty} |F(f)|^2\, df \tag{4.3}$$

Das hier gebräuchliche Formelsymbol für die Energie ist P, abgeleitet vom englischen Wort *power*. Das Quadrat der Signalfunktion $S(t)$ oder seiner Transformierten $F(f)$ ist immer positiv, so daß bei einem eventuellen Vorzeichenwechsel von $S(t)$ oder $F(f)$ keine negativen Anteile in das Integral eingehen. Man kann sich diese Definition der Energie P am Beispiel eines mathematischen Pendels anschaulich machen: Stellen wir uns ein Pendel vor, das ungedämpft mit einer maximalen Aulsenkung a_1 schwingt. Der Ruhepunkt des Pendels repräsentiert den Nullpunkt der Ortskoordinate, so daß das Pendel zwischen den Punkten a_1 und $-a_1$ hin– und herschwingt. Wenn wir das Pendel stärker auslenken, so daß es nun mit der größeren Amplitude a_2 schwingt, besitzt es auch eine größere Gesamtenergie. Das Integral über die Auslenkung des Pendels wird aber bei jeder Amplitude nach einer Schwingungsperiode gleich Null, weil die Auslenkung genauso oft positive wie negative Werte annimmt. Integriert man dagegen über das Quadrat der Auslenkung, dann ist das Integral für eine große Amplitude auch größer als für eine kleine. Somit ist das Integral über das Quadrat der Auslenkung ein Maß für die Gesamtenergie des Pendels.

Die Gesamtenergie kann sowohl aus dem Signal als auch aus seiner Fouriertransformierten berechnet werden: man nennt diese Tatsache *Parsevals Theorem*. Meist ist der Anteil an der Gesamtenergie von Interesse, der in einem bestimmten infinitesimal kleinen Frequenzintervall der Transformierten zwischen f und $f + df$ enthalten ist. Die Energie bei der Frequenz f ist dann $P(f) = |F(f)|^2 + |F(-f)|^2$. Man unterscheidet normalerweise nicht zwischen positiven und negativen Frequenzen, sondern betrachtet nur den Frequenzbereich von 0 bis $+\infty$. Bei der Fouriertransformation chemischer Zeitreihen besteht das Signal in aller Regel aus reellen – und nicht etwa komplexen – Werten. In diesem Fall gilt $|F(f)|^2 = |F(-f)|^2$ und die Energie bei einer bestimmten Frequenz f kann durch die Gleichung $P_+(f) = |F(f)|^2 + |F(-f)|^2 = 2|F(f)|^2$ ausgedrückt werden. Der Index in P_+ deutet an, daß hier nur positive Frequenzwerte berücksichtigt werden müssen. Trägt man nun die Energie $P_+(f)$ gegen die Frequenz f auf, so erhält man das *Energiespektrum* der Signalfunktion $S(t)$. Das Energiespektrum ist ein wichtiges Hilfsmittel bei der Analyse chemischer Oszillatoren und es hat sich fest im Instrumentarium der nichtlinearen Dynamik etabliert. In vielen Publikationen ist – etwas ungenau – einfach von „Fourier–Transformation einer Zeitreihe“ die Rede, wenn das Energiespektrum gemeint ist.

Energiespektrum diskreter Zeitreihen

Bis jetzt haben wir stillschweigend angenommen, daß die Signalfunktion $S(t)$ kontinuierlich ist. In realen Experimenten erhalten wir aber nur diskrete Datenpunkte, die mit einer bestimmten Meßfrequenz auf dem Laborrechner abgespeichert werden. Die gemessene diskrete Signalfunktion $S_n(t)$ besteht also aus einer Folge von N Meßpunkten:

$$S_n(t) = s(t), s(t+\Delta t), s(t+2\,\Delta t), \cdots, s(t+(N-1)\,\Delta t) \tag{4.4}$$

Hier bedeutet Δt den zeitlichen Abstand der Datenpunkte und $1/\Delta t$ ist die Meßfrequenz. Für die Fourier-Transformation bringt diese Diskretisierung der Daten wichtige Konsequenzen mit sich: Es gibt eine kritische Frequenz, die den Frequenzbereich begrenzt, in dem die Fourier-Transformation einer diskreten Zeitreihe gültig ist. Diese Frequenz wird *Nyquist-Frequenz* genannt. Sie ist

$$f_N = \frac{1}{2\,\Delta t}. \tag{4.5}$$

In Worten bedeutet dies, daß eine Sinuskurve an mindestens zwei Punkten (an ihrem Minimum und ihrem Maximum) gemessen werden muß, um ihre Frequenz durch Fourier-Transformation bestimmen zu können. Die Nyquist-Frequenz ist in doppelter Hinsicht bedeutsam:

- Wenn der Meßwertabstand Δt so klein gewählt werden kann, daß alle im Signal enthaltenen Frequenzen kleiner als die Nyquist-Frequenz sind, dann wird das (kontinuierliche) Signal durch die diskreten Meßpunkte *vollständig* dargestellt. In diesem Fall geht durch die Diskretisierung keine Information verloren!

- Wenn das Signal Frequenzen enthält, die größer als die Nyquist-Frequenz sind, dann werden diese Frequenzen gleichsam an der Nyquist-Frequenz gespiegelt und es treten im Energiespektrum sogenannte *Alias-Linien* auf (lat. *alias*: zu einer anderen Zeit). Diese „Geisterlinien" machen es praktisch unmöglich, das Energiespektrum korrekt zu interpretieren.

Es ist also von größter Wichtigkeit, eine ausreichend hohe Meßfrequenz zu verwenden. Um zu entscheiden, wie groß die Meßfrequenz in einem Experiment mindestens sein muß, muß man zunächst ungefähr wissen, welche Frequenzen zu erwarten sind. Bei chemischen Oszillatoren können (etwa bei elektrochemischen

Systemen) recht große Frequenzen von einigen Hundert Hz auftreten. Man muß die Meßfrequenz sorgfältig wählen, um einerseits Alias-Linien, andererseits zu große Datensätze zu vermeiden. Das Signal muß natürlich über eine ausreichend lange Meßzeit aufgezeichnet werden.

Die Linienform im Energiespektrum ist bei der Transformation einer unendlich langen, periodischen Zeitreihe denkbar einfach: Jeder in der Zeitreihe enthaltenen Frequenz entspricht hier eine scharfe Linie im Energiespektrum (eine sogenannte δ-Linie), deren Höhe die zu der Frequenz gehörige Energie angibt. Eine gedämpfte Schwingung, deren Einhüllende exponentiell kleiner wird, führt zu Linien im Energiespektrum, die die Form einer Lorenz-Funktion besitzen. Die Linienbreite hängt mit der Dämpfungskonstanten der Schwingung zusammen: Je stärker die Schwingung gedämpft wird, desto breiter werden die Linien im Energiespektrum. Bei der Transformation einer zeitlich begrenzten Zeitreihe erhält man weder δ-Linien noch reine Lorenz-Linien. Die Halbwertsbreite der Linien ist im Energiespektrum einer ungedämpften Schwingung mindestens $2\,\pi/T$, wobei T die Gesamtlänge der gemessenen Zeitreihe ist.

Die Transformationsgleichung (4.1) wird für eine diskontinuierliche Signalfunktion, die durch N Datenpunkte gegeben ist, durch eine Summengleichung angenähert:

$$F(f_n) = \int_{-\infty}^{\infty} S(t)\, e^{2\pi i f t}\, dt \approx \Delta t \sum_{n=0}^{N-1} S_n\, e^{2\pi i n/N} \qquad (4.6)$$

Praktisch kann man die diskrete Fourier-Transformation auf einem Computer ausführen, indem man separat das *Absorptionsspektrum* $A(\omega)$ und das *Dispersionsspektrum* $B(\omega)$ berechnet. Der Einfachheit halber benutzt man dabei meist die Kreisfrequenz ω im Bogenmaß; es ist jedoch ebenso möglich, die Frequenzen in s^{-1} anzugeben.

$$\begin{aligned} A(\omega) &= \frac{1}{\pi}\frac{1}{N}\sum_{n=1}^{N} S(t_n)\cos(\omega\, t_n) \\ B(\omega) &= \frac{1}{\pi}\frac{1}{N}\sum_{n=1}^{N} S(t_n)\sin(\omega\, t_n) \end{aligned} \qquad (4.7)$$

Die Energie bei einer Frequenz ω wird daraus nach $P(\omega) = A(\omega)^2 + B(\omega)^2$ berechnet. In Abbildung 4.1 werden das Absorptions- Dispersions- und Energiespektrum einer diskreten Zeitreihe gezeigt, die zuvor nach der Gleichung

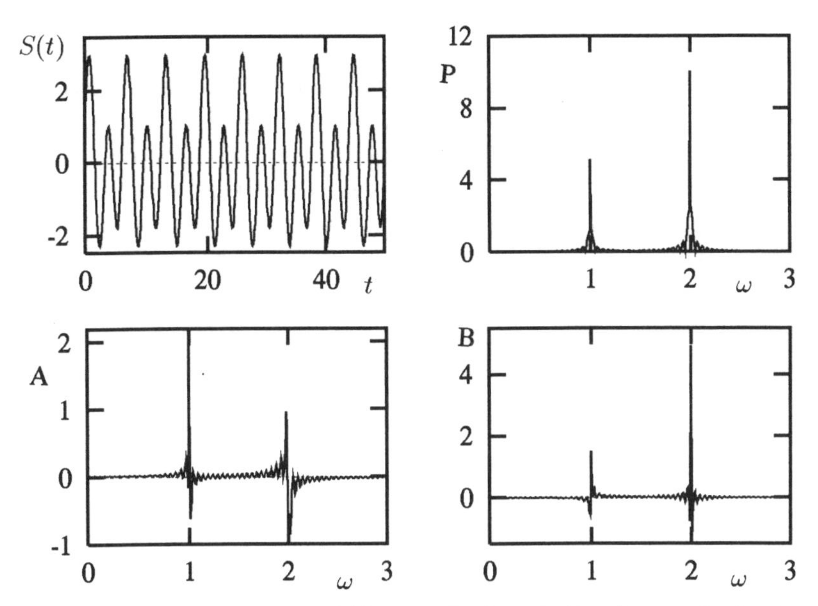

4.1 Links oben: Modell-Zeitreihe $S(t) = \sin(\omega\, t) + \sin(2\,\omega\, t) + \cos(\omega\, t)$ mit $\omega = 1$, rechts oben: Energiespektrum $P(\omega)$ des Signals $S(t)$; links unten: Absorptions- $A(\omega)$ rechts unten: Dispersionsspektrum $B(\omega)$.

$S(t) = \sin(\omega\, t) + \sin(2\,\omega\, t) + \cos(\omega\, t)$ mit $\omega = 1\,\mathrm{rad/s}$ berechnet wurde. Zur Berechnung der Spektren wurden die Gleichungen (4.7) benutzt. Die numerische Transformation unserer Modell-Zeitreihe gibt die in ihr enthaltenen Frequenzen sehr gut wieder.

Die hier beschriebene Methode eignet sich zur Analyse von Zeitreihen chemischer Oszillatoren, sie benötigt aber – vor allem bei sehr großen Datenmengen – viel Rechenzeit. Es gibt eine elegante numerische Methode der diskreten Fourier-Transformation, die mit einem Bruchteil der Rechenzeit auskommt. Obwohl wir nicht auf Einzelheiten eingehen können, wollen wir doch die grundlegende Idee kurz skizzieren. Die sogenannte schnelle Fourier-Transformation (*FFT* nach engl. *fast-Fourier-Transform*) benutzt die Tatsache, daß die Transformation einer diskreten Zeitreihe der Länge N in eine Summe zweier Transformationen der Länge $N/2$ zerlegt werden kann. Die erste Teil-Transformation enthält dabei die Datenpunkte mit geradem Index, die zweite Transformation benutzt die ungeraden Punkte der Signalfunktion. Diese Zerlegung kann nun wiederum auf die beiden Teil-Transformationen angewandt werden; deren Summanden können ebenfalls in zwei Teile zerlegt werden und so fort. Auf diese Weise kann die ursprüngliche Fourier-Transformation bis auf Transformationen von Zeitreihen mit nur einem Punkt zerlegt werden. Man erhält schließlich ein binäres Muster aus den Elementen „gerade“ und „ungerade“. Mit Hilfe eines Digitalrechners kann dieses Bitmuster in geeigneter Weise sortiert und so zusammengefaßt werden, daß viel weniger Sinus- und Cosinuswerte numerisch bestimmt werden müssen als in Gleichung (4.7). Die gesteigerte Effizienz der Rechnung fordert allerdings einen Preis: Die Zahl der Datenpunkte N der Signalfunktion muß eine Potenz von Zwei sein (es gibt spezielle, komplizierte FFT-Algorithmen, die dieses Problem umgehen). Beide Methoden – die normale und die schnelle Fourier-Transformation – sind äquivalent. Bei sehr großen Datenmengen (etwa bei mehr als 10^5 Meßpunkten) wird gewöhnlich die FFT-Methode bevorzugt.

Energiespektren und chemische Oszillatoren

Zum Abschluß unserer Diskussion der Fourier-Transformation wollen wir auf einige typische Energiespektren chemischer Zeitreihen eingehen. Im Verlauf dieses Buches werden Energiespektren an verschiedenen Stellen benutzt, um die dynamischen Phänomene bei chemischen Oszillatoren zu illustrieren. Periodische Oszillationen führen zu Energiespektren, die eine Haupftrequenz ω_0 zusammen mit ihren ganzzahligen Vielfachen, den *Obertönen* (oder *Harmonischen*) $2\,\omega_0$, $3\,\omega_0$, $4\,\omega_0$ usw. aufweisen. Es sind auch mehrere Hauptfrequenzen möglich, die bei einem periodischen Signal aber immer in einem rationalen Zahlenverhältnis zueinander stehen. Mit anderen Worten, eine eventuell auftretende zweite Hauptfrequenz fällt mit irgendeinem Oberton der kleineren Hauptfrequenz zusammen. Die Hauptfrequenz entspricht der Schwingungsperiode des beobachteten Signals, die Obertöne geben die Form der Schwingungen wieder. Eine sinusförmige Schwingung enthält keine Obertöne; je stärker die Schwingungsform aber von der einfachen Sinusform abweicht, umso ausgeprägter wird die Obertonstruktur. Quasiperiodische Schwingungen enthalten stets (mindestens) zwei Hauptfrequenzen, die in einem inkommensuraten Verhältnis zueinander stehen. Der Quotient beider Frequenzen ist demnach eine irrationale Zahl, so daß die zweite Hauptfrequenz niemals mit einem Oberton der ersten zusammenfallen kann. In diesem Fall findet man außer den Hauptfrequenzen mit ihren Obertönen auch Linearkombinationen der Art $a\,\omega_1 + b\,\omega_2$, wodurch das Energiespektrum ziemlich kompliziert werden kann. Quasiperiodische Schwingungen mit mehr als zwei Hauptfrequenzen sind in chemischen Systemen im allgemeinen nicht

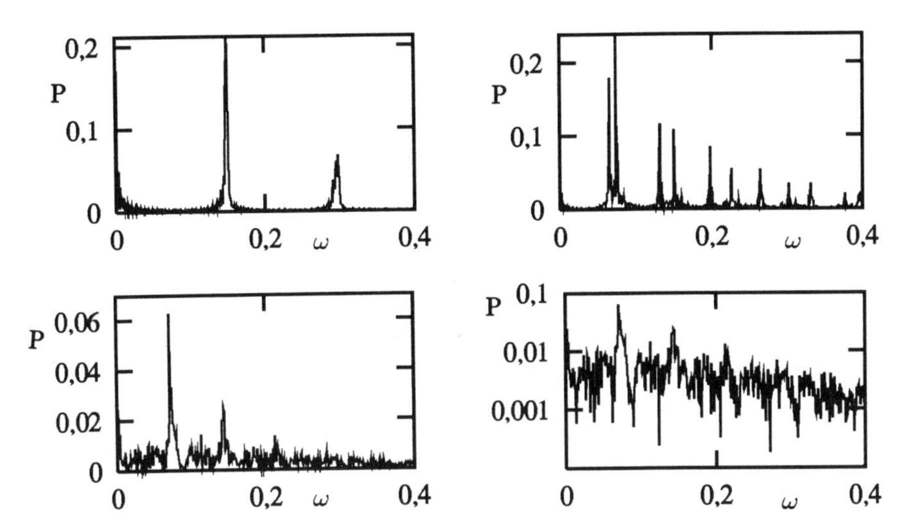

4.2 Typische Energiespektren von chemischen Oszillationen der BZ-Reaktion: a) periodisch b) quasiperiodisch c) deterministisch chaotisch und d) chaotisch in logarithmischer Skalierung

generisch, sie sind aber nicht unmöglich. Die Energiespektren solcher Signale können sehr breitbandig werden. Eine Unterscheidung zwischen deterministischem Chaos und Quasiperiodizität ist dann auf der Basis des Energiespektrums nicht immer möglich. Deterministisch chaotische Signale enthalten prinzipiell unendlich viele Frequenzen, da sie ja ungedämpft aperiodisch schwingen. Entsprechend erhält man komplexe breitbandige Energiespektren. Empirisch findet man für chaotische Signale, daß die Einhüllende des Energiespektrums gemäß $P(f) \propto 1/f^{\alpha}$ abnimmt, wobei der Exponent α ungefähr gleich Eins ist ($0{,}8 \leq \alpha \leq 1{,}2$). Man nennt Chaos deshalb auch bisweilen *1/f-Rauschen*; für ein rein statistisch irreguläres Signal ist der Exponent α deutlich größer als Eins. Trägt man das Energiespektrum einer chaotischen Zeitreihe logarithmisch auf, so erhält man einen linearen Abfall der Energie mit einer (negativen) Steigung vom Betrag ungefähr Eins. Für chemische Reaktionen, bei denen die chaotischen Oszillationen meist noch deutliche Einzelfrequenzen auf einem breitbandigen Hintergrund enthalten, ist das „1/f-Rauschen" oft nicht stark ausgeprägt.

Zur Illustration zeigt die Abbildung 4.2 Energiespektren einer periodischen, quasiperiodischen und chaotischen Zeitreihe. Es handelt sich in allen drei Fällen um experimentelle Daten der Belousov-Zhabotinsky-Reaktion, wobei die Absorption des Ce^{4+}-Ions bei 350 nm gemessen wurde. Das chaotische Energiespektrum wird in linearer und logarithmischer Auftragung gezeigt.

Korrelations- und Autokorrelationsfunktion

Will man zwei zeitabhängige Funktionen $g(t)$ und $h(t)$ miteinander vergleichen, so ist die Korrelationsfunktion $K_{g,h}(\tau)$ ein nützliches Hilfsmittel. Die Korrelationsfunktion ist durch

$$K_{g,h}(\tau) = \int_{-\infty}^{\infty} g(t+\tau)\, h(t)\, dt \tag{4.8}$$

definiert. Hier bedeutet τ eine Zeitverschiebung zwischen den beiden Funktionen $g(t)$ und $h(t)$. Stellen wir uns vor, die Funktion $g(t)$ ist ein gemessenes Signal – wie das Potential einer Elektrode oder die optische Dichte – und $h(t)$ ist eine Testfunktion, mit der das Signal verglichen werden soll. Die Korrelationsfunktion gibt dann an, wie schnell die Phaseninformation zwischen dem Signal und der Testfunktion verlorengeht. Nimmt die Korrelation den Wert Null an, so ist das Signal nicht mehr mit der Testfunktion korreliert. Das *Korrelationstheorem* der Fourier-Transformation besagt, daß die Korrelation mit den Fouriertransformierten von $g(t)$ und $h(t)$ in Zusammenhang steht:

$$K_{g,h} \Leftrightarrow F_g(f)\, F_h^*(f) \tag{4.9}$$

Hier ist $F_g(f)$ die Fouriertransformierte von $g(t)$ und $F_h^*(f)$ die konjugiert komplexe Fouriertransformierte von $h(t)$ (die zu einer komplexen Zahl $z = a + i\,b$ konjugiert komplexe Zahl ist $z^* = a - i\,b$). Das Symbol $\Leftrightarrow$ drückt die Fourier-Transformation aus. Die Korrelationsfunktion kann also aus den Fouriertransformierten der beiden Funktionen bestimmt werden.

Von besonderem Interesse ist die *Autokorrelationsfunktion* einer Zeitreihe: Hier dient die Zeitreihe selbst als Testfunktion. Die Autokorrelationsfunktion drückt den Verlust des Phasengedächtnisses innerhalb einer Zeitreihe aus. Sie ist durch

$$K_{g,g}(\tau) = \int_{-\infty}^{\infty} g(t+\tau)\, g(t)\, dt \tag{4.10}$$

definiert. Das Korrelationstheorem (4.9) wird für diesen Fall zu

$$K_{g,g} \Leftrightarrow |F_g(f)|^2. \tag{4.11}$$

Diese als *Wiener-Khinchin Theorem* bezeichnete Beziehung kann benutzt werden, um die Autokorelationsfunktion aus der Fouriertransformierten einer Zeitreihe zu berechnen. Umgekehrt kann die Fouriertransformierte auch aus der durch Gleichung (4.10) bestimmten Autokorrelationsfunktion berechnet werden.

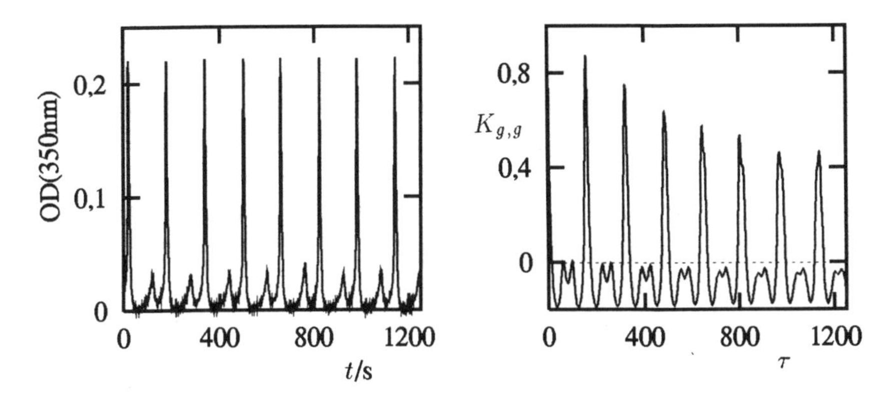

4.3 Beispiel für eine Autokorrelationsfunktion. Die periodische Zeitreihe der Ce^{4+}-Konzentration in der BZ-Reaktion (links) ergibt die rechts gezeigte Autokorrelationsfunktion.

Periodisch oszillierende Zeitreihen führen zu einer periodischen Autokorrelationsfunktion mit konstanten Maxima und Minima. Ein Beispiel wird in Abbildung 4.3 gezeigt. Bei statistisch stark verrauschten Zeitreihen fällt die Autokorrelationsfunktion sehr rasch nach Null ab, da Rauschen mit sich selbst unkorreliert ist. Chaotische Signale führen zu irregulären Autokorrelationsfunktionen mit kleiner Amplitude. Eine gewisse praktische Bedeutung kommt derjenigen Zeit τ zu, die dem ersten Nulldurchgang der Autokorrelationsfunktion entspricht. Bei dieser Zeit ist das Signal nicht mehr mit sich selbst korreliert; bei der Rekonstruktion von Attraktoren aus Zeitreihen wird diese Zeitspanne wichtig werden.

4.2 Attraktorrekonstruktion

In Abschnitt 2.2 haben wir gesehen, daß man das dynamische Verhalten eines Systems mit Hilfe seines Attraktors im Phasenraum darstellen kann. Bei der numerischen Integration von kinetischen Modellgleichungen bereitet die Konstruktion eines Attraktors keinerlei Probleme, da der Wert jeder Variablen zu jedem Zeitpunkt bekannt ist. Anders im Experiment: Hier ist es praktisch unmöglich, alle linear unabhängigen Systemvariablen gleichzeitig zu verfolgen. In aller Regel wird man die Konzentration einer oder zweier wichtiger Spezies der nichtlinearen Reaktion messen können; die Konzentrationen der übrigen für die Reaktion wesentlichen Stoffe ist aber nicht direkt zugänglich. In der Belousov-Zhabotinsky-Reaktion, zum Beispiel, kann die Konzentration des

Ce^{4+}-Ions durch seine Lichtabsorption bei 350 nm relativ leicht verfolgt werden; zudem kann man mit Hilfe ionenselektiver Elektroden den zeitlichen Verlauf der Bromidkonzentration messen. Mit etwas größerem experimentellem Aufwand ist als dritte Variable die Konzentration des Bromdioxid-Radikals zugänglich. Andere wichtige Zwischenstoffe wie das autokatalytisch gebildete $HBrO_2$ oder HOBr sind unter oszillierenden Bedingungen ebensowenig messbar wie etwa Brommalonsäure oder Malonylradikale. Zudem kann man a priori nicht wissen, wieviele und welche Bestandteile den Phasenraum eines chemischen Oszillators aufspannen und welche Intermediate von den wesentlichen Komponenten linear abhängen. Glücklicherweise erweist sich das Problem, experimentelle Attraktoren zu erhalten, als weniger schwierig als es zunächst scheinen mag. Bedingt durch die eindeutig ablaufenden chemischen Prozesse hängen die Konzentrationen aller Zwischenstoffe grundsätzlich miteinander zusammen, auch wenn sie sich nicht in direkter Reaktion miteinander verbinden. Deshalb ist alle Information über den Attraktor in jeder Zeitreihe irgendeiner Variablen des Systems enthalten. Das Problem besteht nun darin, aus der Zeitreihe einer einzigen Variablen einen Attraktor zu rekonstruieren, der dieselben Eigenschaften besitzt wie der – experimentell nicht direkt messbare – wirkliche Attraktor. Natürlich kann man die rekonstruierten Dimensionen dann nicht mehr mit den wirklichen Dimensionen des Phasenraumes – also mit den Konzentrationen einzelner Zwischenprodukte – gleichsetzen.

Die einfachste Methode, einen solchen Attraktor aus einer einzigen Zeitreihe zu konstruieren, besteht darin, die Zeitreihe zeitversetzt gegen sich selbst aufzutragen (Versatzzeit-Methode). Aus einer Zeitreihe der Art (4.4) kann ein n-dimensionaler Attraktor A nach

$$\mathsf{A} = \begin{pmatrix} s(t) & s(t+\tau) & \cdots & s(t+(n-1)\tau) \\ s(t+\Delta t) & s(t+\Delta t+\tau) & \cdots & s(t+\Delta t+(n-1)\tau) \\ s(t+2\Delta t) & s(t+2\Delta t+\tau) & \cdots & s(t+2\Delta t+(n-1)\tau) \\ \vdots & \vdots & \vdots & \vdots \\ s(t+(N-1)\Delta t) & s(t+(N-1)\Delta t+\tau) & \cdots & s(t+(N-1)\Delta t+(n-1)\tau) \end{pmatrix}$$

erzeugt werden. Die Versatzzeit τ muß dabei sorgfältig gewählt werden. Oft benutzt man diejenige Zeit, die dem ersten Nulldurchgang der Autokorrelationsfunktion entspricht. F. Takens konnte 1981 zeigen, daß ein m-dimensionaler Attraktor auf diese Weise befriedigend rekonstruiert werden kann, wenn die Anzahl der rekonstruierten Dimensionen n der Bedingung $n \geq 2\,m + 1$ gehorcht. Man nennt diese Zahl n auch *Einbettungsdimension* des Attraktors; der Raum, in dem der rekonstruierte Attraktor liegt, heißt *Einbettungsraum*. Die Dimension m des wirklichen Attraktors ist a priori natürlich unbekannt. Daher kennt man auch die zu seiner Rekonstruktion nötige Einbettungsdimension nicht. Eine Möglichkeit, m zu bestimmen, besteht darin, die Einbettungsdimension zu raten und dann zu prüfen, ob sich Trajektorien des rekonstruierten Attraktors schneiden. Ist dies der Fall, muß die Einbettungsdimension solange erhöht werden, bis keine Schnittpunkte mehr auftreten. In chemischen Oszillatoren treten meistens relativ niedrige Attraktordimensionen auf, so daß die Wahl der Einbettungsdimension nicht allzu schwierig ist. Dennoch erweist es sich in der Praxis oft als problematisch, die beiden Parameter τ und n optimal zu bestimmen. Man kann unter Umständen aus derselben Zeitserie mit verschiedenen „vernünftigen" Parametern Attraktoren mit solch unterschiedlichen Eigenschaften erhalten, daß eine Attraktorrekonstruktion nach der Versatzzeit-Methode nicht sinnvoll erscheint. Aus diesem Grund wurden Methoden entwickelt, die auf die recht subjektive Wahl von Parametern verzichten.

Bei der Ableitungsmethode wird der Attraktor dadurch erzeugt, daß man die Zeitreihe gegen ihre erste, zweite, usw. bis $(n-1)$ Ableitung aufträgt. Hier entfällt die Wahl einer Versatzzeit; die Einbettungsdimension n muß aber ebenfalls wie bei der Versatzzeit-Methode ermittelt werden. Ein schwerwiegendes Problem der Ableitungsmethode wird durch experimentelles Rauschen verursacht: Jede Konzentrationsmessung ist mit einem Fehler behaftet, der bei der Ableitung der Zeitreihe noch verstärkt wird. Zur Rekonstruktion von Attraktoren in chemischen Reaktionen ist die Ableitungsmethode deshalb oft unbrauchbar, auch wenn sie in Einzelfällen durchaus angewandt werden kann.

Eine elegante Methode, die sowohl Kriterien für eine Wahl von τ und n liefert als auch instrumentelles Rauschen eliminiert, wurde von Broomhead und King vorgeschlagen. Hier wird die in der linearen Algebra wohlbekannte *Singulärwert-Zerlegung* benutzt, um linear unabhängige und rauschgefilterte Spaltenvektoren der Attraktormatrix zu erhalten. Bei der Attraktorrekonstruktion nach der *SVD-Methode* (hier steht *SVD* für engl. *Singular-Value-Decomposition*) wird zunächst eine sogenannte Trajektorienmatrix nach der Versatzzeit-Methode gebildet, wobei für die Versatzzeit τ der Meßwertabstand selbst benutzt wird. Man wählt die Einbettungsdimension n möglichst groß (etwa 10 bis 20 bei chemischen Oszillationen), so daß man eine (sehr große) Matrix mit N Zeilen und n Spalten erhält (N ist die Zahl der Meßpunkte). Diese Trajektorienmatrix wird dann einer Singulärwertzerlegung unterworfen. Die Zerlegung basiert auf dem folgenden Theorem: Jede $N \times n$-Matrix T, die mehr (oder ebensoviele) Zeilen– als Spaltenvektoren besitzt, kann in das Produkt einer $N \times n$-Matrix U mit orthogonalen Spaltenvektoren, einer $n \times n$ Diagonalmatrix S und der Transponierten

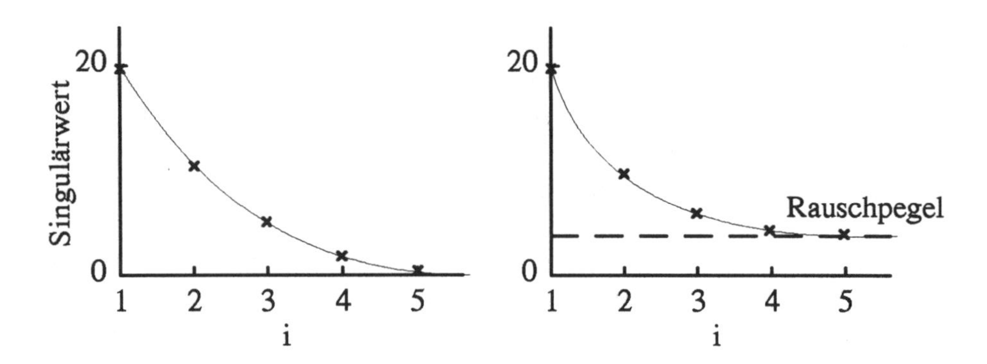

4.4 Singulärwerte für eine rauschfreie (links) und verrauschte (rechts) Trajektorienmatrix. Man kann die richtige Einbettungsdimension des Attraktors aus der Zahl der Singulärwerte bestimmen, die entweder ungleich Null (links) oder größer als das Rausch-Plateau (rechts) sind.

einer $n \times n$ orthogonalen Matrix C^T zerlegt werden. Um aus einer Matrix ihre Transponierte zu bilden, vertauscht man einfach die Zeilen– und Spaltenindizes ihrer Elemente; man spiegelt die Matrix sozusagen an ihrer Diagonalen. Durch den hochgestellten Index T wird die Transponierte gekennzeichnet. Die Matrizen U und C besitzen orthonormale, das bedeutet *senkrecht zueinander stehende* Spaltenvektoren. Unsere Trajektorienmatrix T können wir also nach

$$\mathsf{T} = \mathsf{U} \cdot \mathsf{S} \cdot \mathsf{C}^T \tag{4.12}$$

zerlegen. Die Diagonalelemente der Matrix S werden *Singulärwerte* von T genannt. Die Singulärwerte ermöglichen die Abschätzung eines „korrekten" Wertes für die Einbettungsdimension: Bei Daten, die kein experimentelles Rauschen enthalten, ist die richtige Einbettungsdimension einfach gleich der Zahl der von Null verschiedenen Singulärwerte. Bei verrauschten Daten erreichen die Singulärwerte ein Plateau nahe Null; die Einbettungsdimension ist dann gleich der Anzahl der Singulärwerte, die über diesem Plateau liegen. Zudem ist die Höhe des Plateaus ein Maß für die Stärke des experimentellen Rauschens, die man gleichsam als Nebenprodukt der Attraktorrekonstruktion erhält. Abbildung 4.4 zeigt schematisch Singulärwertspektren für rauschfreie und verrauschte Trajektorienmatrizen. Die eigentliche Attraktorrekonstruktion besteht nun darin, die Trajektorienmatrix auf die orthogonalen Spaltenvektoren der Matrix C^T zu projizieren. Dabei werden diejenigen Dimensionen (d.h. Spaltenvektoren) eliminiert, die sehr kleinen Singulärwerten entsprechen. Bei der Konstruktion des Attraktors

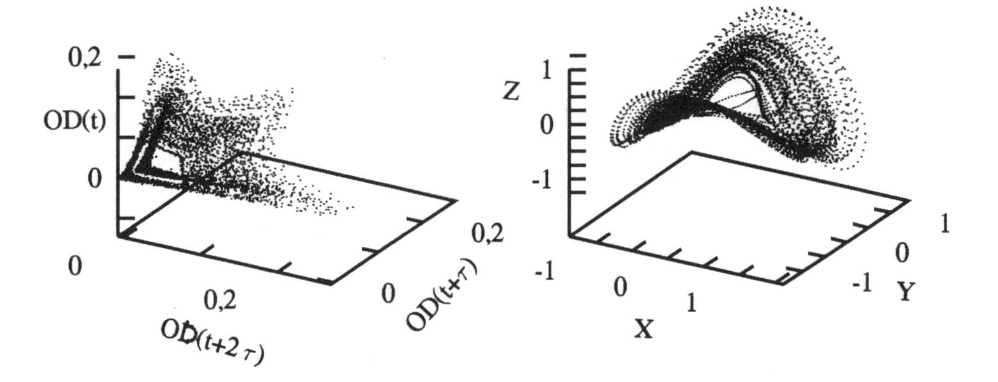

4.5 Rekonstruierte chaotische Attraktoren derselben experimentellen Zeitreihe. Links: Rekonstruktion mit der Versatzzeit-Methode ($\tau = 12s$); Rechts: Rekonstruktion mit der SVD-Methode (X, Y und Z sind die ersten drei SVD-Dimensionen).

wird die sehr große Einbettungsdimension der Trajektorienmatrix also auf einen optimalen Wert reduziert. Wegen der Orthogonalität von C^T erhält man eine Attraktormatrix, deren Spalten (Dimensionen) orthogonal zueinander sind, so daß keine redundante Information in ihr enthalten ist. Der rekonstruierte Attraktor A ergibt sich also aus dem Produkt der Matrizen T und C gemäß

$$\mathsf{A} = \mathsf{T} \cdot \mathsf{C} \tag{4.13}$$

Der so erhaltene Attraktor ist in dem Sinne *optimal*, als die maximale Information über das dynamische System durch eine möglichst kleine Anzahl rekonstruierter Dimensionen dargestellt wird. Mit anderen Worten, die aus der Zeitreihe rekonstruierten Dimensionen des Attraktors sind voneinander linear unabhängig. Die SVD-Methode erweist sich deshalb den oben diskutierten Methoden zur Attraktorrekonstruktion in den meisten Fällen als überlegen. Abbildung 4.5 zeigt zum Vergleich zwei Attraktoren, die aus experimentellen Daten einer chaotischen Zeitreihe der BZ-Reaktion mit Hilfe der Versatzzeit- und der SVD-Methode rekonstruiert wurden.

4.3 Poincaré-Schnitte

Nachdem ein Attraktor aus einer gemessenen digitalisierten Zeitreihe rekonstruiert worden ist, stehen mehrere Methoden zu seiner Analyse zur Verfügung. Der Attraktor ist ein m-dimensionales geometrisches Objekt im Phasenraum (bzw. Einbettungsraum) des Systems und er kann eine sehr komplexe Struktur besitzen. In aller Regel zeichnet man den Attraktor anschaulich in einem dreidimensionalen Koordinatensystem, wie in Abbildung 4.5 gezeigt; höherdimensionale Räume übersteigen unser Vorstellungsvermögen. Auch in den drei vorstellbaren Raumdimensionen kann ein Attraktor so kompliziert aussehen, daß man seine Struktur nicht ohne weiteres erkennen kann. Um den Attraktor weiter zu analysieren, kann man ihn mit einer zweidimensionalen Fläche schneiden. Ein solcher $(m - 1)$-dimensionaler Schitt durch ein m-dimensionales Objekt wird nach Jules Henri Poincaré (1854-1912) *Poincaré-Schnitt* genannt. Der Poincaré-Schnitt besitzt eine Dimension, die um Eins kleiner ist als die des durchschnittenen Attraktors. Indem man anstelle der kontinuierlichen Trajektorien im Phasen- oder Einbettungsraum nur noch die Durchstoßpunkte durch eine gedachte Ebene betrachtet, reduziert man die Dynamik auf ein *diskretes Modell.* In der Poincaré-Ebene beschreibt man das dynamische Verhalten nicht mehr durch Differentialgleichungen, sondern mit *Differenzengleichungen*, die eine Abfolge einzelner Durchstoßpunkte beschreiben. Normalerweise betrachtet man nur Punkte in einer Durchstoßrichtung, etwa von „oben" nach „unten" und läßt die anderen Punkte unberücksichtigt (siehe Abbildung 4.7). Ein Grenzzyklus der Periode Eins – also eine mehr oder minder kreisförmige Kurve – gibt demnach einen einzelnen Durchstoßpunkt. Die Differenzengleichung für diesen Fall ist $Z_{k+1} = Z_k$, wobei Z den Durchstoßpunkt und die Indexnummer k die zeitliche Abfolge der Punkte beschreibt. Bei einem gefalteten Grenzzyklus erhält man eine Zahl von Durchstoßpunkten, die gleich der Periodizität des Grenzzyklus ist. Zum Beispiel ergeben sich bei einer Oszillation der Periode Zwei – eine große Oszillation gefolgt von einer kleinen – zwei Durchstoßpunkte und die Differenzengleichung ist $Z_{k+2} = Z_k$. Die Poincaré-Schnitte von Grenzzyklen werden durch Differenzengleichungen beschrieben, die einzelne Punkte aufeinander abbilden. Quasiperiodische Oszillationen dagegen führen zu Poincaré-Schnitten, in denen die Durchstoßpunkte auf einer geschlossenen Kurve liegen, denn quasiperiodische Attraktoren haben die Gestalt eines Torus. Schneidet man einen solchen „Fahrradschlauch" durch, bekommt man eine einzige kreisförmige Schnittfläche (man betrachtet hier nur die Durchstoßpunkte, welche die Schnittebene in *einer* bestimmten Richtung schneiden). Die Differenzengleichung bildet hier einen Kreis auf sich selbst ab. Diese *Kreisabbildungen* (engl. *circle-maps*) sind in der Mathematik wohlbekannt. Die Anzahl der Durchstoßpunkte wird nur durch die Menge der gemessenen Daten limitiert. Die Orbits auf einem quasiperiodischen Attraktor bilden ja keine geschlossene Linie, sondern füllen die Oberfläche des

Torus; demnach ist die Anzahl der Punkte in der Poincaré-Ebene prinzipiell unbegrenzt. Seltsame Attraktoren, die aus deterministisch chaotischen Zeitreihen erhalten werden, besitzen auch komplexe Poincaré-Schnitte. Die Durchstoßpunkte ergeben eine *fraktale* Menge, deren Dimension um Eins kleiner ist als die Dimension des Attraktors. Chaotische Poincaré-Schnitte erinnern häufig an die Bandstruktur der Cantor-Menge, die wir in Abschnitt 2.6 (siehe Abbildung 2.11) kennengelernt haben.

4.4 Eindimensionale Abbildungen

Mit dem Poincaré-Schnitt haben wir ein wichtiges Hilfsmittel erhalten, mit dem die Dynamik eines chemischen Oszillators in wenigen (normalerweise zwei) Dimensionen dargestellt werden kann. Man kann die Dynamik oftmals aber in noch weniger – also einer einzigen – Dimension darstellen. Die sogenannte *eindimensionale Abbildung* wird aus dem Poincaré-Schnitt konstruiert, indem man eine Koordinate der Schnittebene auswählt und die Werte auf dieser Koordinate für die aufeinanderfolgenden Durchstoßpunkte gegeneinander aufträgt (siehe Abbildung 4.7). Nennen wir die beiden Koordinaten der Poincaré-Schnittebene X und Y; ein Durchstoßpunkt Z wird dann durch seine Koordinaten $X(Z)$ und $Y(Z)$ beschrieben. Wenn wir die Durchstoßpunkte ihrer zeitlichen Abfolge gemäß numerieren, erhalten wir eine Reihe der Art $Z_1(X_1, Y_1)$, $Z_2(X_2, Y_2)$, $Z_3(X_3, Y_3)$, usw. In der eindimensionalen Abbildung wird nun einfach X_1 gegen X_2, X_2 gegen X_3 (bzw. Y_1 gegen Y_2, Y_2 gegen Y_3 etc.) oder allgemein X_n gegen X_{n+1} aufgetragen. Zur Darstellung des dynamischen Systems benutzt man also nur eine einzige Variable, nämlich eine der Koordinaten des Poincaré-Schnittes. Der Wert der eindimensionalen Abbildung liegt darin, daß sie ein kontinuierliches dynamisches System auf eine diskontinuierliche *rekursive Abbildung* reduziert. Rekursive Abbildungen haben wesentlich dazu beigetragen, unser Verständnis oszillierender und deterministisch chaotischer Prozesse zu erweitern. Sie sind Differenzengleichungen der Form $x_{n+1} = f(x_n)$, die ein Intervall auf dem Zahlenstrahl (etwa alle Zahlen zwischen Null und Eins) auf sich selbst abbilden. Aus einem Anfangswert x_1 erhält man durch Einsetzen in die Funktion f einen Wert x_2, der wieder in f eingesetzt wird, um x_3 zu erhalten usw. Man nennt dieses Verfahren *Iteration*. Auf diese Weise entsteht eine diskrete „Zeitreihe" von Zahlen. Der Exkurs 4.2 gibt eine Einführung in das Verhalten der sogenannten *logistischen Abbildung*, die uns als typisches Beispiel einer nichtlinearen rekursiven Abbildung dienen soll.

Exkurs 4.2: Die logistische Abbildung $x_{n+1} = \lambda\, x_n\,(1 - x_n)$

Die Differenzengleichung $x_{n+1} = f_\lambda(x_n) = \lambda\, x_n\,(1 - x_n)$ bildet das Zahlenintervall [0,1] auf sich selbst ab, wenn der Parameter λ zwischen Null und Vier liegt. Die logistische Abbildung ist benutzt worden, um die Population von Tieren in einem begrenzten Gebiet zu beschreiben. Der Wert von x_n gibt die Zahl der Tiere im Jahr n an, x_{n+1} ist die Stärke der Population im darauffolgenden Jahr. Der Graph der Funktion $f_\lambda(x_n)$ ist eine nach unten geöffnete Parabel, deren Form vom Parameter λ abhängt. Von einem Startwert $x_1 \in [0, 1]$ ausgehend kann man durch Iteration Zahlenfolgen für verschiedene Werte von λ berechnen. Wenn λ zwischen Eins und Drei liegt, konvergiert diese Zahlenfolge auf einen festen Wert, einen *Fixpunkt*. Genauer gesagt besitzt die Gleichung zwei Fixpunkte, von denen einer die Lösungen anzieht (ganz wie ein Attraktor) und der zweite als instabiler Fixpunkt abstoßend wirkt. Fixpunkte zeichnen sich dadurch aus, daß die Iteration der Differenzengleichnug hier einen konstanten Wert ergibt; am Fixpunkt ist also $x_{n+1} = x_n$. Geometrisch sind Fixpunkte deshalb einfach die Schnittpunkte der Funktion $f_\lambda(x)$ mit der Geraden $x_{n+1} = x_n$. Ist die Steigung von $f_\lambda(x)$ am Fixpunkt kleiner als Eins, dann ist der Fixpunkt stabil und die Iteration strebt diesem Fixpunkt zu; ist die Steigung größer als Eins, dann entfernt sich die Iteration vom Fixpunkt. Der instabile Fixpunkt bei der logistischen Gleichung liegt bei $x_{\mathrm{F}}^{\text{instab.}} = 0$, der stabile Fixpunkt bei $x_{\mathrm{F}}^{\text{stab.}} = 1 - (1/\lambda)$. Solange λ kleiner als Drei ist, endet die Iteration unabhängig vom Anfangswert stets an diesem stabilen Fixpunkt. Bei $\lambda = 3,0$ wird die Steigung am stabilen Fixpunkt gleich Eins und er wird instabil. Wählt man den Parameter λ etwas größer als Drei, so pendelt die bei der Iteration erhaltene Zahlenfolge abwechselnd zwischen zwei Werten links und rechts vom ursprünglichen Fixpunkt hin und her. Man erhält also eine Zahlenfolge der Periode Zwei. Bei $\lambda \approx 3,45$ entsteht anstelle dieses Zyklus eine Zahlenfolge mit der Periode Vier, d. h. die Iteration bewegt sich periodisch zwischen vier Zahlen. Erhöht man λ in kleinen Schritten weiter, so findet man einen Zyklus der Periode Acht, einen der Periode Sechzehn, einen der der Periode Zweiunddreißig usw. Man nennt diese Reihenfolge von Zyklen eine *Kaskade von Periodenverdopplungen*. Bei Werten von λ zwischen $\lambda \approx 3,570$ und $\lambda = 4,0$ erhält man keine periodische Abfolge von Zahlen mehr, sondern die Iteration führt zu *deterministischem Chaos* (bei $\lambda > 4.0$ strebt die Iteration nach $-\infty$). Die Folge von Periodenverdopplungen bildet eine geometrische Reihe, die gegen den Wert $\lambda \approx 3,570$ konvergiert.

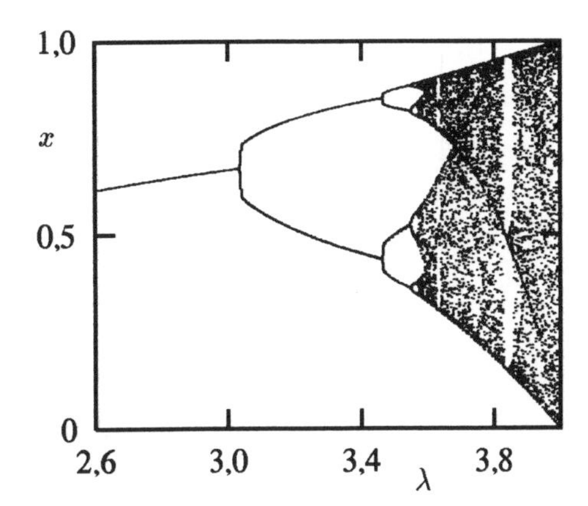

4.6 Periodenverdopplung und Chaos in der logistischen Abbildung. Zur Erläuterung siehe den Exkurs.

Bezeichnet man den Wert von λ bei der ersten Periodenverdopplung mit λ_1, bei der zweiten Periodenverdopplung mit λ_2 etc. und nennt man den Wert, an dem Chaos einsetzt λ_∞ (es gibt unendlich viele Periodenverdopplungen, bevor Chaos beginnt), so kann man diese geometrische Reihe als

$$\frac{\lambda_n - \lambda_{n-1}}{\lambda_{n+1} - \lambda_n} = \delta$$

schreiben. Die Konstante $\delta \approx 4,6692\cdots$ ist *universell* und wird nicht nur in rekursiven Abbildungen, sondern auch in realen physikalischen oder chemischen chaotischen Systemen gefunden. Sie trägt nach ihrem Entdecker den Namen *Feigenbaum-Konstante*. In den chaotischen Bereich eingebettet liegen *periodische Fenster*. Darunter versteht man Intervalle von λ, in denen wieder periodische Iterationszyklen auftreten. Die Reihenfolge aller periodischer Zyklen, die bei steigendem λ auftreten, folgt der sogenannten *Universellen Sequenz*. Auch in nichtlinearen chemischen Reaktionen sind solche periodischen Fenster im Zusammenhang mit Chaos, das durch Periodenverdopplung entsteht, gefunden worden. In der Abbildung 4.6 zeigen wir Resultate für die Iteration der logistischen Abbildung im Intervall $2,5 < \lambda < 4,0$. Man erkennt deutlich die Kaskade von Periodenverdopplungen, die schließlich zu Chaos führt.

Die Form der eindimensionalen Abbildung erlaubt Rückschlüsse auf die zugrundeliegende Dynamik. Periodische Grenzzyklen führen zu eindimensionalen Abbildungen, die aus diskreten Punkten bestehen. Oszillationen der Periode Eins ergeben einen einzigen Punkt, der auf der Geraden $x_{n+1} = x_n$ liegt. Gefaltete Grenzzyklen – also Oszillationen mit einer Periode $k\,(> 1)$ – ergeben entsprechend Punkte auf der Geraden $x_{n+k} = x_n$. Quasiperiodische Attraktoren

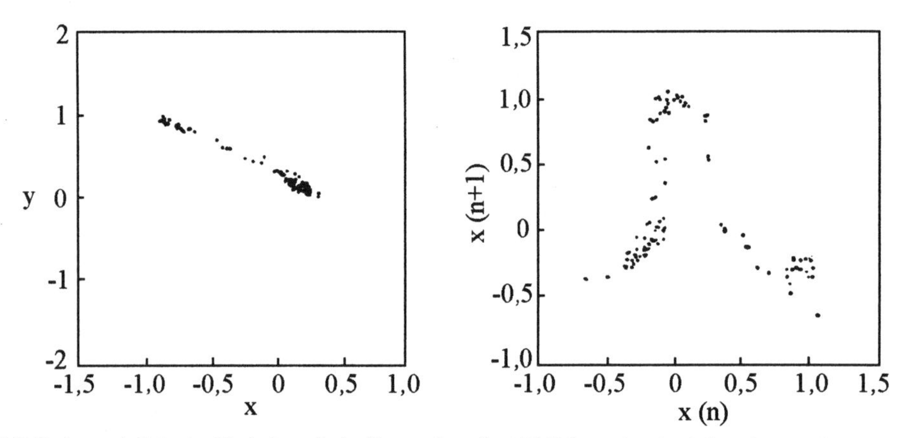

4.7 Poincaré-Schnitt (links) und eindimensionale Abbildung (rechts) für einen seltsamen Attraktor der BZ-Reaktion. Die parabolische Form der eindimensionalen Abbildung spiegelt die Route ins Chaos durch Periodenverdopplungen wieder.

führen zu einer geschlossenen Kurve. Bei chaotischen Attraktoren, die durch eine Kaskade von Periodenverdopplungen entstehen, weist die eindimensionale Abbildung ein Extremum auf, wie es auch beim Graphen der logistischen Abbildung existiert. Eine solche Form ist ein starkes Indiz für deterministisches Chaos in experimentellen Systemen. Auch andere Routen ins Chaos lassen sich anhand der eindimensionalen Abbildung identifizieren. So erhält man etwa im Fall der *Intermittenz* eine eindimensionale Abbildung, die sich tangential an die Gerade $x_{n+1} = x_n$ anlehnt. Die einfache Intermittenz ist durch irreguläre Ausbrüche inmitten regelmäßiger Oszillationen kleiner Amplitude charakterisiert. Zur Illustration zeigt die Abbildung 4.7 einen Poincaré-Schnitt und die daraus konstruierte eindimensionale Abbildung für experimentelles Chaos in der BZ-Reaktion. Der chaotische Bereich wird durch die Variation der Flußgeschwindigkeit, mit der Eduktlösungen in den Reaktor gepumpt werden, durch eine Kaskade von Periodenverdopplungen erreicht.

Anhand der eindimensionalen Abbildung kann auch deutlich gemacht werden, warum Chaos *deterministisch* ist: Jeder Punkt x_{n+1} wird im Fall von Chaos durch seinen Vorgänger x_n eindeutig festgelegt (dasselbe gilt natürlich auch bei einer periodischen Bewegung) und er muß irgendwo auf dem Graphen – und nicht etwa daneben – liegen. Statistisches Rauschen kann im Gegensatz zu Chaos nicht zu einer strukturierten eindimensionalen Abbildung, sondern nur zu einer statistischen Verteilung von Punkten („Punktwolke“) führen. Allerdings hängt das Aussehen der eindimensionalen Abbildung oft stark von der Position der Poincaré-Schnittebene ab. Findet man bei der Analyse eines Experiments eine unstrukturierte Abbildung, so muß kann daraus nicht unbedingt auf eine verrauschte Dynamik geschlossen werden. Zur Unterscheidung zwischen Chaos und statistisch verrauschter Dynamik müssen dann weitere Maße herangezogen werden.

4.5 Die Dimension von Attraktoren

Eine wichtige Größe, die die Raumerfüllung eines Attraktors quantitativ beschreibt, ist seine *Dimension.* Aus der Alltagserfahrung ergeben sich die Dimensionen einfacher geometrischer Objekte wie selbstverständlich: Punkte haben die Dimension Null, Linien sind eindimensional, Flächen zwei- und Körper wie Kugeln oder Würfel sind dreidimensional. Die Dimension gibt die Zahl der Richtungen an, in denen sich ein Objekt ausdehnt. So besitzen Linien nur ihre Länge, Flächen Länge und Breite, Körper schließlich Länge, Breite und Höhe. Unser „gesunder Menschenverstand" stößt allerdings an Grenzen, wenn wir uns gebrochene Dimensionen vorzustellen versuchen. Wie sieht zum Beispiel ein 1,5-dimensionales, wie ein 2,3-dimensionales Gebilde aus? Gebrochene Dimensionen sind keineswegs selten; sie begegnen uns zum Beispiel bei Rußpartikeln oder bei Wolken. In den achtziger Jahren ist die *fraktale Geometrie,* die solche Objekte beschreibt, vor allem durch die Arbeiten von B. Mandelbrot ins Bewußtsein einer breiteren Öffentlichkeit getreten. Wer kennt nicht die farbigen Abbildungen der Mandelbrot-Menge („Apfelmännchen"), die eindrucksvoll zeigen, daß rekursive Abbildungen in der komplexen Zahlenebene auch ästhetisch sein können! Mandelbrot wurde zu seinen Arbeiten durch einen Wissenschaftler angeregt, dessen Name trotz der Popularität der Fraktale weitgehend unbekannt ist: Es war Lewis F. Richardson (1881–1953), der erstmals fraktale Dimensionen benutzte, um die Struktur von Küstenlinien zu beschreiben. Will man kompliziert geformte Objekte wie Küstenlinien oder auch seltsame Attraktoren chemischer Oszillatoren beschreiben, so braucht man – anders als bei einfachen geometrischen Objekten wie Kreis oder Kugel – eine Methode, um ihre Dimension zu *messen.*

Die geometrische Dimension eines Attraktors

Zunächst müssen wir sorgfältig zwischen der geometrischen Dimension eines Attraktors und seiner Einbettungsdimension unterscheiden. Die geometrische Dimension beschreibt die Ausdehnung des Attraktors in seinem Phasen- oder

Einbettungsraum. Sie kann ganzzahlig, aber auch fraktal sein. Die Einbettungsdimension ist, wie in Abschnitt 4.2 besprochen, die kleinste (stets ganzzahlige) Dimension eines euklidischen Raumes, in dem sich der Attraktor noch darstellen läßt. Am einfachsten mißt man die geometrische Dimension eines Attraktors, indem man den Phasen– oder Einbettungsraum in Zellen mit der Kantenlänge ϵ unterteilt. Diese „Würfel" haben dieselbe Dimension wie der Raum, in dem der Attraktor liegt. Mit anderen Worten, man teilt den n-dimensionalen Phasenraum in N n-dimensionale Würfel. Dann zählt man alle Würfel, die mindestens einen Punkt des Attraktors enthalten. Diese Zahl M hängt natürlich von der Größe ϵ der Würfel ab. Die geometrische Dimension läßt sich dann nach

$$D = \lim_{\epsilon \to 0} \lim_{M \to \infty} \frac{\log(1/M(\epsilon))}{\log \epsilon} \tag{4.14}$$

angeben. Diese Definition für die geometrische Dimension wird durch folgendes Gedankenexperiment verständlich: Wir stellen uns ein Blatt Papier vor. Auf das Blatt zeichnen wir ein gleichmäßiges Raster aus Quadraten. Wenn man die Seitenlänge aller Quadrate verdoppelt, dann besitzt jedes Quadrat eine viermal größere Fläche. Das Blatt selbst enthält aber nur noch ein Viertel soviele Quadrate wie vorher. Es ist also $\epsilon = 2$ und $M(\epsilon) = 1/4$. Die Dimension des Blattes ist somit nach (4.14) $\log 4/\log 2 = 2$. Entsprechend ergibt dieselbe Überlegung für die geometrische Dimension eines Würfels $\log 8/\log 2 = 3$.

Die durch Gleichung (4.14) gegebene Dimension wird *Kapazitätsdimension* genannt und ist eine gute Näherung für die wirkliche geometrische Dimension. Ihre numerische Berechnung ist durch das beschriebene Verfahren des „Würfel-Zählens" mit Hilfe des Computers möglich aber außerordentlich zeitraubend und für Attraktoren mit einer Dimension größer als Drei kaum praktikabel. Neben der Kapazitätsdimension kann die geometrische Dimension auch durch die sogenannte *Hausdorff-Dimension* ausgedrückt werden. Beide, Kapazitäts– und Hausdorff-Dimension, sind aber in aller Regel gleich groß, so daß wir auf weitere Einzelheiten nicht einzugehen brauchen.

Generalisierte Dimensionen

Außer der geometrischen Betrachtungsweise gibt es eine umfassendere Interpretation der Dimensionalität, die auf der Wahrscheinlichkeitstheorie beruht. Hier betrachtet man die Wahrscheinlichkeit, Punkte des Attraktors in einer bestimmten Zelle des Einbettungsraumes zu finden. Dimensionen, die auf diesem Konzept beruhen, berücksichtigen neben der geometrischen Struktur des Attraktors auch die Häufigkeit, mit der das System bestimmte Bereiche auf seinem Attraktor aufsucht. Gerade bei chemischen Oszillatoren bewegt sich der Phasenpunkt auf dem Attraktor in vielen Fällen mit nicht gleichförmiger Geschwindigkeit; Relaxationsoszillatoren (siehe Abbildung 2.2 und die Erläuterungen in Abschnitt 2.3) sind dadurch charakterisiert! Ein chemischer Attraktor besitzt also meistens Bereiche, die sehr häufig aufgesucht werden und solche, in denen sich das System nur selten aufhält: er ist *nicht-uniform*. Das Konzept der generalisierten Dimensionen erweist sich bei der Analyse nicht-uniformer Attraktoren als sehr nützlich; wir wollen es deshalb in Grundzügen kurz darlegen, auch wenn es viel weniger anschaulich als das rein geometrische Konzept der Kapazitätsdimension ist.

Der Einbettungsraum, in dem der Attraktor liegt, sei wie zur Berechnung der Kapazitätsdimension in N Zellen mit einer Kantenlänge ϵ aufgeteilt. Die Wahrscheinlichkeit, den Phasenpunkt gerade in einer bestimmten Zelle, die wir mit Z_i bezeichnen wollen, zu finden, ist P_i. Das für Wahrscheinlichkeiten übliche Formelsymbol P soll an das englische Wort für Wahrscheinlichkeit, *probability*, erinnern. Mit Hilfe von P_i läßt sich eine *Entropie* $S(\epsilon)$ angeben:

$$S(\epsilon) = -\sum_{i=1}^{N(\epsilon)} P_i \log P_i \qquad (4.15)$$

Der Term auf der rechten Seite ist gleich der negativen *Shannon-Information*, die mit Ereignissen der Wahrscheinlichkeit P_i verknüpft ist. Ihre Definition geht auf den amerikanischen Mathematiker Claude E. Shannon (geb. 1916) zurück. In Analogie zur Definition der Kapazitätsdimension in Gleichung (4.14) kann man mit Hilfe der Entropie (4.15) die *Informationsdimension* D_I definieren:

$$D_\mathrm{I} = -\lim_{\epsilon \to 0} \frac{S(\epsilon)}{\log \epsilon} \qquad (4.16)$$

Diese Dimension gibt an, wieviel Information über den Attraktor bei einer Messung mit der Auflösung ϵ gewonnen wird, wenn ϵ kleiner wird. Mit anderen Worten, D_I mißt den Gewinn an Information, der entsteht, wenn man den Attraktor mit steigender „Vergrößerung" betrachtet. Im allgemeinen ist die Informationsdimension kleiner oder gleich der Kapazitätsdimension.

Zu einem Spektrum generalisierter Dimensionen gelangt man durch Einführen einer Entropie der Ordnung q:

$$S_q(\epsilon) = \frac{1}{1-q} \log \sum_{i=1}^{M(\epsilon)} P_i^q \tag{4.17}$$

Die Summation läuft über alle M Zellen, die Attraktorpunkte enthalten. Diese allgemeine Formulierung der Entropie benutzt die q–ten Potenzen der Wahrscheinlichkeit P_i: Ist q gleich Null, so ist der Ausdruck $\sum_{i=1}^{M(\epsilon)} P_i^0$ einfach gleich der Zahl der Zellen $M(\epsilon)$, die mindestens einen Attraktorpunkt enthalten. Ist q gleich Eins, dann mißt P_i^1 die Wahrscheinlichkeit, den Phasenpunkt in der Zelle Z_i zu finden und $S_1(\epsilon)$ ist mit der Entropie in Gleichung (4.15) identisch (man beachte dabei L'Hospitals Regel). Wenn q Zwei ist, dann mißt P_i^2 die Wahrscheinlichkeit, zwei bestimmte Attraktorpunkte in derselben Zelle anzutreffen usw. Die generalisierten Dimenionen nach Renyi ergeben sich aus der allgemeinen Entropie nach

$$D_q = -\lim_{\epsilon \to 0} \frac{S_q(\epsilon)}{\log \epsilon}. \tag{4.18}$$

Setzt man in Gleichung (4.18) für q Null ein, so kann man sich leicht überzeugen, daß D_0 gleich der Kapazitätsdimension (4.14) ist. Im Konzept der generalisierten Dimensionen ist die geometrische Dimension also als Sonderfall enthalten. Ebenso ergibt ein Vergleich von (4.16) mit (4.18) für $q \to 1$, daß D_1 gleich der Informationsdimension ist.

Eine weitere häufig benutzte Dimension ist die sogenannte *Korrelationsdimension* D_2. Sie ist in aller Regel kleiner oder gleich D_I. Die Korrelationsdimension ist relativ leicht numerisch zu ermitteln. Kapazitäts–, Informations– und Korrelationsdimension sind für Grenzzyklen alle gleich Eins und für quasiperiodische Tori gleich Zwei. Im Fall von Chaos nehmen sie fraktale Werte an, wobei zumindest die Kapazitäts– und die Informationsdimension größer als Zwei sein sollten. Sämtliche Dimensionen D_q bilden eine *Dimensionsfunktion* mit q als unabhängiger Variable. Dabei kann q sowohl positiv als auch negativ sein. In Abbildung 4.8 wird die Dimensionsfunktion $D_q(q)$ für einen seltsamen Attraktor aus experimentellen Daten der BZ-Reaktion gezeigt.

Im Spektrum der generalisierten Dimensionen betonen Werte bei großem positiven q die am häufigsten aufgesuchten Bereiche des Attraktors, Werte bei stark negativem q beschreiben Bereiche, die nur gelegentlich visitiert werden. Daher ist die Stufenhöhe der Dimensionsfunktion ein Maß für die Uniformität eines seltsamen Attraktors: Variieren die Werte von D_q stark, dann bewegt sich der

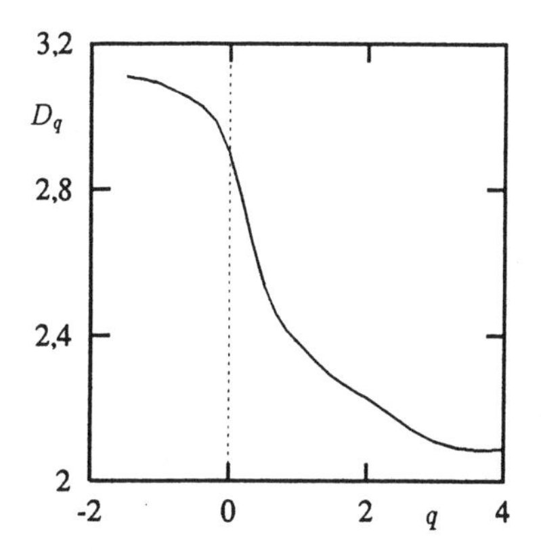

4.8 Dimensionsfunktion $D_q(q)$ eines nach der SVD-Methode rekonstruierten seltsamen Attraktors der BZ-Reaktion. Die geometrische Dimension D_0 ist fraktal und größer als Zwei, wie es für Chaos notwendig ist. Aus der Breite der s-förmigen Kurve läßt sich erkennen, daß der Attraktor relativ heterogen ist.

Phasenpunkt mit sehr unterschiedlichen Geschwindigkeiten durch einen chaotischen Attraktor.

Numerische Berechnung der Dimensionen

Die Kapazitätsdimension kann durch Abzählen der Zellen, die Attraktorpunkte enthalten, gemäß Gleichung (4.14) numerisch ermittelt werden. Wie weiter oben bereits erwähnt, ist dieses Verfahren aber relativ unpraktisch. Hier wollen wir eine effiziente Methode zur Berechnung der Informations- und Korrelationsdimension kurz vorstellen.

In der von Grassberger und Procaccia entwickelten Methode des Kugel-Zählens (*sphere-counting Algorithmus*) wählt man eine Anzahl N_{ref} von zufällig über den Attraktor verteilten Referenzpunkten aus und beschreibt eine n- dimensionale (Hyper-)Kugel mit Radius ϵ um jeden Punkt. Sodann variiert man den Kugelradius und zählt dabei die Punkte, die innerhalb der jeweiligen Kugel liegen. Man erhält bei N Datenpunkten folgende Näherung für das sogenannte *Korrelationsintegral* C:

$$C(\epsilon) = \frac{1}{N}\frac{1}{N_{\text{ref}}}\sum_{i=1}^{N_{\text{ref}}}\sum_{j=1}^{N}\theta(\epsilon - d(x_i, x_j)) \qquad (4.19)$$

Die Heavyside-Funktion θ ist Null, wenn ihr Argument negativ (oder gleich Null) ist, und Eins bei positivem Argument. Das Korrelationsintegral wird also um Eins erhöht, wenn der Abstand der Punkte x_i und x_j kleiner als ϵ ist, d.h. wenn der Punkt x_j innerhalb der Hyperkugel um den Referenzpunkt x_i liegt. Grassberger und Procaccia heben gezeigt, daß die Korrelationsdimension D_2 mit

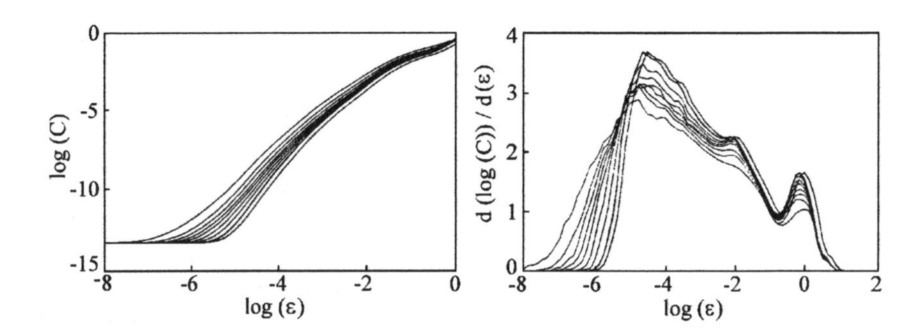

4.9 Bestimmung der Korrelationsdimension: Links: Doppelt-logarithmische Auftragung des Korrelationsintegrals $C(\epsilon)$ (4.19) gegen ϵ für verschiedene Einbettungsdimensionen; rechts: Auftragung der Steigung dieser Kurven gegen ϵ.

Hilfe dieses Integrals ausgedrückt werden kann als:

$$D_2 = \lim_{N \to \infty} \lim_{\epsilon \to 0} \frac{\log C(\epsilon)}{\log \epsilon} \tag{4.20}$$

Praktisch bestimmt man das Korrelationsintegral, indem man den Abstand zwischen einem Datenpunkt x_j und dem Referenzpunkt x_i auf einem Attraktor im n-dimensionalen Einbettungsraum nach

$$\begin{aligned} d(x_i, x_j) &= \sqrt{\sum_{k=1}^{n} (x_{i,k} - x_{j,k})^2} && \text{(euklidische Norm) oder} \\ d(x_i, x_j) &= \max_{k=1}^{n} (x_{i,k} - x_{j,k}) && \text{(Maximumnorm)} \end{aligned} \tag{4.21}$$

berechnet. Die hier definierte Maximumnorm führt meistens zu besseren Ergebnissen. Man trägt dann den Logarithmus des Korrelationsintegrals gegen den Logarithmus des Kugelradius auf. Diese Auftragung besitzt eine lineare Region, deren Steigung gleich der gesuchten Korrelationsdimension ist. Abbildung 4.9 zeigt eine solche Auftragung für denselben chaotischen Attraktor, für den auch die Dimensionen in Abbildung 4.8 berechnet wurden. Bei kleinem Kugelradius ($-5 < \log(\epsilon) < -3$) findet man eine nahezu lineare Region, in der die Steigung gleich 3.5 ist. Auf einer solch kurzen Längenskala wirkt sich das statistische Rauschen des Experiments auf das Korrelationsintegral stark aus. Betrachtet man dagegen größere Bereiche des Attraktors, so wird der Effekt des Rauschens durch Mittelwertbildung eliminiert und man erhält die Korrelationsdimension des seltsamen Attraktors in der BZ-Reaktion aus der Steigung der linearen Region zwischen $-3 < \log(\epsilon) < -1$ zu $D_2 = 2.3$. In ähnlicher Weise kann man auch die Informationsdimension bestimmen. Ihre Berechnung erfolgt durch eine etwas andere Form der Mittelwertbildung; wir wollen hier lediglich ohne Beweis die entsprechenden Formeln wiedergeben:

$$\begin{aligned} D_{\mathrm{I}} &= \lim_{N\to\infty} \lim_{\epsilon\to 0} \frac{\langle \log C_{\mathrm{I}}(\epsilon)\rangle}{\log(\epsilon)} \\ \langle \log C_{\mathrm{I}}(\epsilon)\rangle &= \frac{1}{N_{\mathrm{ref}}} \sum_{i=1}^{N_{\mathrm{ref}}} \log C_{\mathrm{I}}(\epsilon) \\ C_{\mathrm{I}}(\epsilon) &= \frac{1}{N} \sum_{j=1}^{N} \theta(\epsilon - d(x_i, x_j)) \end{aligned} \tag{4.22}$$

Die Dimensionsfunktion $D_q(q)$ kann ebenfalls durch Ausmessen der Abstände zwischen Attraktorpunkten numerisch ermittelt werden. Der interessierte Leser sei an die am Ende dieses Kapitels aufgeführte Originalliteratur verwiesen.

4.6 Lyapunov-Exponenten

In Abschnitt 2.6 haben wir gesehen, daß ein seltsamer Attraktor sich von den Attraktoren periodischer oder quasi-periodischer Oszillationen dadurch unterscheidet, daß die Trajektorien in seiner unmittelbaren Umgebung divergieren. Der Abstand zweier benachbarter Punkte auf einem seltsamen Attraktor wird deshalb mit fortschreitender Zeit größer, so daß sich die Punkte nach einer gewissen Zeit weit voneinander entfernt befinden. Man kann sich diese Divergenz der Trajektorien anschaulich machen, indem man sich ein Stück Teig vorstellt, in das man zwei Rosinen steckt: Die beiden Rosinen liegen zunächst nahe beieinander; beginnt man jedoch, den Teig zu kneten, dann vergrößert sich ihr Abstand rasch. Das Kneten des Teiges besteht aus wiederholtem Strecken und Falten und man kann einen seltsamen Attraktor tatsächlich als Produkt eines wiederholten Streck– und Faltprozesses auffassen. Ein quantitatives Maß, das die Divergenz oder Konvergenz von Trajektorien in der Umgebung eines Attraktors beschreibt, ist der *Lyapunov-Exponent*. Die Anzahl der Lyapunov-Exponenten eines Attraktors ist gleich der Dimension des Raumes, in den der Attraktor eingebettet ist. In Abschnitt 2.7 haben wir bei der Diskussion der Floquet-Theorie die Multiplikatoren eines periodischen Orbits als Maß für dessen Stabilität kennengelernt. In einem verallgemeinerten Sinn beschreiben die Eigenwerte einer Jacobi-Matrix in der Nähe der eigentlichen Attraktorbahn die Expansion oder Kontraktion um diese Bahn. Die Lyapunov-Exponenten sind als die zeitlichen Mittelwerte des Betrages dieser Eigenwerte σ_i wie folgt definiert:

$$\lambda_i = \lim_{t \to \infty} \frac{1}{t} \log |\sigma_i|, \qquad i = 1, \cdots, n \tag{4.23}$$

Um uns eine Vorstellung von der zugrundeliegenden Idee zu machen, stellen wir uns drei Punkte vor, die in unmittelbarer Nähe eines Attraktorpunktes liegen. Der Attraktorpunkt und seine drei Nachbarn sollen so liegen, daß sie vier Ecken eines Würfels bilden, dessen Kanten durch die Abstandsvektoren zwischen dem Attraktorpunkt und den jeweiligen Nachbarpunkten gegeben sind. Dieser Würfel besitzt ein Volumen V_t. Nun betrachten wir die zeitliche Entwicklung unserer vier Punkte gemäß der Dynamik des nichtlinearen Systems; der Würfel wird dabei mehr oder minder stark deformiert und gedreht. Nachdem wir eine Zeitspanne Δt abgewartet haben, halten wir die Entwicklung an und berechnen das Volumen des Quaders, der nunmehr von den vier neuen Punkten aufgespannt wird. Dieses Volumen $V_{t+\Delta t}$ ist – entsprechend der Divergenz oder Konvergenz der Trajektorien in der Nähe des Attraktors – größer oder kleiner als das ursprüngliche Volumen V_t. In einem n-dimensionalen Phasenraum kann man statt eines einzigen dreidimensionalen Quaders n Körper der Dimension $1, 2, 3, \cdots, n$ betrachten (die „Volumina" der ein- und zweidimensionalen „Körper" müssen dann durch Länge und Fläche ersetzt werden). Zu jedem i-dimensionalen Gebilde kann ein Lyapunov-Exponent $\lambda^{(i)}$ definiert werden:

$$\lambda^{(i)} = \lim_{t \to \infty} \frac{1}{t} \log \frac{V_{t+\Delta t}^{(i)}}{V_t^{(i)}} \tag{4.24}$$

Es muß darauf hingewiesen werden, daß die Dimensionen $i = 1, \cdots, n$ den Dimensionen des Einbettungsraumes nicht direkt zugeordnet werden können, da die Volumina in (4.24) in einem lokalen Koordinatensystem definiert sind, das sich mit der zeitlichen Entwicklung des Systems im Einbettungsraum dreht. Abbildung 4.10 verdeutlicht diese Bewegung von Trajektorien in der Umgebung eines Attraktororbits. Der Logarithmus in Gleichung (4.24) bedeutet, daß die Lyapunov-Exponenten die *exponentielle* Divergenz oder Konvergenz beschreiben. Positive Werte für $\lambda^{(i)}$ bedeuten Divergenz, negative Werte Konvergenz der Trajektorien. Betrachtet man den Abstandsvektor zu einem Punkt, der gerade in tangentialer Richtung zum Attraktororbit liegt, so behält dieser Abstandsvektor seine Länge praktisch bei, auch wenn sich seine Richtung ändert. Mit

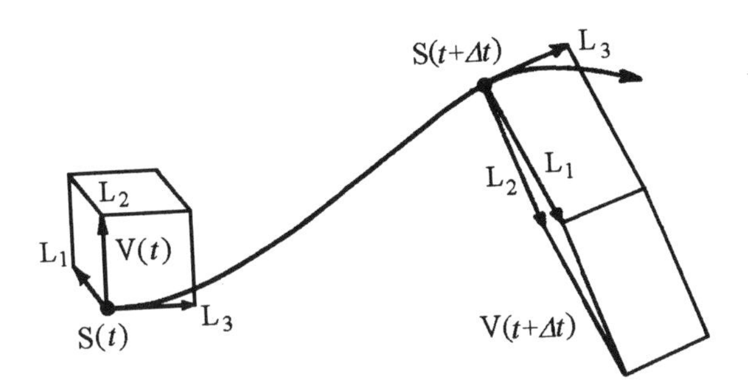

4.10 Divergenz von Trajektorien in der Umgebung eines Attraktororbits.

anderen Worten, der Lyapunov-Exponent in der Bewegungsrichtung des Phasenpunktes auf dem Attraktor ist gleich Null: In Richtung des Flusses findet also weder Divergenz noch Konvergenz statt. Zeigt mindestens ein Exponent Divergenz an, so liegt deterministisches Chaos vor, periodische oder quasiperiodische Attraktoren besitzen nur Null- und negative Exponenten. Die Vorzeichen von $\lambda^{(i)}$ eines seltsamen Attraktors sind demnach $(+, 0, -, - \cdots, -)$, die eines Grenzzyklus $(0, -, - \cdots, -)$ und für einen quasiperiodischen Torus findet man $(0, 0, -, - \cdots, -)$. Gibt es mehr als einen positiven Lyapunov-Exponenten, so spricht man von *Hyperchaos*. In chemischen Systemen kann Hyperchaos etwa durch Kopplung verschiedener örtlich getrennter Bereiche eines Reaktions-Diffusions-Systems (siehe Kapitel 8) entstehen.

Lyapunov-Exponenten, Information und Dimensionen

Die Lyapunov-Exponenten sind mit der Entropie und der Dimensionalität eines dissipativen Systems eng verknüpft. Die Entropie beschreibt gleichsam die Information, die über ein dynamisches System gegeben werden kann. Wie bei der Besprechung der generalisierten Dimensionen im vorangegangenen Abschnitt (4.5) wollen wir uns den n-dimensionalen Phasenraum in N Zellen der Größe ϵ unterteilt denken. Die Wahrscheinlichkeit, den Phasenpunkt zur Zeit t_1 in einer bestimmten Zelle Z_1 zu finden, ist dann P_1; zur Zeit t_2 ist die Wahrscheinlichkeit, den Phasenpunkt in Z_2 anzutreffen, P_2 usw. Die Information, die benötigt wird, um das System in einer bestimmten Zelle Z_m mit der Genauigkeit ϵ zu lokalisieren, ist

$$I_m(\epsilon) = \sum_{i=1}^{m} P_i \log P_i \tag{4.25}$$

und die damit verknüpfte Entropie ist

$$S_m(\epsilon) = -\sum_{i=1}^{m} P_i \log P_i. \tag{4.26}$$

Der Verlust an Information über das System zwischen zwei Zeitpunkten t_j und t_{j+1} ist damit $I_j - I_{j+1}$, die Zunahme an Entropie ist $S_{j+1} - S_j$. Die sogenannte *Kolmogoroff-Entropie* K beschreibt die durchschnittliche Entropiezunahme während der zeitlichen Entwicklung des dynamischen Systems:

$$K = \lim_{\epsilon \to 0} \lim_{N \to \infty} \frac{1}{N} \sum_{j=1}^{N} (S_{j+1} - S_j) \tag{4.27}$$

Diese Kolmogoroff-Entropie ist in eindimensionalen Abbildungen wie der logistischen Abbildung (siehe Exkurs 4.2) mit dem Lyapunov-Exponenten des eindimensionalen Systems identisch. In höherdimensionalen Systemen ist K gleich der – mit der Dichte der Datenpunkte auf dem Attraktor gewichteten – Summe der positiven Lyapunov-Exponenten. Die positiven Lyapunov-Exponenten beschreiben also direkt den Verlust an Information in einem chaotischen System. Anschaulich bedeutet dies, daß es wegen der Empfindlichkeit des seltsamen Attraktors gegenüber seinen Anfangsbedingungen unmöglich ist, die Vorgeschichte eines chaotischen Systems aus seinem gegenwärtigen Zustand abzuleiten: Nach einer gewissen Zeit geht alle Information über das System verloren.

Nach dem über Lyapunov-Exponenten und Informationsdimension Gesagten ist es nicht überraschend, daß zwischen den beiden ein Zusammenhang besteht. Ein strenger mathematischer Beweis dafür steht allerdings bislang noch aus! Nach Kaplan und Yorke definiert man die *Lyapunov-Dimension* eines Attraktors D_{L} nach:

$$D_{\mathrm{L}} = k + \sum_{i=1}^{k} \frac{\lambda_i}{|\lambda_{k+1}|} \tag{4.28}$$

Diese Gleichung drückt die sogenannte *Kaplan-Yorke-Vermutung* aus. Hier ist k eine ganze Zahl, die aus der Bedingung $\sum_i^k \lambda_i \geq 0$ und $\sum_i^{k+1} \lambda_i < 0$ folgt. Man summiert also die Lyapunov-Exponenten beim größten Exponenten λ_1 beginnend solange, bis die Summe gerade negativ wird. Die Anzahl der Exponenten, die man summiert hat, ist dann $k + 1$. Für einen seltsamen Attraktor ist k mindestens gleich Zwei, weil hier ein Lyapunov-Exponent positiv und ein weiterer Null ist. Der gebrochene Term in Gleichung (4.28) führt (bei Chaos) schließlich zu einer fraktalen Lyapunov-Dimension. Die Informationsdimension ist kleiner oder – meist – gleich der Lyapunov-Dimension. Aus der Kaplan-Yorke-Vermutung folgt also, daß ein seltsamer Attraktor eine Informationsdimension besitzen sollte, die fraktal und größer als Zwei ist.

Für Chaos in der BZ-Reaktion (bei kleiner Flußrate; Abschnitt 3.3) findet man zum Beispiel die folgenden numerisch approximierten Lyapunov-Exponenten: $\lambda_1 = 0,012$, $\lambda_2 = -0,0021$ und $\lambda_3 = -0,045$. Die Summe der ersten beiden Exponenten ist positiv ($\lambda_1 + \lambda_2 = 9,9 \times 10^{-3}$); die Summe aus allen drei Exponenten ist negativ ($-0,0351$). Damit ist $k = 2$; der „fraktale Teil“ ist nach Gleichung 4.28 $9.9 \times 10^{-3}/|-0,045| = 0.22$. Für die Lyapunov-Dimension von Chaos in der BZ-Reaktion erhält man damit $D_L \approx 2.22$.

Numerische Berechnung von Lyapunov-Exponenten

Bei der praktischen Berechnung der Lyapunov-Exponenten eines Attraktors ergeben sich eine Reihe von Schwierigkeiten:

- Wegen der exponentiellen Divergenz oder Konvergenz der Anfangsvektoren in (4.24) ergeben sich nach kurzer Zeit sehr große oder verschwindend kleine Zahlen, die auf dem Computer nicht mehr darstellbar sind.
- Das obengenannte Problem wird durch die begrenzte numerische Genauigkeit von Digitalrechnern noch verschärft.
- Die Trajektorien in der unmittelbaren Umgebung der Orbits eines Attraktors (seine Tangenten) sind nicht bekannt; man kennt allenfalls benachbarte Orbits desselben Attraktors.
- Auf dem Attraktor liegen in Richtung der Divergenz meist genügend Datenpunkte für eine numerische Analyse; in Richtung der Konvergenz findet man dagegen weniger Punkte (die meisten Meßpunkte liegen hier auf der Trajektorie selbst), so daß numerische Werte für die negativen Lyapunov-Exponenten nur ungenau ermittelt werden können.

Eine relativ einfache Methode, den größten Lyapunov-Exponenten (der ja im Fall von deterministischen Chaos positiv sein muß) für einen rekonstruierten

Attraktor zu berechnen, wurde von Wolf, Swift, Swinney und Vastano vorgeschlagen. Man nennt dieses Verfahren auch *WSSV-Methode.* Zunächst wird ein Referenzpunkt auf dem Attraktor gesucht. Ein zweiter Punkt, der auf einem benachbarten Orbit liegt und vom Referenzpunkt durch einen – möglichst kleinen – Abstandsvektor $\mathbf{L}$ getrennt ist, wird ebenfalls markiert. Die Suche nach einem geeigneten Punktepaar ist dabei oftmals problematisch, da beide Punkte nicht auf demselben Orbit liegen dürfen und experimentelles Rauschen in den Daten die Grenze zwischen nahe benachbarten Orbits verschwimmen läßt. Hat man aber ein Punktepaar gefunden, so kann man die zeitliche Entwicklung des Abstandsvektors zwischen den beiden Punkten verfolgen. Man benutzt also bei der WSSV-Methode statt der unbekannten Tangenten einfach nahe beieinanderliegende Orbits des Attraktors. Um numerische Überlaufprobleme zu vermeiden, bricht man die Entwicklung des Abstandsvektors ab, sobald seine Länge einen vorgewählten Schwellenwert überschreitet. Nun sucht man für den auf dem Attraktor weitergewanderten Referenzpunkt einen neuen Partner, mit dem die Prozedur wiederholt wird. Der neue Punkt soll dabei möglichst in derselben Richtung wie sein Vorgänger liegen. Nachdem man M Abstandsvektoren beobachtet und dann durch neue ersetzt hat, kann man den größten Lyapunov-Exponent $\lambda_{\max}$ nach

$$\lambda_{\max} = \frac{1}{N\,\Delta t} \sum_{j=1}^{M} \log \frac{|\mathbf{L}_j'|}{|\mathbf{L}_j|} \tag{4.29}$$

berechnen, wobei $|\mathbf{L}_j'|$ die Länge des Abstandsvektors mit der Länge $|\mathbf{L}_j|$ nach seiner Entwicklung, d.h. nach Überschreiten des Schwellenwertes, ist. N ist die Zahl der Attraktorpunkte in der gesamten Sequenz, die in einem zeitlichen Abstand Δt aufeinanderfolgen. Das Verfahren wird solange wiederholt, bis $\lambda_{\max}$ gegen einen konstanten Wert konvergiert; M ist also nicht a priori bekannt, sondern man muß einen ausreichend großen, geeigneten Wert finden. Grundsätzlich kann man alle Lyapunov-Exponenten nach diesem Verfahren berechnen; allerdings wird es bei mehr als einem Abstandsvektor sehr kompliziert und unpraktisch. Bei Attraktoren, die aus experimentellen Zeitreihen rekonstruiert wurden, gibt es aufgrund statistischer Fluktuationen und begrenzter Meßgenauigkeit praktisch immer Bereiche, in denen die Abstandsvektoren wachsen. Deshalb liefert die WSSV-Methode oftmals einen – falschen – positiven Lyapunov-Exponenten, auch wenn der zugrundeliegende Attraktor einer (verrauschten) periodischen Dynamik entspricht. Zudem hängen die numerischen Werte für $\lambda_{\max}$ stark von Parametern wie dem Schwellenwert für $|\mathbf{L}|$ oder den Kriterien für den neuen Punkt ab. Aus diesen Gründen muß man die Resultate der WSSV-Prozedur mit

Vorbehalt interpretieren. Für die Analyse chemischer Attraktoren ist die Methode nicht generell zu empfehlen.

Eine alternative Methode, die das Spektrum aller Lyapunov-Exponenten liefert, stammt von Sano und Sawada (*SS-Methode*). Sie zeichnet sich gegenüber der WSSV-Methode durch größere numerische Stabilität aus, benutzt jedoch wie diese benachbarte Orbits des Attraktors als Näherung für die unbekannten Tangenten. In der Umgebung eines Referenzpunktes sucht man bei der SS-Methode nach N Punkten, die innerhalb einer (Hyper-)Kugel mit Radius ϵ um den Referenzpunkt liegen. Auf diese Weise erhält man N Abstandsvektoren $\mathbf{y}_1, \cdots \mathbf{y}_N$ zwischen dem Referenzpunkt und seinen Nachbarpunkten. Nach einer gewissen Zeit τ haben sich die ursprünglichen Abstandsvektoren zu anderen Vektoren $\mathbf{z}_1, \cdots \mathbf{z}_N$ entwickelt. Die zeitliche Entwicklung der Abstandsvektoren kann als

$$\mathbf{z} = \mathsf{A}_j\, \mathbf{y} \tag{4.30}$$

geschrieben werden. Die Matrix A_j wird aus den Startvektoren y_i und den Endvektoren z_i durch Minimierung der Fehlerquadrate sozusagen empirisch berechnet. Sie enthält alle Information über Konvergenz und Divergenz von Orbits in der Umgebung desjenigen Orbits, auf dem der Referenzpunkt liegt. Die Lyapunov-Exponenten können aus A_j nach

$$\lambda_i = \lim_{N\to\infty} \frac{1}{N\,\tau} \sum_{j=1}^{N} \log |\mathsf{A}_j\, \mathbf{e}_i^j| \tag{4.31}$$

berechnet werden. Die Vektoren $\mathbf{e}_i^j$ bilden eine orthonormale Basis (d. h. sie bilden ein Koordinatensystem, dessen Achsen aufeinander senkrecht stehen), die durch die Methode der Gram-Schmidt-Reorthonormalisierung in festen Zeitintervallen erneuert wird. Die Details der Methode können im Rahmen dieses Textes nicht ausgeführt werden, in der Literaturliste finden sich die entsprechenden Referenzen.

Literatur

- Fourier-Transformation: W.H. Press, B.P. Flannery, S.A. Teukolsky, W.T. Vetterling *Numerical Recipes* (Kapitel 12), Cambridge University Press (1990).

- Attraktorrekonstruktion: D.S. Broomhead and G.P. King, Physica *20D*, 217 (1986); F. Takens, in *Lecture Notes in Mathematics* 898 Springer: Berlin, 1981.

- Dimensionsanalyse: P. Grassberger and I. Procaccia, Physica *9D*, 189 (1983); A. Renyi, *Probability Theory* North Holland: Amsterdam, 1970; W. Van de Water and P. Schram, Phys. Rev. Lett. *37*, 3118 (1988); R. Badii and A. Politi, Phys. Rev. Lett. *52*, 1661 (1984).

- Lyapunov-Exponenten: A. Wolf, J.B. Swift, H.L. Swinney and J.A. Vastano, Physica *16D*, 285 (1985); M. Sano and Y. Sawada, Phys. Rev. Lett *55*, 1082 (1985), Th.M. Kruel, M. Eiswirth and F.W. Schneider, Physica *63D*, 117 (1993).

5 Chaoskontrolle

Deterministisches Chaos ist charakterisiert durch seine extreme Empfindlichkeit gegenüber den kleinsten Störungen. Diese Eigenschaft kann man ausnutzen, um das Chaos trotz seiner Unvorhersagbarkeit relativ leicht zu kontrollieren, d. h. in eine periodische Bewegung zu überführen. Der Nutzen ist groß: chaotisch schwingende Laser können zum Beispiel stabilisiert und dadurch ihre Intensität verstärkt werden. Kleine Ursachen zeigen im Chaos große Wirkungen: Ein chaotischer Attraktor ist leicht verformbar und durch geeignete äußere Einwirkungen wandelbar in eine schier unendliche Vielfalt von dynamischen Zuständen.

Die notwendigen Bedingungen für deterministisches Chaos ist das Vorhandensein von nichtlinearen Termen in den Geschwindigkeitsgleichungen, während die hinreichenden Bedingungen für Chaos nicht bekannt sind. Daher kann deterministisches Chaos nicht analytisch sondern nur numerisch auf dem Computer erzeugt werden. Die Eigenschaften eines seltsamen Attraktors sind bekannt (siehe Abschnitt 2.6): seine Dimension ist fraktal, die Durchstoßpunkte im Poincaré-Schnitt bilden eine fraktale Punktmenge, die eindimensionale Abbildung zeigt meistens ein Extremum und der maximale Lyapunov-Exponent ist positiv. Ein positiver maximaler Lyapunov-Exponent bedeutet, daß die Bahnen im Mittel divergieren, wie in Abschnitt 4.6 dargelegt. Die Divergenz deutet auf die Existenz von instabilen periodischen Bahnen (UPO: engl. *unstable periodic orbit*) hin, die in dem chaotischen Attraktor enthalten sind. Die Zahl der Bahnen ist in einem chaotischen Attraktor im Prinzip unbegrenzt. Im Experiment kann man natürlich nur eine endliche Anzahl von Meßpunkten aufnehmen. Deshalb wird man in experimentellen seltsamen Attraktoren nur eine begrenzte Zahl von instabilen periodischen Bahnen vorfinden. Die Frage stellt sich nun, wie man die instabilen periodischen Bahnen stabilisieren kann. Man kann sich die Stabilisierung eines UPOs in Analogie zum Balancieren eines Stockes auf der Handfläche vorstellen. Durch die geringsten aber gezielten Bewegungen der Handfläche wird erreicht, daß der Stock in der instabilen senkrechten Position stehen bleibt. Zur Chaoskontrolle gibt es mindestens zwei einfache Methoden, die auf experimentelle chaotische Attraktoren anwendbar sind. Der gemeinsame Vorteil dieser Methoden ist es, daß eine Kenntnis des zugrundeliegenden chemischen Mechanismus oder mathematischen Modells nicht notwendig ist.

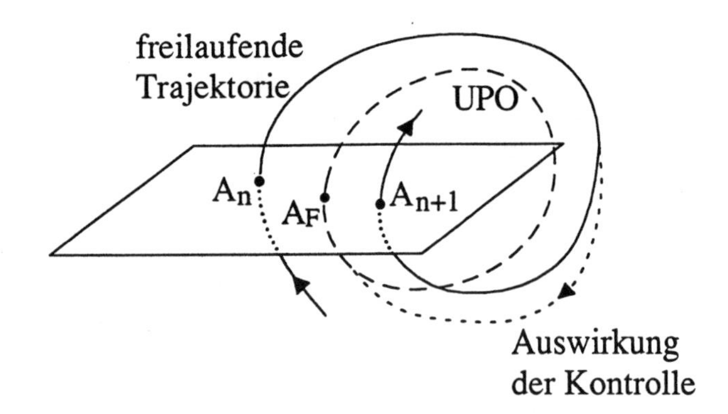

5.1 Schnitt einer herausgegriffenen chaotischen Trajektorie mit der Poincaré-Ebene. Der aktuelle Durchstoßpunkt A_n der Trajektorie wird in Aufwärtsrichtung durchlaufen. Der nächste Durchstoßpunkt A_{n+1} wird so korrigiert, daß er mit dem zu stabilisierenden Punkt A_F des UPO zusammenfällt. Die Auswirkung der Kontrolle ist gestrichelt gezeichnet.

5.1 Die Methode nach Ott, Grebogi und Yorke (OGY)

Zur Illustration betrachten wir den Umlauf einer beliebigen Trajektorie eines seltsamen Attraktors (Abbildung 5.1). Die Poincaré-Ebene, die durch den Attraktor gelegt wird, enthält die Durchstoßpunkte der freilaufenden Trajektorie in Aufwärts- und Abwärtsrichtung. Da benachbarte Bahnen im Mittel divergieren, ist ein aktueller Durchstoßpunkt A_n der Trajektorie mit der Lage ihres nächsten Durchstoßpunktes A_{n+1} nicht identisch. Gingen alle gleichgerichteten Durchstoßpunkte durch denselben Punkt, dann läge eine periodische Bewegung vor. Wenn sich A_n zufällig in unmittelbarer Nachbarschaft des zu stabilisierenden Fixpunktes A_F einer bestimmten instabilen periodischen Bahn befindet, kann man nach OGY eine kleine „Kurskorrektur" von kurzer Dauer so anbringen, daß der nächste Durchstoßpunkt A_{n+1} veranlaßt wird, ebenfalls durch A_F zu laufen. Durch die wiederholte Einwirkung der kleinen Korrektur hat man somit eine chaotische Bewegung in eine periodische verwandelt.

Zur Illustration betrachten wir den Spezialfall eines niederdimensionalen Systems, in dem der zu stabilisierende P1-Grenzzyklus eine anziehende (stabile) und eine abstoßende (instabile) Richtung besitzt. Diese beiden Richtungen bezeichnet man auch als stabile und instabile *Mannigfaltigkeiten*. Dies bedeutet, daß sich der zu stabilisierende Fixpunkt wie ein Sattelpunkt A_S im Poincaré-Schnitt verhält (Abbildung 5.2). Ein solcher Sattelpunkt zieht die Durchstoßpunkte in einer Richtung an und stößt sie in der anderen Richtung ab. Startet also

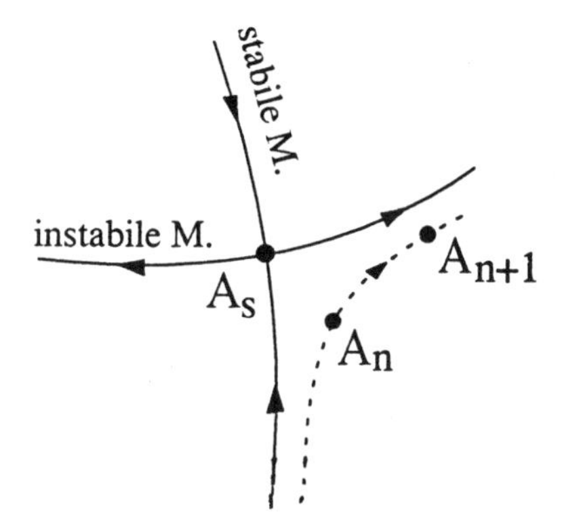

5.2 Instabile und stabile Mannigfaltigkeiten um einen Sattelpunkt A_S ohne Chaoskontrolle. Ein beliebiger Punkt A_n einer Trajektorie erscheint beim nächsten Umlauf auf der gestrichelten Kurve. Er bewegt sich vom Sattelpunkt weg.

eine Bahn irgendwo auf der stabilen Mannigfaltigkeit, dann bleibt sie auf der stabilen Mannigfaltigkeit und bewegt sich exponentiell auf den Sattelpunkt A_S zu. Dagegen werden alle Bahnen, die auf der instabilen Mannigfaltigkeit beginnen, sich exponentiell von A_S entfernen. Ein beliebiger Punkt A_n in Abbildung 5.2 wird bei seinem nächsten Umlauf auf der gestrichelten Kurve bei A_{n+1} liegen. Wird die Chaoskontrolle aktiviert, dann wird der Punkt A_s geringfügig nach A_s' verschoben (Abbildung 5.3). Jetzt befindet sich das System im Wirkungsgebiet des neuen „Fadenkreuzes" um A_s', in dem es beim nächsten Umlauf gezielt in den neuen Punkt A_{n+1} übergeht. Der Kontrollpuls wird so gewählt, daß der Punkt A_{n+1} auf der stabilen Mannigfaltigkeit des alten Fadenkreuzes (ohne Kontrolle) zu liegen kommt. Bei den darauffolgenden Umläufen wird sich die Bahn auf der stabilen Mannigfaltigkeit dem Fixpunkt A_S exponentiell nähern. Auf diese Weise ist die vorher instabile Bahn (UPO) stabilisiert worden, da das System teils durch die Kontrolle und teils durch seine eigene Dynamik veranlaßt wurde, in den Punkt A_S zu laufen. Der Kontrollprozeß wird ständig wiederholt mit dem Resultat, daß aus einer chaotischen Bewegung eine periodische geworden ist; eine *Chaoskontrolle* hat somit stattgefunden. Es ist zu erwarten, daß ein hoher experimenteller Rauschpegel den Effekt der Kontrolle zunichte macht. In diesem Fall müßte die Stabilisierung mehrere Male pro Umlauf angewandt werden, wozu die Kenntnis von mehreren gegeneinander geneigten Poincaré-Schnitten notwendig ist.

Für niederdimensionales Chaos in der BZ-Reaktion kann die OGY-Kontrolle vereinfacht werden, indem man anstatt des Poincaré-Schnittes die eindimensionale Abbildung benutzt. In der eindimensionalen Abbildung werden aufeinanderfolgende Durchstoßpunkte gegeneinander aufgetragen. Es entsteht eine Punktekurve, die von der Winkelhalbierenden im Fixpunkt A_F geschnitten wird

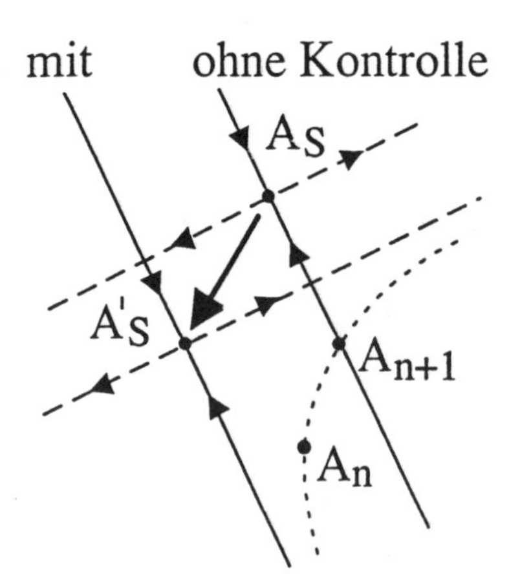

5.3 Instabile und stabile Mannigfaltigkeiten mit und ohne Chaoskontrolle zum Vergleich. Zur Erläuterung siehe Text.

(Abbildung 5.4). Am Fixpunkt gilt $A_n = A_{n+1}$. Läuft das System bei jedem Umlauf durch diesen Punkt, dann oszilliert es periodisch. Allerdings ist dieser Fixpunkt und die dazugehörige periodische Bahn P1 in Abwesenheit einer Chaoskontrolle instabil, d. h. der Fixpunkt wird sofort verlassen, wenn die Kontrolle aussetzt. Das System wird sich also in Abwesenheit einer Chaoskontrolle von A_F wegbewegen. Die Chaoskontrolle soll natürlich dieses Weglaufen vom Fixpunkt verhindern. Die Chaoskontrolle besteht aus der Aktivierung einer kleinen Störfunktion Δk_f , die dem Bifurkationsparameter (Flußrate) pulsartig aufgeprägt wird. Die Störfunktion ist im allgemeinen linear, d. h. sie ist proportional zum Abstand $d\,(A_n, A_F)$ zwischen dem aktuellen Punkt A_n und dem gewünschten Systemzustand A_F multipliziert mit einer Proportionalitätskonstanten f: $\Delta k_f = d\,(A_n, A_F)\,f$. Die Chaoskontrolle wird dann aktiviert, wenn sich ein aktueller Punkt A_n in der Nähe von A_F befindet. Im Moment des Einschaltens der linearen Kontrolle wird die eindimensionale Abbildung analog zum Poincaré-Schnitt verschoben. Diese Verschiebung wird über die Proportionalitätskonstante so eingestellt, daß der nächste Umlaufpunkt nach dem Abschalten der Kontrolle möglichst nahe an A_F zu liegen kommt. Die Chaoskontrolle bewirkt also, daß sich das System durch kleine äußere Korrekturen immer mehr dem Fixpunkt nähert. Hier sieht man wiederum, daß die chaotische Bewegung durch kleine Kontrollsignale leicht in eine periodische Bahn überführt werden kann, die solange periodisch bleibt, wie der Kontrollvorgang einwirkt. Die vereinfachte OGY Methode kann auch zur Stabilisierung von höheren periodischen Bahnen dienen, indem man die entsprechenden eindimensionalen Abbildungen dafür erzeugt. Zum Beispiel benutzt man zur Stabilisierung eines P2 Zustandes eine eindimensionale Abbildung, in der man A_n gegen A_{n+2} abträgt. Der

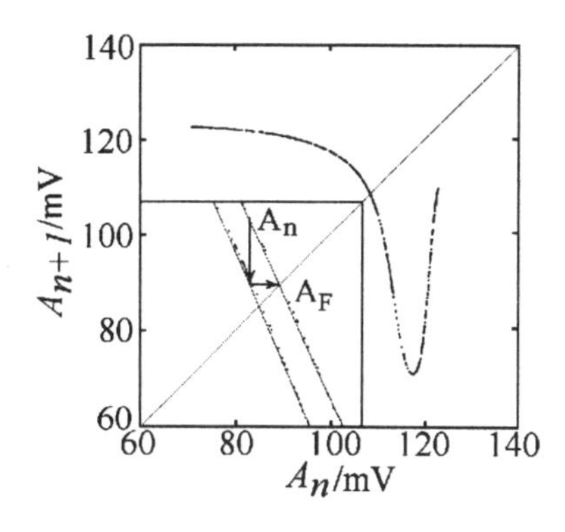

5.4 Stark vergrößerter Ausschnitt einer eindimensionalen Abbildung ohne und mit linearer Chaoskontrolle. Der aktuelle Punkt A_n wird durch die Chaoskontrolle in Richtung des Pfeils verschoben. Nach dem Kontrollpuls bewegt er sich auf den Fixpunkt A_F zu (im Montanator-Modell berechnet von Pertov et al., Nature **361** 240 (1993)).

Schnittpunkt der Diagonalen mit der experimentellen Kurve dieser Abbildung entspricht dem Fixpunkt für einen P2-Umlauf.

Als experimentelles Beispiel sei die nach der vereinfachten OGY-Methode erfolgte Chaoskontrolle in der BZ-Reaktion beschrieben. Bekannterweise zeigt die BZ-Reaktion niederdimensionales Chaos bei niedriger Flußgeschwindigkeit. Die chaotische Zeitreihe wird über das Potential einer Bromid-Elektrode gemessen. Während der Messung der Zeitserie muß der on-line-Computer die eindimensionale Abbildung des chaotischen Attraktors mit den ihm zur Verfügung stehenden Daten berechnen (Abbildung 5.4).

Statt der eindimensionalen Abbildung wird oft die äquivalente *Abbildung der nächsten Amplituden* (engl. *next amplitude map*) benutzt. Bei der letzteren wird der maximale Ausschlag der Konzentration in einer Zeitreihe gegen den nächsten maximalen Wert aufgetragen. Der Fixpunkt A_F wird als Kreuzungspunkt zwischen der Kurve und der Diagonalen bestimmt. Je länger die Messung dauert, desto mehr Daten akkumulieren und desto genauer wird die Bestimmung des Fixpunktes des zu stabilisierenden Grenzzyklus. Die Chaoskontrolle beginnt erst, wenn ein experimenteller Punkt zufällig in der Nähe des Fixpunktes A_F erscheint. Der Computer berechnet momentan die Größe des Korrekturterms Δk_f, der das System beim nächsten Umlauf näher zum Fixpunkt bringt. Dieser Korrekturterm wurde als eine kurze Änderung der Flußrate der Bromatlösung auf die Linearpumpen gegeben ($\sim$ 15 s Dauer), während die Flußraten der Ce^{3+}- und der Malonsäurelösungen konstant gehalten wurden. Die bei jedem Umlauf stattfindende Korrektur hat zur Folge, daß das System sich dem Fixpunkt sukzessive nähert und schließlich dort verweilt. Die erfolgreiche Chaoskontrolle ist in der experimentellen Zeitreihe (Abbildung 5.5; nach Petrov el al.) klar ersicht-

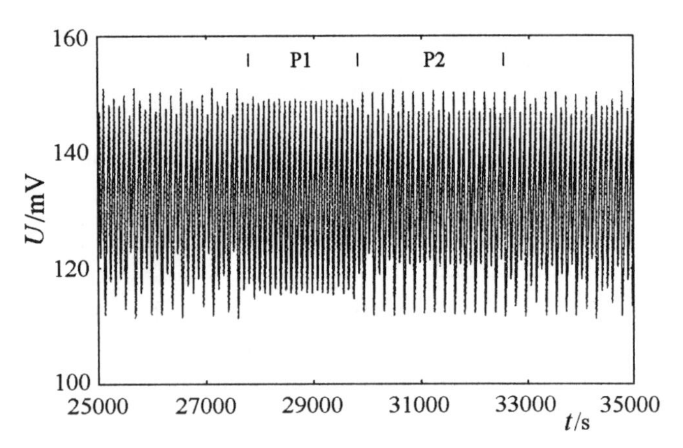

5.5 Potential der Bromidelektrode als Funktion der Zeit in der BZ-Reaktion (nach Petrov et al.). Die Chaoskontrolle zur Stabilisierung von P1- und P2-Zuständen wirkt jeweils zwischen den entsprechenden Markierungen.

lich. Hier wirkte die Kontrollfunktion zur Stabilisierung einer P1-Oszillation (ein Maximum pro Periode) zwischen $t = 27\,800$ s und $t = 29\,500$ s. Eine P2-Oszillation (zwei Maxima pro Periode) konnte ebenfalls stabilisiert werden. Nach dem Ausschalten der Chaoskontrolle kehrt die Reaktion wieder in ihren chaotischen Bereich zurück.

Bei der experimentellen Anwendung der OGY Methode ist eine ständige Computeranalyse des reagierenden Systems parallel zu den Messungen notwendig, da jeder Punkt in der eindimensionalen Abbildung individuell berechnet werden muß. Es gibt eine Reihe von Modifikationen der OGY-Methode, die zum Beispiel die Benutzung von nicht-linearen Korrekturfunktionen mit Hilfe von neuronalen Netzen miteinschließen. Eine nichtlineare Störfunktion kann im Prinzip in beliebiger Entfernung vom Fixpunkt angebracht werden, wozu jedoch die vorherige Kenntnis des Poincaré-Schnittes der gesamten eindimensionalen Abbildung notwendig ist. Das Anbringen einer einzelnen Korrektur pro Umlauf genügt oftmals nicht, einen UPO zu stabilisieren, wenn das experimentelle Rauschen relativ groß ist. In diesem Fall geht die Korrektur im Rauschen unter. Experimentell noch günstiger als eine multiple Korrektur ist es, für verrauschte Systeme eine kontinuierliche Kontrollmethode zu benutzen.

5.2 Die Methode nach Pyragas

Eine kontinuierliche Chaoskontrolle wurde von Pyragas vorgeschlagen. Sie besteht aus einer zeitverzögerten Rückkopplung , wobei die Zeitverzögerung identisch mit der Periodendauer des zu stabilisierenden UPO ist. Man kann sich die kontinuierliche Methode aus der diskontinuierlichen OGY-Methode entstanden denken. Bei erfolgter Kontrolle ist jeder einzelne Umlauf in der OGY Methode gleich der Länge einer stabilisierten Periode. Dies bedeutet, daß eine lineare Einzelkorrektur nur dann greift, wenn sich das System in der Nähe des Fixpunktes befindet. Genauso ist es mit der kontinuierlichen Methode: Eine lineare Korrektur ist nur dann effektiv, wenn die Differenz zwischen der tatsächlichen Konzentration und der um die P1-Periode zeitverzögerten früheren Konzentration klein ist. Nach sukzessiven kontrollierten Umläufen kommt man immer näher an den zu stabilisierenden UPO. Ist der UPO schließlich stabilisiert, dann ist das Kontrollsignal als Differenz zwischen zeitverzögerter und tatsächlicher Konzentration fast gleich Null. Dieser Sachverhalt kann in einer Rückkopplungsfunktion $F(t, \tau)$ ausgedrückt werden. $F(t, \tau)$ ist der Differenz zwischen einem zeitverzögerten Signal $y(t - \tau)$ und dem tatsächlichen Signal $y(t)$ proportional:

$$F(t, \tau) = K[y(t - \tau) - y(t)] = KD(t, \tau) \tag{5.1}$$

Hier ist y eine zeitabhängige Konzentration einer relevanten Spezies, τ ist die Verzögerungszeit, welche der Periode des zu stabilisierenden UPO gleichgesetzt wird, $D(t, \tau)$ ist die Differenz zwischen dem zeitverzögerten und dem tatsächlichen Signal und K ist eine Proportionalitätskonstante, nämlich die zu wählende Rückkopplungsstärke. Der über die Zeit gemittelte Wert von D^2 wird auch als Dispersion bezeichnet.

Ist der zu stabilisierende UPO a priori bekannt, dann kann anstatt $y(t - \tau)$ auch die Trajektorie $y_{\text{UPO}}(t)$ des instabilen Orbits selbst zur kontinuierlichen Kontrolle benutzt werden. Die Kontrollfunktion $F(t)$ wird dann

$$F(t) = K[y_{\text{UPO}}(t) - y(t)] = KD(t). \tag{5.2}$$

Zur Unterscheidung von der rückgekoppelten Pyragas-Methode (5.1) wird die Methode (5.2) auch als *externe* Pyragas-Methode bezeichnet.

Experimentelle Beispiele von kontinuierlich durch zeitverzögerte Rückkopplung kontrolliertem Chaos sind die BZ-Reaktion und die enzymatische PO-Reaktion. In der PO-Reaktion wird ein chaotischer Zustand in einem CSTR (Abschnitt 3.1) über die O_2-Konzentration und O_2-Fließgeschwindigkeit k_0 (im

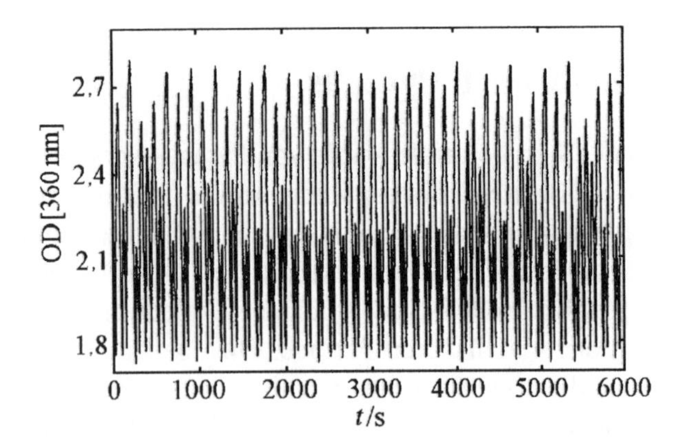

5.6 Kontinuierliche Chaoskontrolle nach Pyragas in der PO-Reaktion: Absorption von NADH bei 360 nm als Funktion der Zeit. Zur Stabilisierung des P2-Zustandes mit einer Periodendauer von 140 s wurde die Kontrolle bei 2000 s mit $\tau = 140$ s eingeschaltet und bei 4000 s wieder abgestellt.

nichtkontrollierten Zustand) erzeugt. Die Chaoskontrolle geschieht hier über eine zusätzliche Modulation der O_2-Flußgeschwindigkeit gemäß $k = k_0 + F(t,\tau)$, wobei sich $F(t,\tau)$ auf das modulierte Hereinfließen von gasförmigem Sauerstoff bezieht. Im Experiment wurde die Chaoskontrolle nach 2000 s mit einer Verzögerungszeit von $\tau = 140$ s und einer Kopplungsstärke von $K = 0{,}3\,\mathrm{ml}^2\,\mathrm{mol}^{-1}\mathrm{s}^{-1}$ eingeschaltet (Abbildung 5.6). Der Wert von τ für einen P2-Zustand wurde aus dem chaotischen Fourierspektrum in erster Näherung erhalten. Nach einer Transienzzeit von $\sim$ 100 s ergab sich ein stabilisierter P2-Zustand der Periode 140 s. Wird die Kontrolle abgeschaltet (bei 4000 s), kehrt die chemische Reaktion wieder in ihren vorigen chaotischen Zustand zurück. Während der Kontrolle wird die zeitgemittelte Dispersion D^2 von 0,078 (Chaos) auf 0,01 (P2-Zustand) reduziert. Man erkennt, daß der mit der SVD Methode rekonstruierte experimentelle chaotische Attraktor den Attraktor des stabilisierten P2-Zustandes (Abbildung 5.7) enthält. Ein P3-Zustand konnte ebenfalls stabilisiert werden. Mit einer elektrischen Chaoskontrolle gelang es mit Hilfe einer eingebauten Pt-Arbeitselektrode, alle Zustände P1, P2 und P3 experimentell zu stabilisieren. Daß es sich um stabilisierte UPOs und nicht um neu erzeugte dynamische Zustände handelt, sieht man anhand von verschiedenen Faktoren: Die Dispersion D^2 zeigt ein stark ausgeprägtes Minimum; die Zeitverzögerung τ entspricht der Periode des stabilisierten UPO und der stabilisierte Attraktor ist im seltsamen Attraktor topologisch eingebettet. Es sei jedoch darauf hingewiesen, daß es sich bei allen Methoden der Chaoskontrolle um Näherungsmethoden handelt, da es für das de-

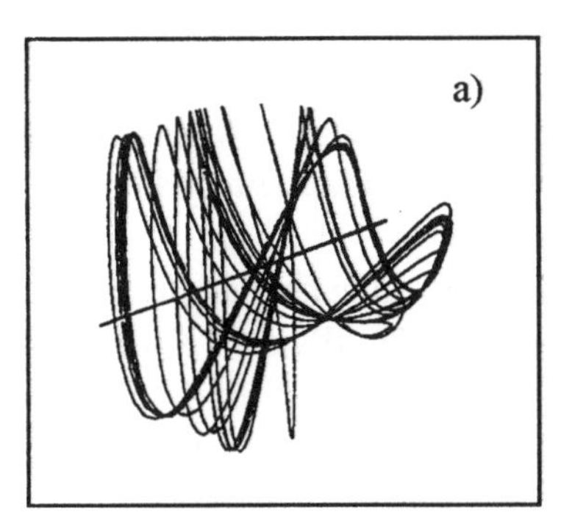

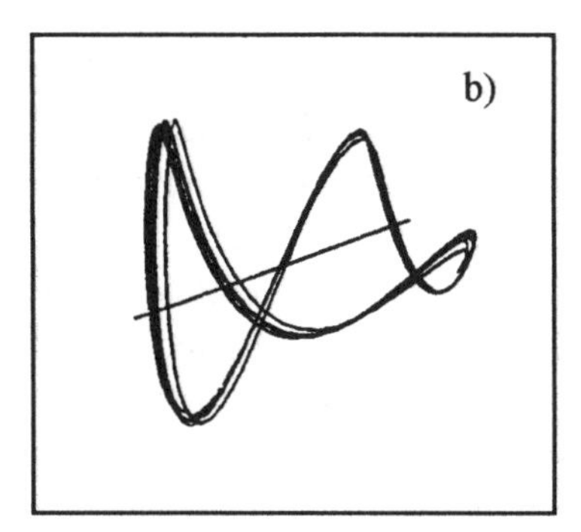

5.7 a) Chaotischer Attraktor der PO-Reaktion: Die ersten drei Dimensionen des nach der SVD-Methode rekonstruierten experimentellen Attraktors sind gezeigt. b) Attraktor des nach der Pyragas-Methode stabilisierten P2-Zustandes. Man sieht, daß der P2-Attraktor im chaotischen Attraktor (a) enthalten ist.

terministische Chaos keine analytische Lösung gibt. In Modellsimulationen wird $F(t, \tau)$ (oder $F(t)$) als ein additiver Term in die Geschwindigkeitsgleichungen miteinbezogen.

Die Methoden nach OGY und Pyragas erlauben es also, durch zielgerichtete Störungen UPOs im seltsamen Attraktor zu stabilisieren. Die Kontrollfunktion strebt im kontrollierten Zustand stets gegen Null. Für beliebige Werte der Kopplungsstärke und der Verzögerungszeit kann die Kontrollfunktion jedoch relativ groß werden. Dies ist ein Anzeichen dafür, daß neue dynamische Zustände entstanden sind, wie man durch numerische Modellrechnungen zeigen kann.

5.3 Andere Methoden

Es gibt eine Reihe weiterer Methoden, chaotische Trajektorien zu kontrollieren. Zielgerichtete Störungsverfahren (wie die OGY- und Pyragas-Methoden) werden benutzt, um ausgewählte UPOs (Eigenzustände) des Systems zu stabilisieren. Hier benutzt man eine additive Störfunktion, die so beschaffen sein muß, daß bei erfolgter Kontrolle die Differenz zwischen der Zieldynamik und der erhaltenen Dynamik verschwindend klein wird. Die Synchronisation einer komplexen Störfunktion mit dem nichtlinearen System geschieht hier über nichtlineare Resonanzen . Die OGY-Methode wird zum Beispiel effizienter, wenn man zur Berechnung der notwendigen Störung nicht nur den linearen Bereich, sondern die gesamte eindimensionale Abbildung heranzieht. Dabei ist ein schnelles und genaues Interpolationsverfahren notwendig, das auf einem künstlichen neuronalen Netz beruhen kann.

Man kann auch eine einfache periodische Störung auf das chaotische System analog zum Fall eines periodisch getriebenen Oszillators (Kapitel 6) einwirken lassen und dadurch gegebenenfalls einen UPO stabilisieren. Eine einfache periodische Störfunktion ist nicht zielorientiert, da sie im allgemeinen keinen bestimmten dynamischen Zielzustand im Auge hat. Benutzt man als Störfunktion eine Linearkombination mehrerer geeigneter Sinusschwingungen, so kann ein UPO durch Resonanz (Abschnitt 6.2) leichter als mit nur einer Störfrequenz stabilisiert werden. Wenn die Frequenz der Störfunktion von der Hauptfrequenz des UPO stark abweicht, dann kann eine Fülle von neuen dynamischen Zuständen – wie beim Anlegen einer großen Kontrollfunktion – entstehen.

Literatur

- OGY-Methode: E. Ott, C. Grebogi, J.A. Yorke *Phys. Rev. Lett.* **64**, 1196 (1990).
- Pyragas-Methode: K. Pyragas, Phys. Lett. *A 170*, 421 (1992).
- Experimente: V. Petrov, V. Gáspár, J. Masere, K. Showalter *Nature* **361**, 240 (1993).
- F.W. Schneider, R. Blittersdorf, A. Förster, T. Hauck, D. Lebender, J. Müller *J. Phys. Chem.* **97** 12244 (1993).
- Andere Methoden: D. Lebender, J. Müller, F.W. Schneider *J. Phys. Chem.* **99**, 4992 (1995).
- B. Hübinger, R. Doerner, W. Martienssen *Z. Phys. B* **90** 103 (1993).

6 Getriebene chemische Oszillatoren

Unter einem getriebenen Oszillator versteht man ein System, dessen Bifurkationsparameter oder Variable von außen in definierter Weise beeinflußt wird. Warum ist es notwendig, das dynamische Verhalten von getriebenen chemischen Oszillatoren zu untersuchen? Die belebte Natur gibt es eine Vielzahl von getriebenen periodischen Prozessen, wie zum Beispiel die ubiquitären circadianischen Rhythmen, die vom Tag- und Nachtzyklus der Sonne getrieben werden. Bei periodisch getriebenen chemischen Reaktionen kann sogar in bestimmten Fällen im Mittel mehr Produkt als etwa im stationären Zustand entstehen. Es stellt sich die Frage, welche Gesetzmäßigkeiten all diesen getriebenen Prozessen zugrunde liegen.

In diesem Kapitel soll zunächst die einfachste Form eines extern getriebenen chemischen Oszillators besprochen werden, nämlich die Störung eines chemischen Oszillators durch einen einzelnen Störpuls. Sie führt zur Bestimmung der Phasenverschiebungskurve des Oszillators. Wird ein chemischer Oszillator iterativ mit Einzelpulsen getrieben, so kann daraus das Verhalten des kontinuierlich getriebenen Oszillators vorhergesagt werden. Wenn man einen nichtlinearen Oszillator periodisch treibt, dann kann er in einer sehr differenzierten Weise antworten: entweder zeigt er eine periodische, quasiperiodische und/oder chaotische Synchronisation. Der Brüsselator wird uns wieder als Prototyp für einen periodisch getriebenen Oszillator dienen, dessen Verhalten auch typisch für experimentelle Systeme ist. Ein sich selbst treibender chemischer Oszillator ist ein rückgekoppelter Oszillator. Die Rückkopplung kann mit oder ohne Zeitverzögerung geschehen und ebenfalls zu vielen neuen dynamischen Zuständen Anlaß geben.

6.1 Einzelpulsstörung: Phasenverschiebungskurven

Wenn ein autonomer chemischer Oszillator durch einen Einzelpuls kurzzeitig gestört wird, dann kann die Störung der Konzentration oder der Flußrate eine Phasenverschiebung des Oszillators bewirken. Dabei hängt die Größe der Phasenverschiebung vom Zeitpunkt der Störung, also von der Phase ab, bei der der

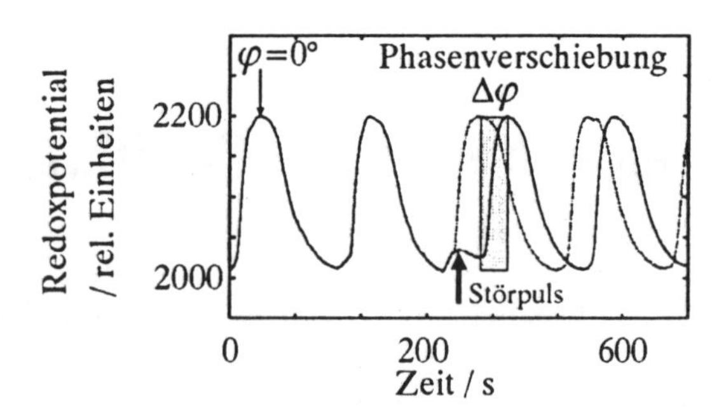

6.1 Zeitreihe der Ce^{4+}-Konzentration in der BZ-Reaktion bei einer Einzelpulsstörung bei $\varphi = 0,72$. Die Oszillationen nach der Störung sind gegenüber den ursprünglichen Oszillationen phasenverzögert $\Delta\varphi > 0$.

Einzelpuls angebracht wird. Dieser Sachverhalt wird quantitativ durch die sogenannte Phasenverschiebungskurve ausgedrückt. In einem typischen Experiment wird ein CSTR benutzt, in dem z. B. die BZ-Reaktion im oszillierenden P1-Zustand abläuft. Zur Einzelpulsstörung kann eine Br^- oder Ag^+-Lösung in den CSTR „titriert" werden. Im folgenden Experiment wird der Einzelpuls jedoch in Form eines elektrischen Pulses von niedriger Spannung und Sekundendauer auf eine Arbeitselektrode, die aus einem dünnen Pt-Blech besteht, gegeben. Das Redoxpotential der Lösung, das hauptsächlich das Konzentrationsverhältnis von Ce^{4+} und Ce^{3+} wiedergibt, wird über Pt- gegen Ag/AgCl-Elektroden kontinuierlich gemessen. Die dabei resultierende Zeitreihe (Abbildung 6.1) und Phasenverschiebungskurve (Abbildung 6.2) zeigt ein für viele Oszillatoren charakteristisches Verhalten.

Im Experiment wurde der Phasenwinkel $\varphi = 0^\circ$ im jeweiligen Maximum einer Oszillation arbiträr festgelegt (Abbildung 6.1). Nach einem bei $\varphi = 0$ angelegten elektrischen Puls erscheint das Maximum der folgenden Oszillation zeitlich etwas früher als für den freilaufenden Oszillator. Die Differenz zwischen der alten und der neuen Phase wird als Phasenverschiebung $\Delta\varphi$ bezeichnet. Die Phasenverschiebung in Abbildung 6.1 entspricht einer Phasenverzögerung (positive Phasenverschiebung), d. h. $\Delta\varphi > 0$. Wird zum Beispiel ein Puls bei einem Phasenwinkel von $\varphi \approx 20^\circ$ angelegt, dann ist kein Einfluß auf die Phasenverschiebung der Oszillation zu beobachten, d. h. $\Delta\varphi = 0$. Bei $\varphi \approx 270^\circ$ ist die Wechselwirkung des Pulses mit der chemischen Oszillation maximal, und es wird eine maximale Phasenverzögerung (positive Phasenverschiebung) von

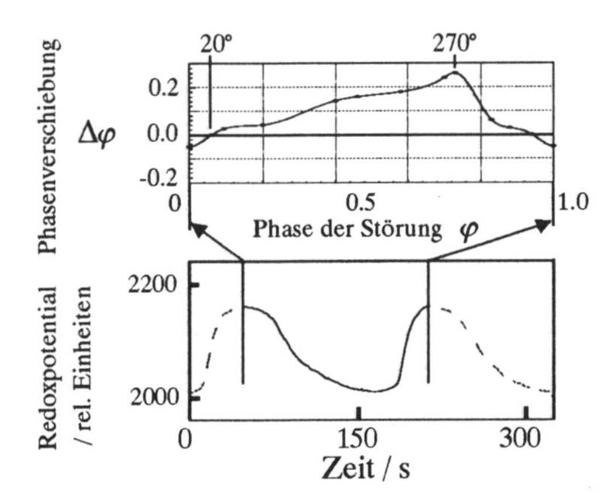

6.2 Phasenverschiebungskurve einer BZ-Oszillation: Volumen des CSTR: 4,7 ml. Reaktorkonzentrationen: 0,05 M Malonsäure, 0,05 M $KBrO_3$, $1,0 \times 10^{-3}$M $Ce(SO_4)_2$ und 1,5 M H_2SO_4; $k_f = 10^{-3}s^{-1}$; $T = 25,0$°C. Ein elektrischer Einzelpuls von 1,4 V Spannung und einer Dauer von 5 s wird auf eine Pt-Arbeitselektrode (2,3 cm^2 Oberfläche) gegeben.

$\Delta\varphi \approx 0,2$ unter den gegebenen Konzentrationsbedingungen gemessen. Große Störamplituden erzeugen im allgemeinen große Phasenverschiebungen. Eine Erklärung für die Form der Phasenverschiebungskurve kann auf der Basis des Montanator-Modells (Abschnitt 3.4.1) der BZ-Reaktion gegeben werden unter der Annahme, daß beim Spannungspuls an der Redoxelektrode das veränderte Ce^{4+}/Ce^{3+}-Konzentrationsverhältnis die Hauptursache für die Phasenverschiebung ist. Andere ablaufende Redoxprozesse, welche die Bromspezies verschiedener Oxidationsstufen betreffen, spielen eine relativ untergeordnete dynamische Rolle in der BZ-Reaktion. Dagegen sind in der minimalen Bromat-Reaktion die Konzentrationsänderungen der Brom-Spezies während der Pulsdauer von entscheidender Bedeutung, während Änderungen im Konzentrationsverhältnis von Ce^{4+} und Ce^{3+} dynamisch weniger wichtig sind (siehe Abschnitt 3.4.2), da Ce^{4+} als Reaktionsprodukt hier nicht unmittelbar in die Reaktion eingreift.

Es gibt je nach Reaktionstyp verschiedene Arten von Phasenverschiebungskurven, deren Diskussion der Spezialliteratur vorbehalten ist. Es ist nun naheliegend, anstatt mit Einzelpulsen mit einer Pulssequenz periodisch zu stören. Damit kann das Verhalten eines kontinuierlich getriebenen Oszillators über die Methode der iterierten Phasenverschiebungskurven vorhergesagt werden. Dieser Sachverhalt soll hier nicht weiter erörtert werden, da kontinuierlich getriebene Oszillatoren experimentell leicht zugänglich geworden sind (siehe Abschnitt 6.3).

Für viele Flugreisende führt der beim Flug über mehrere Zeitzonen entstehende „Jet-Lag“ (Phasenverschiebung der inneren biologischen Uhr bezüglich des aktuellen Sonnenstandes) zu Ermüdungserscheinungen. Wäre die Phasenverschiebungskurve des Menschen bekannt, dann ließe sich hoffen, daß der Jet-Lag im Prinzip durch eine gezielte intensive Lichteinwirkung bei einer bestimmten Phase vermindert werden könnte.

6.2 Der getriebene Brüsselator

Zur späteren Diskussion von gekoppelten Oszillatoren (Kapitel 7) liefert der periodisch getriebene Oszillator des Brüsselators eine ausgezeichnete Basis. Wir betrachten uns deshalb diese Form der Kopplung zwischen zwei Oszillatoren, wobei der treibende Oszillator eine einfache Sinusfunktion darstellt. Die sinusförmige Störung wird dem nichtlinearen Brüsselator aufgeprägt. Der Mechanismus des Brüsselators wurde bereits in Kapitel 2 beschrieben (2.8). Die Differentialgleichungen für den getriebenen Brüsselator lauten:

$$\begin{aligned} \frac{dX}{d\tau} &= A - (B+1)\,X + X^2 Y + \alpha\cos(\omega_p\,\tau) \\ \frac{dY}{d\tau} &= B\,X - X^2 Y \end{aligned} \tag{6.1}$$

wobei α die Amplitude der sinusförmigen Störung und ω_p die Störfrequenz bedeutet. Der Term $\alpha\cos(\omega_p\,\tau)$ wird als *Störterm* bezeichnet. Der getriebene Brüsselator, der in der Literatur ausführlich beschrieben wurde, zeigt eine Reihe von Phänomenen, die man ebenso in chemischen Oszillatoren findet. Die wichtigsten dynamischen Zustände werden im folgenden und in der Abbildung 6.3 beschrieben.

Synchronisation

Der einfachste dynamische Zustand eines getriebenen Oszillators ist der synchronisierte Zustand. Er wird stets bei genügend starker Kopplung erreicht. Synchronisation bedeutet Gleichtakt, d.h. die beiden Oszillationen schwingen mit gleicher Phase; ihre Phasendifferenz ist daher gleich Null. Sind die beiden Oszillatoren im Gegentakt, dann ist ihre Phasendifferenz gleich einer halben Schwingungsperiode oder $\Delta\varphi = 180^\circ$. Wenn die Frequenzen des treibenden und des getriebenen Oszillators genügend verschieden sind, kann das Oszillatorsystem entweder synchron in einem ganzzahligen Verhältnis der beiden Frequenzen schwingen oder es entstehen quasiperiodische Oszillationen (vergleiche Abschnitt 2.6). Während sich im allgemeinen die Synchronisation auf die Frequenz bezieht, nimmt die Resonanz – die im folgenden Abschnitt behandelt wird – auf die Antwortamplitude des Systems Bezug. Man kann die Synchronisation verschiedener Ordnung durch die Beziehung

$$\frac{l}{k}\,\omega_p \approx \omega_0 \tag{6.2}$$

beschreiben, wobei die annähernde Gleicheit für einen mehr oder weniger breiten Bereich der Synchronisation gilt. Hier ist ω_p die Störfrequenz und ω_0 ist die natürliche Frequenz des ungestörten Oszillators. Der Bruch l/k gibt die Ordnung der Synchronisation an, wobei l und k beliebige ganze Zahlen sind. Der Fall $l = 1$ und $k = 1$ wird beispielsweise als fundamentale Synchronisation erster Ordnung bezeichnet. Man kennt jedoch komplexere Synchronisationsmuster; zum Beispiel spricht man von einer superharmonischen (d. h. $l > k$) Synchronisation zweiter Ordnung, wenn $l = 2$ und $k = 1$ oder einer subharmonischen ($k > l$) Synchronisation der Ordnung Einhalb, wenn $l = 1$ und $k = 2$ ist.

Resonanz

Ein getriebener Oszillator kann auch das Phänomen der Resonanz zeigen. In der klassischen Mechanik spricht man von Resonanz, wenn ein gedämpft schwingendes System (z. B. ein Pendel) von außen zu erzwungenen Schwingungen angeregt wird und die Anregungsfrequenz gleich der autonomen Frequenz des Resonators ist. In diesem Fall geht die Schwingungsamplitude des angeregten Systems durch ein Maximum und seine Phase hinkt hinter der Phase des Anregers her. Ein mit einer periodischen Störung getriebener autonomer Oszillator kann auch eine Art von Resonanz zeigen, die einer Fourier-Komponenten zuzuordnen ist, deren Amplitudenkoeffizient bei einer Variation der Störfrequenz durch ein Maximum geht. Der getriebene Oszillator antwortet etwa mit einer Zeitserie der Variablen X, die in einer Fourier-Reihe entwickelt werden kann gemäß (siehe Abschnitt 4.1)

$$X(t) = \sum_{l=1}^{\infty} F_{l/k}\, e^{-i\,\frac{l}{k}\,\omega_p\, t}, \tag{6.3}$$

wobei $F_{l/k}$ eine Fourierkomponente und l/k die Ordnung der Synchronisation bedeutet. Trägt man die Fourierkomponente einer bestimmten Ordnung gegen die Störfrequenz ω_p auf, dann ergibt sich ein Maximum. In diesem Sinne kann man – analog zur klassischen Mechanik – von einer Resonanz der Fourierkomponente $F_{l/k}$ sprechen.

Quasiperiodizität

Außerhalb des Bereichs der Synchronisation findet man quasiperiodisches Verhalten, dessen Grundfrequenzen (natürliche Frequenz und Störfrequenz) in einem inkommensuraten Verhältnis zueinander stehen (Abschnitte 2.6 und 3.3). Im Fourierspektrum können Kombinationsbande der Art $n\,\omega_0 \pm m\,\omega_p$ für quasiperiodisches wie auch für modengekoppeltes (hier sind beide Frequenzen kommensurat) Verhalten auftreten, wobei die Spektren für Quasiperiodiziät komplexer als die für gefaltete Grenzzyklen der modengekoppelten Bewegung sind.

Chaos

In begrenzten Regionen des Phasendiagramms kann es beim getriebenen System deterministisch chaotische Bereiche geben, die von sogenannten periodischen Fenstern unterbrochen sind. Die periodischen Fenster entsprechen modengekoppelten Bewegungen, deren Abfolge einer *universellen Sequenz* gehorchen können, die wir bei der Besprechung des Chaos in der autonomen (d. h. nicht gestörten) BZ-Reaktion in Abschnitt 3.3 kennengelernt haben. Siehe hierzu auch den Exkurs 4.2 *Die logistische Abbildung*.

Kritische Verlangsamung

Das Phänomen der kritischen Verlangsamung tritt an Verzweigungspunkten auf. In der Nähe eines Verzweigungspunktes werden die Transienzzeiten beim Übergang von einem dynamischen Zustand zum anderen sehr lang. Der Grund hierfür ist die Tatsache, daß einer der Eigenwerte der Jacobi-Matrix des Systems gegen Null strebt. Dadurch wird die Attraktoreigenschaft, Trajektorien aus der Umgebung an sich zu ziehen, abgeschwächt. Eine kleine Störung klingt dann

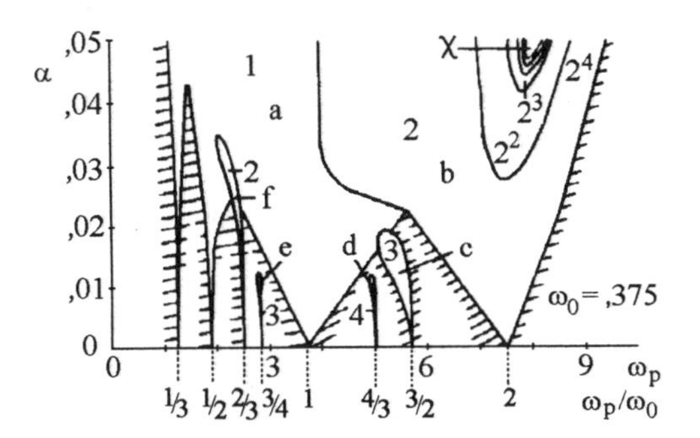

6.3 Phasendiagramm des Brüsselators: Abtragung der Störamplitude α gegen die reduzierte Störfrequenz ω_p/ω_0, wobei ω_0 die (dimensionslose) Frequenz des autonomen Oszillators ($\omega_0 = 0,375$ für A = 0,4 und B = 1,2) ist. Die Buchstaben bezeichnen die verschiedenen dynamischen Bereiche (siehe Text); in den schraffierten Bereichen findet man quasiperiodische Oszillationen. Die Zahlen geben die Ordnungen der Synchronisation an und Chaos wird mit χ bezeichnet

nicht mehr exponentiell sondern nach einer geometrischen Reihe in t langsam ab. Allerdings ist der Effekt der kritischen Verlangsamung in Experimenten, die mit Rauschen behaftet sind, weniger stark ausgeprägt, da ein Bifurkationspunkt durch das Rauschen in einen Bifurkationsbereich aufgeweitet wird. Dabei ergibt sich eine statistische Verteilung von Transienzzeiten, bei denen die kürzeste im System dominiert. Die kritische Verlangsamung wurde experimentell und in Modellen, z. B. in der Nähe einer Hopf-Bifurkation, einer Sattel-Knotenbifurkation, einer sekundären Hopf-Bifurkation und in einer einfachen Autokatalyse im CSTR beobachtet. Sie verhält sich wie ein kinetischer Puffer, d. h. das System reagiert auf niederfrequente Störungen ($\omega_p \to 0$) während Störungen hoher Frequenz das System nicht beeinflussen.

Phasendiagramm des Brüsselators

Wenn man einen nichtlinearen Oszillator periodisch stört und die Störamplitude α gegen die Störfrequenz ω_p aufträgt, erhält man ein sogenanntes *Phasendiagramm* des nichtlinearen Oszillators, das in Abbildung 6.3 für das Brüsselatormodell dargestellt ist. Dieses Phasendiagramm zeigt folgende Bereiche:

1. Bereiche der Synchronisation, die durch ganze Zahlen k gekennzeichnet sind, wobei k gleich der Periodizität der gestörten Oszillationen ist. Zum Beispiel ist die Ordnung der Synchronisation 1 (a) und 1/2 (b).

2. *Arnoldsche Zungen* (Synchronisation) der Ordnung 2/3 (c), 3/4 (d), 4/3 (e) und 3/2 (f).

3. Quasiperiodizität (schattierte Bereiche)

4. deterministisches Chaos χ, das durch Periodenverdopplung (Periode 2 $\rightarrow$ 4 $\rightarrow$ 8 etc.) erreicht wird.

5. Kritische Verlangsamung. Die kritische Verlangsamung ist zum Beispiel an der Phasengrenze zwischen Synchronisation und Quasiperiodizität in numerischen Berechnungen zu beobachten. Hier findet man, daß ein bei einer kleinen Änderung von ω_p (oder α) induzierter Übergang vom synchronisierten zum quasiperiodischen Zustand stark verlangsamt wird. Dies bedeutet, daß die Transienzzeit für das Erreichen des neuen Attraktors in der Nähe eines Bifurkationspunktes außerordentlich lang werden kann.

Die im getriebenen Brüsselator vorkommenden Zustände sind generisch, d.h. sie treten allgemein in nichtlinearen chemischen Oszillatoren auf, wie es im nächsten Abschnitt für die PO-Reaktion gezeigt wird.

6.3 Experimente mit getriebenen chemischen Oszillatoren

Die im getriebenen Brüsselator (Abschnitt 6.2) erzeugten dynamischen Zustände (periodische und quasiperiodische Synchronisation, Chaos, Arnoldsche Zungen) sind erfreulicherweise alle im Experiment beobachtet worden. Ein interessantes experimentelles Beispiel bietet die enzymkatalysierte PO-Reaktion im Flußrührreaktor (zum Mechanismus siehe Abschnitt 3.4.4). Das Phasendiagramm der periodisch getriebenen PO-Reaktion wird in Abbildung 6.4 gezeigt.

In der PO-Reaktion werden mehrere Synchronisationsbereiche verschiedener Ordnungen l/k (1/1, 1/2 und 1/3) beobachtet. Farey-geordnete (siehe Abschnitte 2.6 und 3.3) Arnoldsche Zungen treten mit den Ordnungen 3/2, 4/5, 3/4 und 2/3 auf. Zum Beispiel wird zwischen den Arnoldschen Zungen der reduzierten Frequenzen 1/2 und 1/1 eine Arnoldsche Zunge der reduzierten Frequenz 2/3 beobachtet, die gemäß der Farey-Arithmetik ($1/2 \oplus 1/1 = 2/3$) entstanden ist. Bei relativ kleinen Störamplituden beobachtet man zusätzlich ein quasiperiodisches

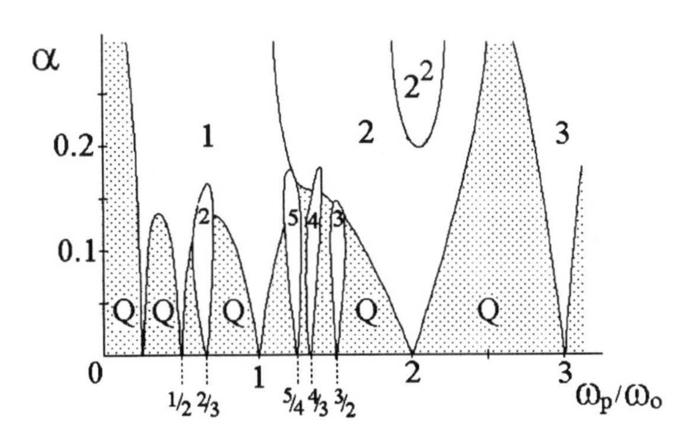

6.4 Phasendiagramm des getriebenen PO-Oszillators bei $6,2\% O_2$ im O_2/N_2-Gasgemisch. Volumen des CSTR: 4,3 ml; Konzentrationen im Zulauf: 25 E/ml PO, 2 E/ml DH, $1,5 \times 10^{-3}$NAD$^+$ und 25×10^{-3} M G6P. Simultane Messung von NADH (optisch bei 360 nm), Compound III (bei 418 nm) und O_2-Konzentration; Meßfrequenz 1 Hz. Periodische Variation des O_2-Flusses über zwei Gasflußregler. Die Störamplitude kann nicht beliebig groß gewählt werden, da eine dadurch entstehende negative Flußrate physikalisch nicht sinnvoll ist. Zwischen Reaktionslösung und Gasphase (2,0 ml Gasvolumen) findet ein reversibler O_2-Austausch durch die Flüssigkeitsoberfläche statt.

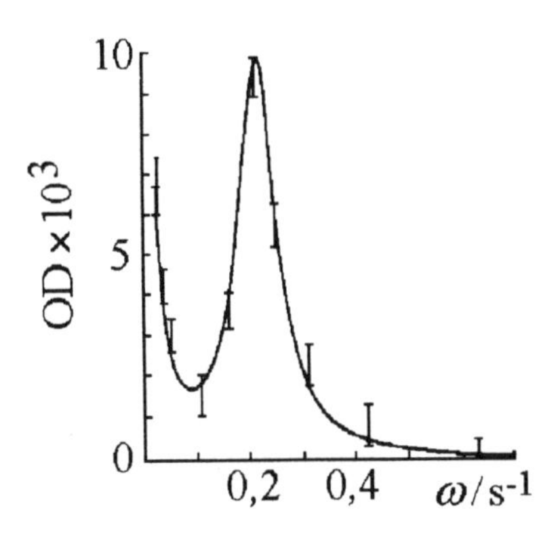

6.5 Chemische Resonanz eines Fokus bei der BZ-Reaktion. Abtragung des Quadrats der Antwortamplitude gegen die Störfrequenz der Flußrate im CSTR. Bei der Resonanzfrequenz ist die Antwortamplitude des Fokus maximal.

Antwortverhalten. Eine Periodenverdopplungsroute beginnt bei einer reduzierten Frequenz von etwa Zwei. Aufgrund einer technisch bedingten Begrenzung der Störamplitude konnte die Periodenverdopplungsroute nicht bis ins Chaos weiterverfolgt werden. Somit ist bereits ersichtlich, daß das experimentell bestimmte Phasendiagramm für die PO-Reaktion eine große Ähnlichkeit mit dem für den getriebenen Brüsselator berechneten Phasendiagramm besitzt. Diese Ähnlichkeit gilt ebenfalls für den Methylenblau-Sulfid-Sauerstoff-Oszillator (diese Reaktion wird uns in Kapitel 8 begegnen), für den enzymatischen Glykolyse-Oszillator und den BZ-Oszillator.

6.4 Ein getriebener Fokus: Normale und stochastische Resonanz

Im Vergleich mit dem in den Abschnitten 6.2 und 6.3 behandelten getriebenen Grenzzyklus wollen wir hier einen periodisch getriebenen Fokus betrachten. Wird ein Fokus mit einem Einzelpuls gestört, so antwortet das System mit einer gedämpften Schwingung, die zum stationären Zustand abklingt. Für eine gedämpfte Schwingung besitzt die Jacobi-Matrix am stationären Zustand des Systems *komplexe* Eigenwerte mit negativem Realteil (Abschnitt 2.5). Man sollte also für einen Fokus ähnliche Phänomene (wie z. B. die Phasenverschiebung) wie für einen – ungedämpft oszillierenden – Grenzzyklus erwarten. Dies trifft bei der chemischen Resonanz zu. Eine chemische Resonanzkurve wird analog zur mechanischen Resonanz gemessen, indem man einen Fokus sinusförmig stört und das Quadrat der Antwortamplitude des chemischen Systems als Funktion der Störfrequenz abträgt (Abbildung 6.5.). Dies ist analog zu einer Fouriertransformation von der Zeit- in die Frequenzdomäne. Dabei muß die Störamplitude klein sein, d.h. die Störung darf z. B. den Hopfbifurkationspunkt nicht überschreiten. Die Resonanzkurve besitzt annähernd die Form einer Lorentzkurve und kann in Analogie zur Spektroskopie als das „Energiespektrum“ des chemischen Fokus bezeichnet werden. Eine chemische Resonanzkurve kann auch durch die Einwirkung von *weißem* Rauschen auf den Fokus in einem einzigen Experiment gemessen werden. Weißes Rauschen enthält analog zu weißem Licht ein breites Spektrum unterschiedlicher Frequenzen. Ein solches Verfahren wird als *Multiplexverfahren* bezeichnet. Bei diesem Verfahren prägt man statistisches (weißes) Rauschen von großer Frequenzbreite auf einen Parameter wie z. B. die Flußrate auf und mißt die Systemantwort üer eine Zeitreihe. Aus dem Energiespektrum (siehe Abschnitt 4.1) dieser Zeitreihe erhält man die Resonanzkurve des Fokus.

Allerdings ist hierzu eine große Zahl von Meßpunkten notwendig. Das Maximum der Resonanzkurve ergibt die Resonanzfrequenz, während die Halbwertsbreite annähernd gleich der doppelten Dämpfungskonstante ist, aus welcher man die Abklingzeit der gedämpften Schwingung direkt berechnen kann. Streng gelten diese Zusammenhänge nur für hinreichend kleine Störungen des Fokus, da es sich bei chemischen Reaktionen um nichtlineare Systeme handelt, bei denen bei größeren Störungen Phänomene höherer Ordnung in den Vordergrund treten, wie wir gleich sehen werden.

Wird der Fokus mit einem Einzelpuls gestört, der das System über eine subkritische Hopfbifurkation treibt, dann zeigt das System das Phänomen der Erregbarkeit. Dies bedeutet, daß eine große Störamplitude das System über die Hopfbifurkation hinweg in den periodischen Bereich des Grenzzyklus anregt. Als Folge einer einzelnen Hin- und Rücküberquerung der Hopf-Bifurkation beobachtet man einen einzelnen (großen) Antwortpuls (*Spike*), der im Aussehen bei der BZ-Reaktion an die Form eines neuronalen Aktionspotentials erinnert. Der nächste Spike kann erst dann wieder auftreten, wenn das System die gesamte Bahn des Grenzzyklus durchlaufen hat. Dies ist der Grund für das Auftreten einer Refraktärzeit. Während der Refraktärzeit bleiben externe Störungen wirkungslos. Die Erregbarkeit des Fokus ist auch deshalb interessant, weil eine kleine Fluktuation in der Lage sein kann, einen „großen“ Spike zu erzeugen, wenn sich das reagierende chemische System nur nahe genug an der Hopfbifurkation befindet. Hier verhält sich die Hopfbifurkation wie eine „Schwelle“ : unterschwellige Störungen klingen mit einer gedämpften Schwingung ab und überschwellige Störungen ergeben ein relativ großes Einzelsignal, einen Spike.

Stochastische Resonanz

Das experimentelle Rauschen wirkt sich normalerweise störend auf die Genauigkeit einer Messung aus. Daß das Rauschen sogar einen positiven Einfluß auf das Signal-zu-Rausch-Verhältnis einer Messung haben kann, zeigt das Phänomen der stochastischen Resonanz. Zur Messung der stochastischen Resonanz muß die chemische Reaktion über eine definierte Schwelle getrieben werden. Die Schwelle kann zum Beispiel eine subkritische Hopf-Bifurkation oder eine Separatrix in einem bistabilen Bereich sein. Im ersten Fall wählt man einen Fokus in der Nähe einer Hopf-Bifurkation. Man moduliert nun den Fokus mit einem periodischen Signal (z. B. durch Variation der Flußrate), das allein jedoch zu schwach

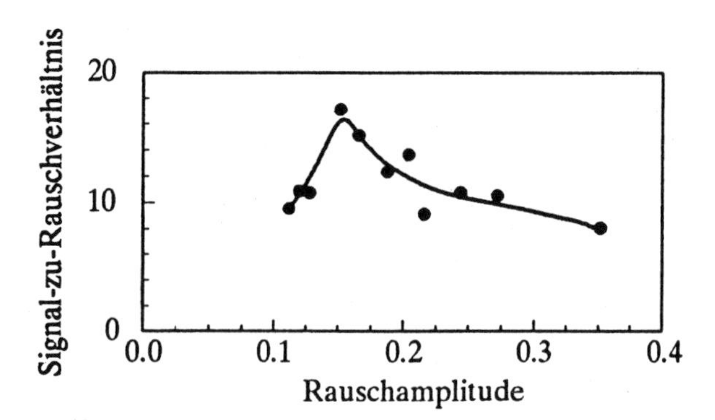

6.6 Stochastische Resonanz in der BZ-Reaktion: Das Signal-zu-Rausch-Verhältnis ist für eine bestimmte Amplitude der aufgeprägten statistischen Fluktuationen optimal.

ist, um das System über die Hopf-Bifurkation anzuregen. Fügt man nun statistisches Rauschen hinzu, dann kann es sein, daß einzelne Fluktuationen zusammen mit dem Signal das System über seine Schwelle treiben. Dabei ist das Rauschen allein nicht in der Lage, eine Überquerung der Schwelle herbeizuführen. Bei jeder Überquerung der Barriere antwortet das System mit einem Spike großer Amplitude, der einer Einzelschwingung im oszillierenden Bereich entspricht. Dabei erscheinen die Überquerungen und damit die Spikes zunächst in einer unregelmäßigen Folge. Wird nun der externe Rauschpegel erhöht, dann erscheinen die Spikes regelmäßiger. Bei einem optimalen Rauschpegel ist der Abstand der Spikes gleich der Periode des schwachen Signals. Dieser optimale Rauschpegel kann quantitativ bestimmt werden, indem man das Signal-zu-Rausch-Verhältnis bei der Signalfrequenz gegen den Rauschpegel abträgt und das Maximum in der Kurve abliest. Dieses Maximum entspricht der stochastischen Resonanz bei einem optimalen Rauschpegel. Bei einer weiteren Erhöhung des Rauschpegels erscheinen die Spikes in kürzeren zeitlichen Abständen und das zu detektierende periodische Signal verschwindet. Die stochastische Resonanz ist in chemischen Systemen in der BZ-Reaktion (Abbildung 6.6), im MB-Oszillator und in der PO-Reaktion nachgewiesen worden. Bei der Messung der stochastischen Resonanz in der BZ-Reaktion wurde im CSTR-Experiment die Flußgeschwindigkeit als Bifurkationsparameter gewählt, die so eingestellt wurde, daß sich die Reaktion in einem Fokus befand. Als Rauschpegel wurden statistische Veränderungen der Fließgeschwindigkeit benutzt, die einer mittleren Fließgeschwindigkeit von einem on-line-Computer aufgeprägt wurden. Die erzeugten Spikes der BZ-Reaktion wurde mit Hilfe von bromidselektiven Elektroden registriert und digital

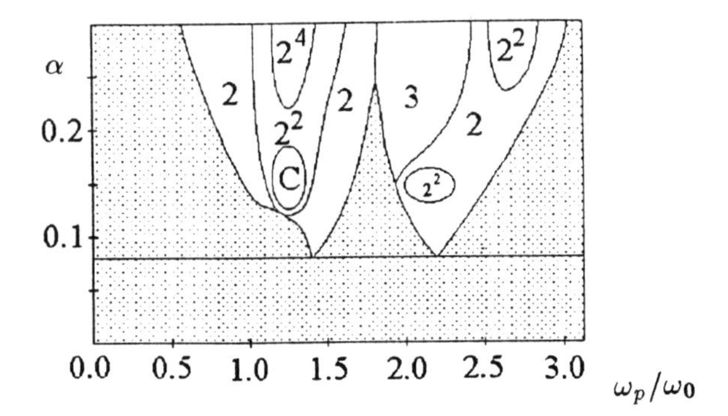

6.7 Experimentelles Resonanzdiagramm eines periodisch getriebenen Fokus in der PO-Reaktion (siehe Text).

gespeichert. Die stochastische Resonanz kann entweder über die Fourierspektren oder über die Histogramme der Spikezahlen als Funktion des Rauschpegels bestimmt werden.

6.5 Das Resonanzdiagramm

Für große sinusförmige Störungen eines Fokus läßt sich ein Resonanzdiagramm erstellen, das Ähnlichkeit mit den Bifurkationsdiagrammen eines getriebenen nichtlinearen Oszillators hat. Allerdings werden im Resonanzdiagramm eines Fokus wegen der Dämpfung seiner Eigenschwingungen keine quasiperiodischen Zustände beobachtet. Im folgenden wollen wir dies am Resonanzdiagramm eines Fokus der PO-Reaktion verdeutlichen (Abbildung 6.7). Zur Bestimmung des Resonanzdiagramms wird die sinusförmige Störung dem O_2-Fluß im Fokus der PO-Reaktion aufgeprägt. Der Fokus wird so gewählt, daß er sich in unmittelbarer Nähe einer subkritischen Hopf-Bifurkation befindet. Das Antwortverhalten wird in Abhängigkeit von der Störamplitude und der reduzierten Störfrequenz ω_{red}, wobei $\omega_{\text{red}} = \omega_p/\omega_0$, ω_p die Störfrequenz und ω_0 die fokale Resonanzfrequenz ist, aufgezeichnet. Für kleine Störamplituden ($\alpha < 8\%$) der Flußrate findet man ausschließlich das erwartete Resonanzverhalten (siehe Abschnitt 6.4) der einfachen Resonanzkurven. Beim Überschreiten eines Schwellenwertes, der angenähert durch den Hopf-Bifurkationspunkt gegeben ist (siehe die gestrichelte Linie in Abbildung 6.7), beobachtet man, daß die Perioden der Antwort-Oszillationen ein ganzzahliges Vielfaches der Störperiode aufweisen.

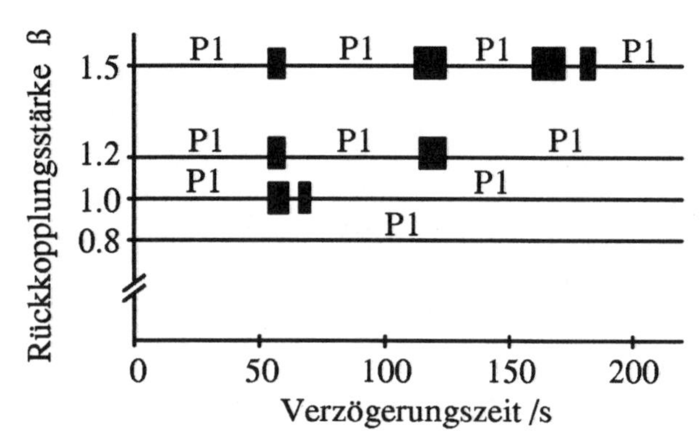

6.8 Dynamisches Verhalten der rückgekoppelten BZ-Reaktion im autonomen P1-Zustand. Alle Chaosbereiche (dunkel) werden über eine Periodenverdopplung erreicht und über die Universelle Sequenz verlassen. Für kleine Rückkopplungsstärken $\beta < 0,8$ beobachtet man nur periodisches Verhalten (P1).

Zwischen den Werten 0,75 und 1,70 für ω_{red} erhält man eine subharmonische Resonanz sowie eine Periodenverdopplung bis zu P8-Oszillationen ($T_{\text{red}} = 2^4$). Bei $\alpha = 15\%$ und $\omega_{\text{red}} = 1,25$ ergeben sich aperiodische Zeitserien, die über ihr breitbandiges Fourierspektrum, ihre Attraktorkonstruktion und fraktale Dimension als deterministisches Chaos identifiziert werden können. Bei größeren Störamplituden zeigt das Fourierspektrum sogar drei Resonanzfrequenzen, die nach höheren Frequenzen verschoben sind. Diese Resonanzfrequenzen können der subharmonischen, der fundamentalen Resonanz und ihrem ersten Oberton zugeordnet werden. Alle diese Phänomene entstehen aufgrund der nichtlinearen Dynamik der PO-Reaktion.

6.6 Rückgekoppelte Oszillatoren

Rückgekoppelte Prozesse sind in vielen biologischen Systemen bekannt. Im chemischen Experiment wird die Rückkopplung dadurch erzielt, daß man im Reaktor das Ausgangssignal (beispielsweise einer Redox-Elektrode) in ein Eingangssignal, d. h. in eine Störfunktion umwandelt. Das Eingangsignal wird z. B. auf eine Linearpumpe gegeben, mit der die Flußrate von Reaktanten in den Reaktor gesteuert wird. Das Entscheidende ist nun, daß zwischen Ausgangs- und Eingangssignal eine Verzögerungszeit τ eingestellt werden kann. Mit dieser Anordnung wurde in der minimalen Bromat (MB)-Reaktion die Abhängigkeit der Oszillationsfrequenz von der Verzögerungszeit des über die Flußrate rückgekoppelten

MB-Oszillators gemessen. Dabei ergab sich bei einer stetigen Erhöhung der Verzögerungszeit ein sägezahn-artiges Verhalten der resultierenden Oszillationsfrequenz. Deterministisches Chaos wurde in der rückgekoppelten MB-Reaktion nur unter Einsatz einer nicht-linearen (sinusförmigen) Rückkopplungsfunktion beobachtet. Im BZ-Oszillator ergibt sich ein noch komplexeres Verhalten. Beginnend mit einem P1-Zustand bei $\tau = 0$ kann man durch die Erhöhung der Verzögerungszeit bei hoher Rückkopplungsstärke eine Reihe von chaotischen Zuständen durch Periodenverdopplung erzeugen, wie in Abbildung 6.8 gezeigt wird.

Die Differenz zwischen dem zeitverzögert treibenden Signal und dem aktuellen Zustand des Oszillators ist hier stets ungleich Null. Dies bedeutet, daß durch die Rückkopplung neue dynamische Zustände erzeugt worden sind. Wäre das Differenzsignal zufällig gleich Null, so würde ein bereits vorhandener, aber instabiler dynamischer Zustand stabilisiert. Dieser Sachverhalt wird bei der Behandlung der Chaoskontrolle in Kapitel 5 diskutiert. Die Anzahl der chaotischen Bereiche steigt mit der Rückkopplungsstärke. Interessanterweise steigt die geometrische Dimension der chaotischen Attraktoren mit steigender Verzögerungszeit, wie man experimentell sowie auch durch theoretische Vorhersagen zeigen kann.

Literatur

- Getriebener Brüsselator: T. Kai and K. Tomita *Prog. Theor. Phys.* **61**, 54 (1979).
- Normale Resonanz: F. Buchholtz, F.W. Schneider *JACS* **105** 7450 (1983).
- Stochastische Resonanz: F. Moss, K. Wiesenfeld *Nature* **373** 33 (1995).
- Review: F.W. Schneider *Ann. Rev. Phys. Chem.* **36**, 347 (1985).
- Review: J.E. Bailey *Chem. Eng. Commun.* **1**, 111 (1973).
- Lehrbuch: A.T. Winfree *The Geometrie of Biological Time*, Springer: New York (1980).

7 Gekoppelte chemische Oszillatoren

Gekoppelte wie getriebene (Kapitel 6) nichtlineare Oszillatoren kommen in der Natur häufig vor. Unter gekoppelten Oszillatoren versteht man autonome Subsysteme, die sich wechselseitig beeinflussen und als Gesamtsystem neue dynamische Eigenschaften zeigen. Das gekoppelte System besitzt eine größere Anzahl von Freiheitsgraden als ein einzelner Oszillator, auch wenn er von außen getrieben wird. Daher ist die Vielfalt der dynamischen Zustände bei den gekoppelten Oszillatoren stets größer als beim einzelnen Oszillator. Die Stärke und Art der Kopplung zwischen den beiden nichtlinearen Oszillatoren wird mitbestimmen, welcher dynamische Zustand erreicht wird. Bei der Kopplung von chemischen Oszillatoren müssen im Experiment einzelne Reaktoren miteinander verknüpft werden. Diese experimentelle Verknüpfung kann auf verschiedene Weisen geschehen: durch Massenkopplung (oder diffusive Kopplung), Flußratenkopplung oder elektrische Kopplung. Während nichtlineare Modelloszillatoren eine fast unendliche Zahl von periodischen, quasiperiodischen und chaotischen Zuständen durch Massenkopplung erreichen können, ist diese Zahl im Experiment begrenzt, da die Experimente auf im Labor zugängliche Konzentrationen, Flüsse und Kopplungsstärken beschränkt sind. Eine weitere mögliche Kopplungsart ist die chemische Kopplung durch gemeinsame Spezies in einem einzelnen Reaktor. Hier ist eine gemeinsame Spezies an mindestens zwei verschiedenen nichtlinearen chemischen Oszillatoren beteiligt.

7.1 Parallele Massenkopplung von zwei Reaktoren

Bei der Massenkopplung findet ein gegenseitiger Massenaustausch zwischen Reaktoren statt, die über eine justierbare Öffnung miteinander in Verbindung stehen (Abbildung 7.1). Dabei werden alle chemischen Spezies (Reaktanden, Zwischenprodukte und Produkte) zwischen den Reaktoren durch eine turbulente Konvektion ausgetauscht. In Modellrechnungen wird der Austauschterm $F_{i,k}$ additiv in das Geschwindigkeitsgesetz für eine Spezies X_i im k-ten Reaktor eingebracht:

$$F_{i,k} = Q_i \left(c_{\mathrm{X}_{i,l}} - c_{\mathrm{X}_{i,k}} \right) \tag{7.1}$$

Hier ist Q_i ein konstanter Transportkoeffizient, der bei freier Strömung den Massenaustausch einer Komponente X_i durch Konvektion zwischen den beiden Reaktoren beschreibt. Trennt man die beiden Reaktoren durch eine Membran, dann ist Q_i der Permeabilitätskoeffizient der betreffenden Spezies durch die Membran. $X_{i,k}$ ist die Spezies X_i im k-ten Reaktor. Die effektive Kopplung ist also linear, d.h. sie hängt linear vom Gradienten (Konzentrationsdifferenz) der Spezies X_i in den beiden Reaktoren ab. Diese Art der Kopplung wird auch als *diffusiv* bezeichnet. Für die Massenkopplung von zwei Reaktoren ergibt sich damit folgendes Gleichungssystem:

$$\begin{aligned} \frac{dc_{X_{i,1}}}{dt} &= f(\mathbf{X}) + Q_i\,(c_{X_{i,2}} - c_{X_{i,1}}) \\ \frac{dc_{X_{i,2}}}{dt} &= f(\mathbf{X}) + Q_i\,(c_{X_{i,1}} - c_{X_{i,2}}) \end{aligned}$$

Hier gibt $f(\mathbf{X})$ die kinetischen Gleichungen wieder, die ja von mehreren Komponenten des Konzentrationsvektors $\mathbf{X}$ abhängen können. Die Massenkopplung ist um so stärker, je größer die Flüssigkeitskonvektion durch die Öffnung und je größer der Konzentrationsunterschied in den beiden Reaktoren ist. Die Konvektionsgeschwindigkeit hängt von der Rührgeschwindigkeit und auch von der Geometrie der gekoppelten Reaktoren ab. Q_i kann leicht in einem Vorversuch mit bekannten Lösungen bestimmt werden. Die molekulare Diffusion ist bei entsprechend starker Konvektion weniger wichtig. Bei schwacher Konvektion unter Benutzung von Membranfiltern zwischen den Reaktoren kann der Diffusionsprozeß jedoch an Bedeutung gewinnen. Eine Massenkopplung kann im Experiment auch durch Umpumpen der Reaktorinhalte von einem Reaktor in den anderen erfolgen. Die Messung einer Zeitserie erfolgt auf die übliche Art, d. h. spektrophotometrisch oder über spezifische Elektroden, die in die Reaktoren eintauchen und die Konzentrationen von bestimmten Spezies anzeigen.

In der chemischen Literatur gibt es eine Reihe von Arbeiten über massengekoppelte chemische Oszillatoren. Zum Beispiel wurden zwei BZ-Oszillatoren durch Umpumpen der Reaktorinhalte miteinander massengekoppelt. Bei einer entsprechenden Kopplungsstärke konnten die Oszillationen in einem und sogar in beiden Reaktoren zum Verschwinden gebracht und in stationäre Zustände übergeführt werden. Dieses intuitiv unerwartete Resultat eines „Oszillatortods“ konnte in Modellrechnungen verifiziert werden. In umgekehrter Weise verliefen Experimente mit der Chlorit-Iodid-Reaktion. Hier wurden zwei stationäre Zustände miteinander massengekoppelt und dabei chemische Oszillationen erzeugt. Diese „Rhythmogenese“ kann stattfinden, obwohl die Diffusionskon-

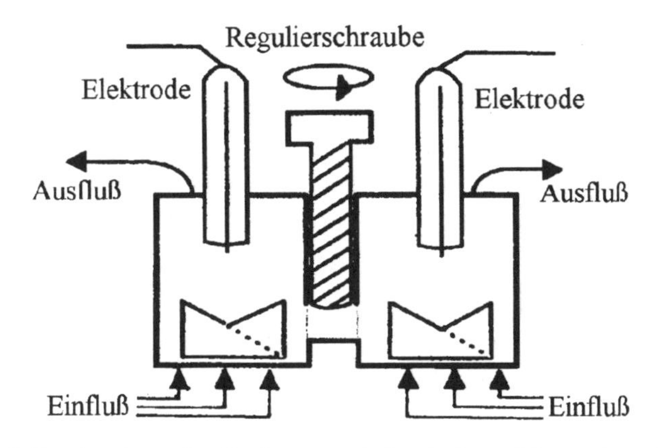

7.1 Zwei gekoppelte Reaktoren mit justierbarer Massenkopplung.

stanten aller beteiligten Spezies praktisch gleich sind; allerdings müssen die Reaktandenkonzentrationen (z. B. Chlorit) in beiden Reaktoren verschieden (unsymmetrisch) angesetzt sein. Bei der PO-Reaktion wurde ebenfalls eine Massenkopplung von zwei mit identischen Reaktandenkonzentrationen beschickten Reaktoren durchgeführt. Dabei wurden im ungekoppelten Zustand beide Oszillationsperioden verschieden voneinander durch verschieden gewählte O_2-Flußgeschwindigkeiten eingestellt. Durch graduelles Öffnen der justierbaren Öffnung zwischen den Reaktoren konnte die Kopplungsstärke kontinuierlich vergrößert werden. Bei steigender Kopplungsstärke wurde eine stetige Angleichung der niedrigen Frequenz an die höhere Frequenz beobachtet. Beim Erreichen von mittleren Kopplungsstärken ergaben sich schließlich quasiperiodische Oszillationen in einem der beiden Reaktoren, während der andere Reaktor die ursprünglichen P1-Oszillationsfrequenzen beibehielt. Dieser Sachverhalt bedeutet, daß der Reaktor mit der höheren Oszillationsfrequenz als der stabilere der beiden Reaktoren betrachtet werden kann. Bei einer höheren Kopplungsstärke zeigt auch der höherfrequente Reaktor quasiperiodisches Verhalten, so daß beide Reaktoren quasiperiodisch oszillieren, wobei eine der beiden Frequenzen in beiden Reaktoren auftritt. Bei sehr großen Kopplungsstärken wird ein einheitliches P1-Verhalten beider Reaktoren beobachtet, weil sich das stark massengekoppelte Gesamtsystem wie ein einziger Reaktor verhält. Dabei setzt sich die Frequenz des usprünglich höherfrequenten Oszillators durch. Je größer der Frequenzunterschied der beiden freilaufenden Reaktoren ist, desto größer muß die Kopplungsstärke sein, um die oben beschriebenen dynamischen Zustände zu durchlaufen. Modellrechnungen zeigen, daß der „schnellere" Reaktor den „langsameren"

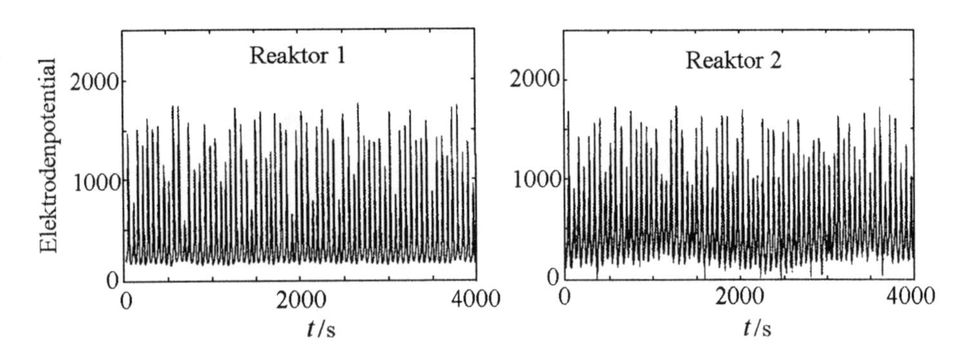

7.2 Zwei massengekoppelte Reaktoren zeigen ein ähnliches Chaos in der BZ-Reaktion.

synchronisiert.

Wenn zwei chaotische Oszillatoren massengekoppelt werden, kann es sogar zu einer Synchronisation des Chaos kommen, wie am Beispiel der BZ-Reaktion gezeigt werden konnte. Dies bedeutet, daß beide Reaktoren ähnliche chaotische Zeitserien zeigen (Abbildung 7.2). Bei einer Verringerung der Kopplungsstärke erfolgt eine symmetriebrechende Bifurkation vom synchronen zum asynchronen Chaos, aus der der maximale Lyapunov-Exponent (Abschnitt 4.6) des Einzelsystems erhalten werden kann.

Aus der Berechnung der Kapazitäts-Dimension (Abschnitt 4.5) für das gekoppelte System in Abhängigkeit von der Kopplungsstärke ergeben sich grundsätzliche Betrachtungen über die Signifikanz der Berechnung invarianter Maße aus einer begrenzten Datenmenge. Benutzt man anstelle des Einzelsignals das Differenzsignal (oder das Summensignal) beider Reaktoren zur Berechnung der Kapazitäts-Dimension des Gesamtsystems, so findet man bei starker Massenkopplung, daß die Gesamtdimension gleich der Dimension eines Einzelsystems wird. Dies ist ohne weiteres aus der Tatsache verständlich, daß sich bei starker Massenkopplung beide Oszillatoren wie ein einziger, dessen Kapazitäts-Dimension z. B. in der BZ-Reaktion 2,3 beträgt, verhalten. Reduziert man die Kopplungsstärke, dann steigt die Dimension, da die Gesamtzahl der Freiheitsgrade (Variablen) effektiv größer wird. Bei der Benutzung einer begrenzten Anzahl von Datenpunkten (an einem typischen Labortag können mit der BZ-Reaktion ungefähr 250 Oszillationen aufgenommen werden, die einer Datenmenge von ungefährt 16 000 Datenpunkten entsprechen) ist eine Kapazitäts-Dimension von $\sim 3,6$ auf der Basis der Boxcounting Methode gerade

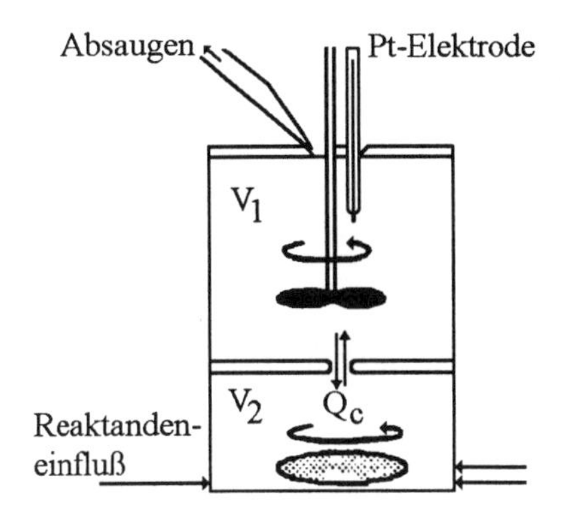

7.3 Serielle Massenkopplung von zwei Reaktoren. Die Konvektionsgeschwindigkeit Q_c kann in einem Vorversuch bestimmt werden.

mensionen ($D_0 > 3,6$) wie sie bei kleineren Kopplungsstärken zu erwarten sind, reicht die Datenmenge (16 000 Punkte) nicht mehr für eine Dimensionsbestimmung über das Differenzsignal beider Reaktoren aus. Wenn man trotzdem die Boxcounting Methode benutzt, wird bei der Dimensionsanalyse eine statistische Bewegung vorgetäuscht, obwohl das Differenzsignal (oder das Summensignal) von zwei deterministisch chaotischen Oszillatoren herrührt und ebenfalls deterministisch sein muß. Bei der Interpretation von hochdimensionalen Prozessen ist also besondere Vorsicht geboten, wenn nur eine begrenzte Datenmenge zur Verfügung steht.

7.2 Serielle Massenkopplung von zwei Reaktoren

Bei der seriellen Massenkopplung sind zwei Reaktoren hintereinandergeschaltet, wobei die Zufuhr von Reaktanden in nur einen der beiden Reaktoren erfolgt (Abbildung 7.3); der Beobachtungsreaktor ist aus technischen Gründen der zweite (obere) Reaktor. Bei der seriellen Massenkopplung ist dem Fluß von Reaktor 1 nach 2 eine zusätzliche Konvektion zwischen den beiden Reaktoren überlagert, die man in einem Vorversuch bestimmen kann. Mit dieser Anordnung ist es bei Verweilzeiten zwischen 15 und 30 min leicht möglich, deterministisches Chaos im zweiten Reaktor zu erzeugen. In diesem Bereich der Verweilzeiten zeigt das ungekoppelte System nur P1-Oszillationen. Das Bifurkationsdiagramm enthält eine Vielzahl von periodischen und aperiodischen Zuständen, die in der

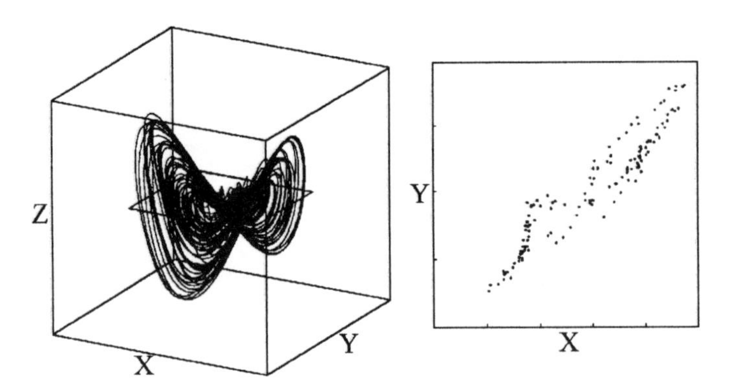

7.4 Quasiperiodische Route ins Chaos: a) Seltsamer Attraktor in den ersten drei SVD-Dimensionen X,Y und Z; b) Poincaré-Schnitt in der X-Y-Ebene als „geschlossene" unregelmäßige Punktekurve (wrinkled Torus).

Spezialliteratur[1] beschrieben sind.

Im Modell wird die serielle Massenkopplung über die Konzentrationsdifferenz der Spezies X_i wie in Gleichung 7.1 berücksichtigt:

$$\begin{aligned} \frac{dc_{X_{i,1}}}{dt} &= f(\mathbf{X}) + q/V_1\,(c_{X_{i,0}}) + Q_c/V_1\,(c_{X_{i,2}} - c_{X_{i,1}}) \\ \frac{dc_{X_{i,2}}}{dt} &= f(\mathbf{X}) + q/V_2\,(c_{X_{i,1}}) + Q_c/V_2\,(c_{X_{i,1}} - c_{X_{i,2}}) \qquad (7.2) \end{aligned}$$

Hier ist $X_{i,0}$ ist die Konzentration von X_i im Einlaßschlauch, q ist die Fließgeschwindigkeit durch die Reaktoren in mol/(ml s), Q_c ist die Geschwindigkeit des Flüsigkeitsaustausches zwischen den Reaktoren in mol/(ml s) und V_k ist das Volumen des k-ten Reaktors in ml. Erwartungsgemäß ändert sich das Bifurkationsdiagramm, wenn man das Volumenverhältnis der beiden Reaktoren variiert. So beobachtet man die relativ seltene quasiperiodische Route ins Chaos (Abbildung 7.4) bei Reaktoren gleicher Volumina, während bei einem Volumenverhältnis $V_1/V_2 = 1/3$ Periodenverdopplung ins Chaos erhalten wird.

7.3 Flußratenkopplung von zwei Reaktoren

Eine besonders flexible Methode der gegenseitigen Kopplung von zwei chemischen Oszillatoren ist die Flußratenkopplung, die über eine elektronische

[1]Doumbouya et al., siehe Literaturliste

Steuerung der Linearpumpen einstellbar ist. Eine effektive Kopplung zwischen den Reaktoren ergibt sich, wenn die vorgegebene Flußrate von Reaktanden in einen Reaktor proportional zur Konzentration einer Spezies im anderen Reaktor ist. Die Konzentrationen der Reaktanden im Zufluß sind konstant, während die Geschwindigkeiten des Zuflusses in entsprechender Weise über den Computer gesteuert werden. Die Flußratenkopplung bietet die Möglichkeit, die Wirkung einer Zeitverzögerung der Kopplung zusätzlich zu untersuchen. Wir haben die Flußratenkopplung im getriebenen Einzelreaktor bereits in Abschnitt 6.6 kennengelernt. Zwei flußratengekoppelte Oszillatoren kann man sich als Erweiterung der Rückkopplung eines Einzelreaktors denken, bei dem anstatt der Rückkopplung ein zweiter identischer Reaktor eingefügt wird. Diese Anordnung kann zu einer Fülle von dynamischen Zuständen führen, von denen nur die wichtigsten hier erwähnt werden sollen. Als Beispiel wählen wir zwei BZ-Oszillatoren, die über die Flußrate miteinander gekoppelt werden. Hier steuert die aktuelle Ce^{4+}-Konzentration in einem Reaktor die Flußrate des Reaktandenflusses in den anderen Reaktor. Die berechnete Flußrate ist proportional zur Differenz zwischen dieser aktuellen Ce^{4+}-Konzentration und einem zeitunabhängigen Mittelwert der Ce^{4+}-Konzentration: Bei einer schwachen Flußratenkopplung werden die ursprünglichen P1-Oszillationen beibehalten. Mit steigender Kopplungsstärke verringern sich die beiden Oszillationsfrequenzen. Bei hohen Kopplungsstärken setzen aperiodische Oszillationen ein, die wahrscheinlich von den immer vorhandenen experimentellen Fluktuationen herrühren, die zwischen eng benachbarten periodischen Zustände hin- und herschalten.

Überraschend ist das Verhalten bei der Einführung einer Zeitverzögerung: bei schwacher Kopplungsstärke wird ein sägezahnartiges Verhalten der P1 Oszillationsperioden in beiden Reaktoren beobachtet, wenn man die Oszillationsperiode gegen die Verzögerungszeit aufträgt. Die Länge eines „Sägezahns“ entspricht der ursprünglichen Schwingungsperiode. Dieses Verhalten der Oszillationsperiode bei steigender Verzögerungszeit wurde ebenfalls bei zwei gekoppelten Minimal-Bromat-Oszillatoren (Abschnitt 3.4.2) und bei zwei gekoppelten PO-Oszillatoren (Abschnitt 3.4.4) beobachtet.

Die gegenseitige unverzögerte Flußratenkopplung von zwei chaotisch schwingenden BZ-Oszillatoren führt bei starker Kopplung zum Übergang in einen periodischen Zustand. Dieser Sachverhalt kann mit Hilfe der berechneten Kapazitäts-Dimension quantitativ verfolgt werden: Bei steigender Kopplungsstärke zeigt die fraktale Dimension ein Maximum bei 2,5; bei starker Kopplung konvergiert die Dimension auf den Wert von 1,0, der einem Grenzzyklus entspricht.

Die Ursache für dieses Verhalten ist die bei steigender Kopplung zunächst größer werdende Zahl von Freiheitsgraden des Gesamtsystems. Bei sehr großen Kopplungsstärken wird der relativ enge Chaosbereich im Bifurkationsdiagramm aufgrund der oben erwähnten Differenzbildung der Ce^{4+}-Konzentrationen verlassen. Es sei an dieser Stelle an den Unterschied zu zwei massengekoppelten chaotischen BZ-Oszillatoren erinnert: bei den letzteren wird das Chaos bei allen Kopplungsstärken beibehalten, während sich die fraktale Dimension mit steigender Kopplungsstärke stetig verringert (Abschnitt 7.1), bis sie einen Wert von $\sim 2,3$ bei der BZ-Reaktion erreicht.

Bei der Flußratenkopplung von zwei periodischen PO-Oszillatoren zeigt sich der Oszillator höherer Frequenz – wie bei der Massenkopplung – als der stabilere der beiden. Seine höhere Frequenz bleibt unverändert, während die niedere Frequenz des anderen Oszillators ansteigt. Schließlich werden quasiperiodische Oszillationen und modengekoppelte Oszillationen bei hoher Kopplungsstärke beobachtet. Bei einer noch stärkeren Flußratenkopplung gehen die zwei ursprünglich periodisch eingestellten Zustände in zwei stationäre Zustände über, welche die letzten dynamischen Zustände im Bifurkationsdiagramm darstellen.

7.4 Elektrische Kopplung

Bei der elektrischen Kopplung wird eine Spannung an eine Pt-Arbeitselektrode angelegt, die von den Konzentrationen bestimmter Spezies in den übrigen CSTRs abhängt. Durch die elektrochemischen Redoxprozesse an den Elektroden ändern sich die Konzentrationen der beteiligten Spezies. Auf diese Weise wird eine effektive elektrische Koppplung der Reaktoren erreicht.

7.4.1 Elektrische Kopplung von zwei chemischen Oszillatoren

Eine elektrische Kopplung kann über inerte Pt-Arbeitselektroden, die in die Reaktionslösungen eintauchen, stattfinden. Dabei wird der äußere Stromkreis über eine Stromquelle und der innere Stromkreis über eine leitende Verbindung (z. B. Stromschlüssel oder poröse Membran) zwischen den Reaktoren geschlossen. Bei der „passiven elektrischen Kopplung“ ohne „treibende“ Stromquelle verhalten sich die zwei Reaktoren wie galvanische Elemente. Der zwischen den Reaktoren fließende Strom ist proportional zur momentanen Potentialdifferenz. Wenn man zwei oszillierende Reaktionen als Konzentrationszellen schaltet, erhält man eine oszillierende Potentialdifferenz, deren Frequenz von der Oszillationsfrequenz

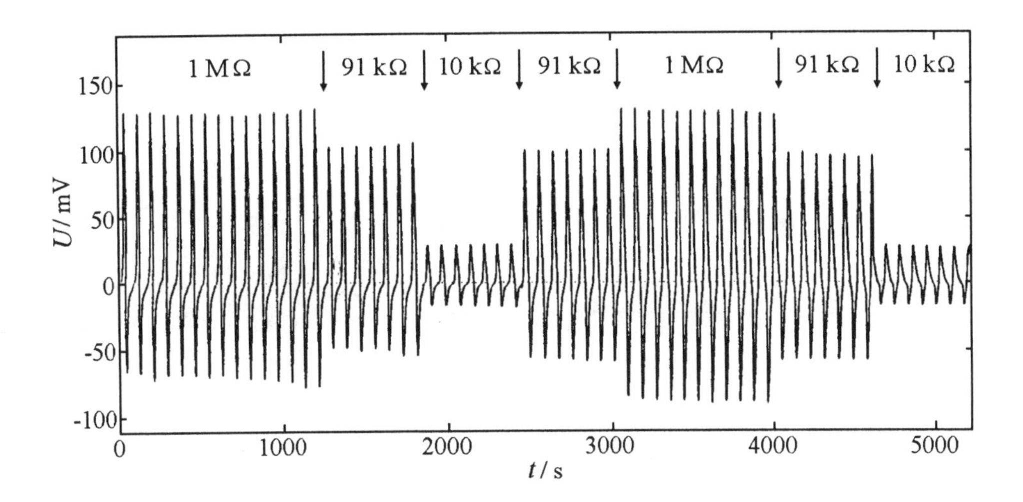

7.5 Potentialdifferenz zwischen den beiden BZ-Halbzellen, die als Konzentrationszelle geschaltet sind, bei veränderlichem Gesamtwiderstand. Die Amplituden der beiden BZ-Oszillatoren bleiben trotz des Stromflusses konstant, während sich die Oszillationsperiode geringfügig um $\sim 3,5\%$ mit abnehmendem Widerstand verkürzt (siehe Text).

der chemischen Reaktionen abhängt. Die gesamte Anordnung entspricht einer Wechselstrombatterie. Das mittlere Potential der periodischen galvanischen BZ-Zelle wird im wesentlichen vom zeitlichen Wert des Ce^{3+}/Ce^{4+}-Redoxpaares bestimmt. Bei Stromlosigkeit gilt die Nernst-Gleichung:

$$\Delta E_{\text{rev}} = -\frac{RT}{zF}\ln\left(\frac{c_{\text{Ce}^{4+}}}{c_{\text{Ce}^{3+}}}\right)_1 \left(\frac{c_{\text{Ce}^{3+}}}{c_{\text{Ce}^{4+}}}\right)_2 \tag{7.3}$$

Die Indices 1 und 2 beziehen sich auf die beiden Reaktoren. Da das $c_{\text{Ce}^{3+}}/c_{\text{Ce}^{4+}}$-Verhältnis in den beiden schwach massengekoppelten Reaktoren aufgrund der chemischen Reaktion oszilliert, mißt man einen Wechselstrom als Differenzstrom (Abbildung 7.5). Bei einer Belastung dieser Wechselstrombatterie durch Erniedrigung des Gesamtwiderstandes stellt sich die Phasendifferenz zwischen den beiden Zellen entsprechend ein, wie in Abbildung 7.6 gezeigt wird. Dabei steigt die Stromstärke entsprechend dem Ohmschen Gesetz, wobei die Elektrodenprozesse beschleunigt werden. Diese verstärkte Kopplung führt zu einer allmählichen Angleichung der Phasen in den beiden Reaktoren, so daß sich die Potentialdifferenz bei steigender Stromstärke verringert. Die mittlere Leistung der Wechselstrombatterie verläuft mit der Stromstärke qualitativ ähnlich wie die

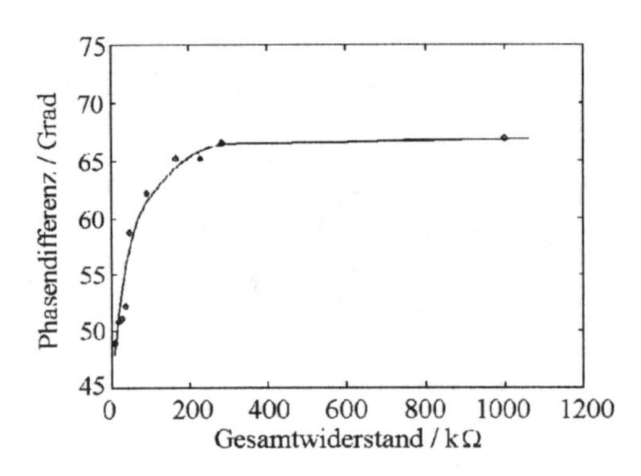

7.6 Phasendifferenz zwischen den beiden BZ-Halbzellen als Funktion des Gesamtwiderstandes.

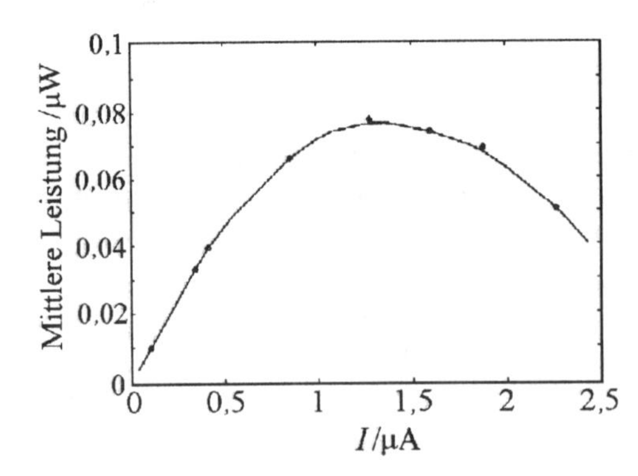

7.7 Leistungs-Strom-Kennlinie der Wechselstrombatterie mit breitem Maximum.

einer normalen Gleichstrombatterie (Abbildung 7.7). Allerdings ist die mittlere Leistung dieser Wechselstrombatterie bei einer maximalen Potentialdifferenz von $\sim$ 100 mV sehr gering ($\sim 10^{-7}$ Watt). In ähnlicher Weise wurde eine *Chaosbatterie* gebaut, deren mittlere Leistung jedoch noch geringer als die der Wechselstrombatterie ist.

Im Modell ist das Geschwindigkeitsgesetz für Ce^{4+} um die Zahl der an den Elektroden umgesetzten Elektronen zu erweitern. Dabei wird bei der BZ-Reaktion angenommen, daß ein transferiertes Elektron entweder ein Ce^{4+} zu Ce^{3+} reduziert oder ein Ce^{3+} zu Ce^{4+} oxidiert, je nachdem, ob sich die Elektrode momentan als Kathode oder als Anode verhält:

$$\frac{dc_{Ce^{4+}}}{dt} = v_{chem} + k_f(c_{Ce_0^{4+}} - c_{Ce^{4+}}) \pm \Delta n \tag{7.4}$$

wobei

$$\Delta n = -\frac{RT}{(R_\mathrm{E} + R_\mathrm{I})zF^2V} \ln \left(\frac{c_{\mathrm{Ce}^{4+}}}{c_{\mathrm{Ce}^{3+}}}\right)_1 \left(\frac{c_{\mathrm{Ce}^{3+}}}{c_{\mathrm{Ce}^{4+}}}\right)_2 \tag{7.5}$$

Hier ist Δn die Zahl der zwischen den Reaktoren ausgetauschten Elektronen pro Sekunde, R_E ist der externe (Arbeitswiderstand) und R_I der innere Widerstand. Je größer R_E oder R_I, desto geringer ist die Zahl der umgesetzten Elektronen, d.h. desto schwächer ist die effektive elektrische Kopplung. Wird eine äußere Stromquelle in den Stromkreis integriert, so kann diese Stromquelle ein konstantes oder ein sinusförmig moduliertes Potential den beiden Oszillatoren aufprägen. Die BZ-Reaktoren stellen nun anstatt einer Wechselstrombatterie zwei elektrisch getriebene Oszillatoren dar. Das Konzentrationsverhältnis von Ce^{3+}/Ce^{4+} wird hier durch ein externes elektrisches Potential beeinflußt. Wenn die äußere Stromquelle von den Konzentrationen in den Reaktoren gesteuert wird, dann kann man von einer „aktiven" elektrischen Kopplung – im Gegensatz zur passiven Kopplung bei der Wechselstrombatterie – sprechen. Die dabei an den Elektroden durch Redoxreaktionen produzierten Spezies (z. B. Ce^{4+}) greifen in das chemische Reaktionsgeschehen ein und können neue dynamische Zustände erzeugen. Als Resultat wurden in der BZ-Reaktion ähnliche Phänomene wie bei der Massenkopplung beobachtet, nämlich Synchronisation bei bestimmten Frequenz- und Phasenbeziehungen, Quasiperiodizität, Chaos und eine Unterdrückung der Oszillationen mit dem Erscheinen von stationären Zuständen in einem oder in beiden Reaktoren. In der PO-Reaktion wurde bei steigender elektrischer Kopplung von zwei periodischen Oszillatoren ähnlicher Frequenzen eine geringfügige Erhöhung beider Oszillationsfrequenzen beobachtet. Bei mittlerer Kopplungsstärke ergaben sich quasiperiodische Schwingungen in beiden Reaktoren. Bei noch höheren Kopplungsstärken traten in beiden Reaktoren gleichphasige periodische P1-Oszillationen auf. Das Erscheinungsbild bei der elektrischen Kopplung unterscheidet sich also von dem bei der Flußratenkopplung (Abschnitt 7.3) oder der Massenkopplung (Abschnitte 7.1 und 7.2).

7.4.2 Elektrische Kopplung von drei chemischen Oszillatoren

Es ist natürlich möglich, mehr als zwei Reaktoren elektrisch miteinander zu koppeln. Zum Beispiel eignet sich der spezielle Fall von drei elektrisch gekoppelten Reaktoren einerseits vorzüglich, die Booleschen Funktionen über chemische Reaktionen zu realisieren, andererseits, um verschiedene Phasenverschiebungen zwischen den drei chemischen Oszillatoren einzustellen. Bei der chemischen Realisierung der Booleschen Funktionen AND, OR und ihrer Verneinung

NAND, NOR nutzt man die Fähigkeit eines elektrischen Potentials aus, zwischen stationären Zuständen der chemischen Reaktion hin- und herzuschalten. Zwei Reaktoren werden als Input-Reaktoren mit einem dritten Reaktor als Output-Reaktor über den Stromfluß durch Pt-Arbeitselektroden so verknüpft, daß sich im dritten Reaktor entweder der 0- oder der 1-Zustand je nach der gewählten Booleschen Funktion einstellt. Die 0- und 1-Zustände entsprechen stationären Zuständen der chemischen Reaktion. Der 0-Zustand sei z. B. ein stromloser stationärer Zustand, der sich oberhalb des bistabilen Bereichs bei einer konstanten Flußgeschwindigkeit ergibt.

Wird nun die elektrische Kopplung über ein an die Arbeitselektroden angelegtes Potential eingeschaltet, so wird ausgehend vom 0-Zustand ein stationärer Zustand erzeugt, den wir als 1 bezeichnen wollen. Dieser stationäre Zustand ergibt sich in der BZ-Reaktion als Folge einer elektrochemischen Reduktion von Ce^{4+}- zu Ce^{3+}-Ionen an der Arbeitselektrode und der darauf folgenden chemischen Reaktion. Nach dem Abschalten der Kopplung kehrt die chemische Reaktion wieder in ihren ursprünglichen stationären Zustand 0 zurück. Ein elektrisches Potential ist also in der Lage, stationäre Zustände zu stabilisieren oder zwischen existierenden stationären Zuständen im Bereich der Bistabilität (Abschnitt 3.3) hin und her zu schalten, wenn die zugrundeliegende nichtlineare Reaktion entsprechene Redoxschritte enthält. Durch elektrische Kopplung konnten nun alle einfachen Booleschen Funktionen chemisch dargestellt werden (siehe Exkurs 7.1).

Der Mathematiker Stewart und Mitarbeiter konnten zeigen, daß bei einer ringförmigen Kopplung von drei sinusförmigen schwingenden Oszillatoren die folgenden vier Phasenmuster erzeugt werden können:

- Alle drei Oszillatoren schwingen phasengleich (Fall a)
- die Phasendifferenz zwischen den Oszillatoren beträgt ein Drittel (Fall b)
- zwei Oszillatoren sind phasengleich und der dritte ist außer Phase (Fall c)
- die Phasen von zwei Oszillatoren sind um 180° verschoben, während der dritte Oszillator mit der doppelten Frequenz schwingt (Fall d).

Das Phasenmuster d) wurde von seinen Autoren mit einer Analogie aus dem täglichen Leben verdeutlicht: Es entspricht einem schreitenden Mann mit Krückstock, dessen Bewegungsablauf folgendermaßen verläuft: rechtes Bein, Stock, linkes Bein, Stock, etc. Der Stock wird also nach jedem Einzelschritt mit der doppelten Frequenz eingesetzt! Diese Phasenmuster können über eine elektrische Kopplung von drei Reaktoren in einer ringförmigen Anordnung chemisch realisiert werden.

7.4.3 Elektrische Kopplung von vier chemischen Oszillatoren

Aufgrund der steigenden Komplexität ist eine allgemeine elektrische Kopplung von mehr als vier chemischen Reaktoren ohne vereinfachende Annahmen praktisch nur schwer durchführbar, da sich eine gegenseitige elektrische Beeinflussung der gekoppelten Reaktoren störend auswirkt. In der mathematischen Literatur ist der Fall von vier gekoppelten Oszillatoren untersucht worden. Das Resultat dieser Kopplung von vier Oszillatoren hat Stewart anhand der Gangarten von Tieren wie Schritt, Paß, Trab und Galopp bildlich veranschaulicht. Ein „horizontales" Phasenmuster der vier Oszillatoren entspricht einem laufenden Hasen, der zuerst seine zwei Vorderläufe und dann seine beiden Hinterläufe aufsetzt. Dabei ist die Phasendifferenz gleich null zwischen beiden Vorderläufen und einhalb zwischen Vorder- und Hinterläufen. Ein „vertikales" Phasenmuster entspricht einer schreitenden Giraffe, bei der sich die linken bzw. die rechten Beine gleichzeitig, aber phasenverschoben bewegen. Ein „diagonales" Phasenmuster kann mit einem trabenden Pferd verglichen werden und eine vollständige Phasenkohärenz entspricht den Sprüngen einer davoneilenden Gazelle, die mit allen vier Beinen gleichzeitig in die Luft springt. Ein anderes mögliches Muster ist das eines schreitenden Elefanten, der seine Füße mit einer Phasendifferenz einer viertel Periode hintereinander vom Boden abhebt. Viele weitere Phasenmuster sind denkbar, jedoch experimentell schwer einstellbar, wenn sich ihre relativen Stabilitäten nur schwach unterscheiden. Das stets vorhandene experimentelle Rauschen macht eine Stabilisierung von Phasenmustern annähernd gleicher Energie außerordentlich schwierig.

7.5 Chemische Kopplung durch gemeinsame Spezies

Eine Kopplung zwischen zwei chemischen Oszillatoren ist auch über eine gemeinsame Spezies denkbar, welche an den beiden oszillierenden Reaktionen teilnimmt. Als Beispiel seien Berechnungen der Reaktionen zwischen BrO_3^- und I^- sowie ClO_2^- und I^- in einem CSTR genannt. Die beiden Subsysteme BrO_3^-/I^- und ClO_2^-/I^- oszillieren unabhängig voneinander. Vereinigt man beide Subsysteme in einem Reaktor, dann werden sie über die gemeinsame Spezies I^-

miteinander„chemisch“ gekoppelt. Das Gesamtsystem zeigt neue dynamische Zustände mit komplexen Oszillationen sowie das Phänomen der *Birhythmizität.* Im birhythmischen Bereich existieren zwei neue Grenzzyklen, die man bei den gleichen experimentellen Parametern in den zwei getrennten Oszillatoren nicht beobachtet. Die Vorgeschichte des Systems bestimmt, in welchem Grenzzyklus das System oszilliert. Modellrechnungen mit 20 Reaktionsschritten und mit 12 Variablen stehen in guter Übereinstimmung mit den Experimenten.

Die ersten Experimente über chemische Kopplung wurden in der BZ-Reaktion mit einem Gemisch der beiden Substrate Malonsäure und Zitronensäure im geschlossenen Reaktor durchgeführt. Das über BrO_3^- und Ce^{3+}/Ce^{4+} chemisch gekoppelte System zeigte Oszillationen, die aus einer Gruppe von Oszillationen des einen Substrats gefolgt von einem „Spike“ von Oszillationen des zweiten Substrats bestanden. Dazwischen wurde eine „Ruhezeit“ beobachtet. CSTR-Experimente zeigen ein Bifurkationsdiagramm mit komplexen Oszillationen, die im Einzelsystem nicht beobachtet wurden.

Exkurs 7.1: Künstliche Neuronale Netze

Künstliche neuronale Netze (KNN) können anstelle von Differentialgleichungssystemen zur Simulation, Analyse und Vorhersage in der nichtlinearen Dynamik benutzt werden. Man greift auf neuronale Netze zurück, wenn die Differentialgleichungen eine Reaktion nicht hinreichend genau modellieren können. KNN können zum Beispiel eingesetzt werden, um raumzeitliche Muster zu erkennen, Prozesse wie z. B. die Chaoskontrolle zu steuern und Vorhersagen von komplexen Zeitserien zu machen. KNN sind dynamische Strukturen, die aus einer Anzahl von Einheiten, den Modellneuronen, bestehen, die in bestimmter Weise miteinander verknüpft sind.

Im Gehirn erhält ein Neuron Signale von den anderen Neuronen über verästelte Strukturen, den sogenannten Dentriten. Das Neuron leitet elektrische Erregungspulse, die Aktionspotentiale, durch eine dünne Nervenfaser, das Axon, an die Dentriten anderer Neuronen weiter. Dies geschieht über die an den Enden der Axone befindlichen Kontaktstellen, die Synapsen, welche die vom Axon kommende Aktivität durch Ausschüttung von Neurotransmittern (z. B. Acetylcholin) in einen elektrischen Potentialsprung am empfangenden Neuron verwandeln. Von großer Bedeutung ist die Tatsache, daß die Synapsenstärke nicht statisch, sondern veränderlich ist. Darauf beruht letztlich die Lernfähigkeit biologischer Gehirne. Die Empfangsneuronen addieren die empfangenen Reize und senden selbst Reize aus, sobald ein bestimmter Schwellenwert überschritten ist. In diesem Fall spricht man von *excitatorischen* Neuronen. Bei der zweiten Art von Neuronen, den *inhibitorischen* Neuronen, ist die Fähigkeit verringert, selbst Reize auszusenden. Wenn nun ein Neuron ein aktivierendes Signal erhält, das im Vergleich zu einem inhibierenden Signal genügend groß ist, dann sendet es ein elektrisches Aktionspotential über sein Axon an die Dentriten anderer Neuronen, mit denen es in Verbindung steht, weiter. Beim Lernprozeß im Gehirn wird die „Stärke“, der Synapsen so verändert, daß der Einfluß eines Neurons auf die anderen Neuronen verändert wird.

Bei der Modellierung der Funktion eines biologischen Gehirns werden mathematische Einheiten, die den Neuronen entsprechen, zu KNN verknüpft. Es gibt im wesentlichen drei Netzwerktypen, die sich in der Art und Weise der Anordnung und Verknüpfung der Neuronen unterscheiden. Es sind die Kohonen-Netze, die Hopfield-Netze und die Feedforward-Backpropagations-Netze. Wir wollen die beiden letzteren wegen ihrer Bedeutung in der nichtlinearen Kinetik kurz besprechen. Im Hopfield-Netz (Hopfield 1982) ist jedes Neuron mit jedem anderen Neuron in Anlehnung an ein sogenanntes „Spinglas“ in der Physik verknüpft. Die Verknüpfungsstärken werden im KNN nach der *Hebbschen Lernregel* festgelegt, was einem Lernen ohne Unterweisung (engl. *unsupervised learning*) entspricht. Die Hebbsche Regel verstärkt eine Verknüpfung zwischen gleichartigen (z. B. excitatorischen) Neuronen; und sie schwächt eine Verknüpfung zwischen Neuronen, die sich in verschiedenen Zuständen befinden, ab. Dieser einfache Algorithmus genügt bereits zur Erkennung von Mustern in einem Netzwerk von 36 Durchflußrührreaktoren, die nach Hopfield über eine Massenkopplung verknüpft sind. Alle Reaktoren enthalten dieselbe bistabile Reaktion. Das simulierte Hopfield-Netz kann Muster von hohen und niedrigen Konzentrationen speichern und fremde Muster, die den gespeicherten Mustern ähnlich sind, erkennen. Wegen der enormen Komplexität sind bis heute nur acht Durchflußrührreaktoren experimentell gekoppelt und untersucht worden. Kommerzielle Anwendungen eines Hopfield Netzes, wie z. B. die Erkennung handgeschriebener Postleitzahlen, sind wegen der hohen erforderlichen Rechenleistungen kaum möglich.

Das am häufigsten benutzte KNN ist das Feedforward-Backpropagation-Netz, das aus drei Arten von Neuronenschichten besteht: Eingabeschicht, mindestens einer verdeckten Schicht und einer Ausgabeschicht (Abbildung 7.8). Die Eingabeschicht dient zur Aufnahme von Daten. Die verdeckte Schicht verarbeitet die gewichteten Summen aller Eingabewerte mit Hilfe der *Aktivierungsfunktion*.

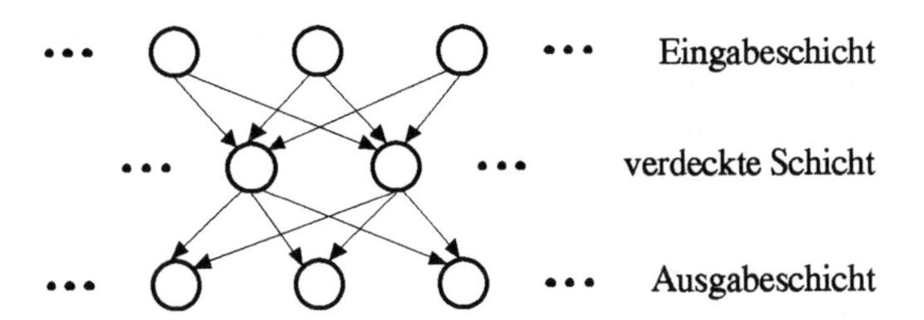

7.8 Aufbau eines Feedforward-Netzes. Das Netz kann durch zusätzliche verdeckte Schichten erweitert werden.

Der resultierende Ausgabewert wird von jedem Neuron i der vorhergehenden Schicht an alle Neuronen j der nächsten Schicht weiterpropagiert, bis die letzte Schicht, die Ausgabeschicht erreicht ist. Im Netz ist jedes Neuron einer Schicht mit jedem Neuron der vorgelagerten und der nachfolgenden Schicht verknüpft, während innerhalb einer Schicht keine Verbindungen bestehen.

Die Funktion einer Synapse entspricht im KNN einer veränderbaren „Kopplungsstärke" w_{ij} zwischen Neuron i und Neuron j. Der Ausgabewert eines Modellneurons wird als seine Aktivität bezeichnet. Es sei darauf hingewiesen, daß alle Aktivitäten auf einen Wertebereich zwischen 0 und 1 normiert werden. Die Ausgabe-Aktivität o_i, die ein Neuron i der vorgelagerten Schicht an ein Neuron j der folgenden Schicht weitergibt, wird mit der jeweiligen Kopplungsstärke w_{ij} multipliziert. Die Summe aller auf das Neuron j zulaufenden Aktivierungen ist die Gesamteingabe-Aktivität $u_j = \sum w_{ij}\, o_i$, die in eine sogenannte Aktivitätsfunktion $F(u_j)$ eingesetzt wird, welche daraus die Ausgabe-Aktivität o_j des Neurons j berechnet. Die Aktivitätsfunktion kann entweder eine lineare, sigmoide oder eine Schwellenfunktion sein. Die sigmoide Aktivitätsfunktion $o_j = F(u_j) = (1 + e^{-u_j})^{-1}$ kommt dem Verhalten von biologischen Neuronen am nächsten. In der Lernphase des Netzes wird der Eingabeschicht ein zu lernendes Aktivitätsmuster angeboten, das durch das Netzwerk propagiert wird. Dabei müssen die Verknüpfungsstärken w_{ij} so lange variiert werden, bis der Lernfehler E zwischen dem bekannten Eingabemuster (Zielmuster t_j) und dem in der Ausgabeschicht erzeugten Muster o_j gegen Null geht. Der quadratische Fehler ist $E = \sum_p \sum_j (t_j - o_p)^2$, wobei die Indizes p und j über alle Musterpaare bzw. Ausgabeneuronen laufen. Ein gutes Lernverfahren stellt ein Optimum zwischen dem Rechenaufwand und dem damit erzielten Resultat dar. Das am häufigsten benutzte Lernverfahren ist das *Backpropagationsverfahren*. Es vergleicht zunächst das bekannte Zielmuster t_j mit dem berechneten Ausgabemuster o_j und berechnet die Differenz zwischen t_j und o_j. Diese wird mit der Ableitung $F'(u_j)$ der Aktivierungsfunktion des jeweiligen Neurons multipliziert:

$$\delta_j \quad = \quad (t_j - o_j)\, F'(u_j).$$

Die Multiplikation mit $F'(u_j)$ gewährleistet, daß sich der Fehler um so stärker ändert, je größer die Steigung der Aktivierungsfunktion ist. Dadurch wird die Minimierung des Lernfehlers E beschleunigt. Die Ableitung von $F(u_j)$ ist $F'(u_j) = o_j\,(1 - o_j)$.

Somit erhält man für das Fehlersignal

$$\delta_j \quad = \quad (t_j - o_j)\, o_j\,(1 - o_j).$$

Da der Zielwert t_i der Neuronen der verdeckten Schicht unbekannt ist, versagt diese Gleichung für die Berechnung des Fehlersignals der verdeckten Schicht. Das Fehlersignal δ_i der Neuronen der verdeckten Schichten kann jedoch durch einen Trick, nämlich die *Rückpropagation* des Fehlersignals δ_j, erhalten werden:

$$\delta_i \quad = \quad (\sum w_{ij}\delta_j)\, F'(u_i).$$

Dies bedeutet, daß zunächst das Fehlersignal δ_j eines Neurons der nachfolgenden Schicht und daraus das Fehlersignal δ_i von Neuronen in der interessierenden (verdeckten) Schicht berechnet wird. Aus diesem Grunde wird das Lernverfahren als „Backpropagationsverfahren" bezeichnet. Als nächster Schritt erfolgt die Änderung der Verbindungsgewichte, wobei Δw_{ij} proportional zum Fehlersignal δ_j und dem Ausgabewert o_i des vorhergehenden Neurons i ist:

$$\Delta w_{ij} \quad = \quad \epsilon\,\delta_j\, o_i + \alpha\,\Delta w_{ij}^{\text{alt}}$$

Hier ist ϵ die Lernrate ($0 < \epsilon < 1$) und α ein Proportionalitätsfaktor ($0 < \alpha < 1$), der große Änderungen der Verbindungsgewichte ausdämpft. Die Änderung im vorhergehenden Lernschritt $\Delta\omega_{ij}^{\text{alt}}$ wird ebenfalls berücksichtigt. Somit ist das neue „verbesserte" Verbindungsgewicht

$$w_{ij}' \quad = \quad w_{ij} + \Delta w_{ij}.$$

Man sieht, daß sich ein Verbindungsgewicht w_{ij} umso stärker ändert, je größer der Fehler δ_j für Neuron j ist und je größer der Ausgabewert o_i des vorhergehenden Neurons i ist.

Nach der Ausführung jedes einzelnen Lernschritts werden neue Eingabewerte des Lerndatensatzes gewählt. Während der Lernphase strebt der Fehler E mit steigender Zahl der durchgeführten Lernzyklen einem Minimum zu. Die Abnahme des Fehlers hängt von α und ϵ sowie von der Netzwerkkonfiguration ab.

In der auf die Lernphase folgenden „Arbeitsphase" werden die normierten Daten in das „trainierte" Netz gegeben, in dem alle Verknüpfungsstärken bereits optimiert worden sind. Die Vorhersage des Netzes wird dann in der Outputschicht ausgegeben. Die Architektur eines KNN muß empirisch bestimmt werden. Sie hängt von der Komplexität der zu lösenden Aufgabe ab. Im allgemeinen kommt man mit 5 bis 50 Neuronen für die in nichtlinearen chemischen Reaktionen anfallenden Probleme aus. Als Beispiel für die Anwendung von KNN in der nichtlinearen Dynamik soll die Vorhersage von chaotischen Zeitserien in der BZ Reaktion erwähnt werden. Hier wurden KNN mit bis zu $\sim$ 50 Neuronen eingesetzt. Man benutzt zunächst einen Teil der experimentellen chaotischen Zeitserie als Lernmuster für die Lernphase. Dabei dienen die normierten Datenpunkte $y(t)$ als Eingabemuster und die um die Vorhersagezeit T in der Zukunft liegende Punkte $y(t+T)$ als Ausgabemuster. Das damit trainierte Netz ist nun in der Lage, Vorhersagen zu machen und diese Vorhersagen mit anderen bekannten Datenpunkten mit Hilfe eines Korrelationskoeffizienten zu vergleichen. Die so erhaltenen Kurzzeitvorhersagen des niederdimensionalen Chaos der BZ-Reaktion sind von hoher Güte, während Langzeitvorhersagen für chaotische Bewegungen allgemein nicht möglich sind.

Bei der Chaoskontrolle nach OGY (Kapitel 5) in Modellrechnungen wurde ein neuronales Netz für ein beteiligtes Interpolationsverfahren benutzt, das eine Verallgemeinerung der Chaoskontrolle vom linearen Bereich in dem nichtlinearen Bereich erlaubt und damit die Effizienz der Chaoskontrolle beträchtlich erhöht.

Literatur

- Review: D.G. Aronson, E.J. Doedel, H.G. Othmer *Physica* **25 D** 20 (1987).
- Massenkopplung: M. Marek, I. Stuchl *Biophys. Chem.* **3** 241 (1975).
- Massenkopplung: M. Boukalouch, J. Elezgaray, A. Arneodo, J. Boissonade, P. DeKepper *J. Phys. Chem.* **91** 5843 (1987).
- Flußratenkopplung: K.-P.W. Zeyer, A.F. Münster, F.W. Schneider *J. Phys. Chem.* **99** 13173 (1995).
- Wechselstrombatterie: F.W. Schneider, M.J.B. Hauser, J. Reising *Ber. Bunsenges. Phys. Chemie 97* 55 (1993).
- Elektrische Kopplung: K.-P.W. Zeyer, A.F. Münster, M.J.B. Hauser, F.W. Schneider *J. Chem. Phys.* **101** 5126 (1994).
- Gangarten: I. Stewart *Scientific American* Dezember 1993.
- Theorie: X.J. Wang, G. Nicolis *Physica* **26 D** 140 (1987).
- Allgemein: I. Schreiber, M. Holodniok, M. Kubiček, M. Marek *J. Stat. Phys.* **43** 489 (1986).
- Serielle Kopplung: S.I. Doumbouya, A.F. Münster, C.J. Doona, F.W. Schneider *J. Phys. Chem.* **97** 1025 (1993).
- Neuronale Netze: J. Zupan, J. Gasteiger *Neural Networks for Chemists*, VCH:Weinheim (1993)
- KNN: D. Lebender, F.W. Schneider *J. Phys. Chem.* **97** 8764 (1993).

8 Räumliche chemische Muster

In den vorangegangenen Kapiteln haben wir die Fähigkeit nichtlinearer chemischer Reaktionen kennengelernt, zeitliche Oszillationen zu erzeugen. Neben dieser zeitlichen Selbstorganisation ist die *räumliche Strukturbildung* von besonderem Interesse. Muster im Raum können entstehen, wenn eine nichtlineare chemische Reaktion mit räumlichen Transportprozessen gekoppelt ist. In diesem Zusammenhang ist vor allem die molekulare Diffusion von Bedeutung.

8.1 Reaktions-Diffusions-Systeme

Der Diffusionsprozeß gehört zu den wichtigsten Mechanismen des Stofftransportes in musterbildenden chemischen und biologischen Systemen; aber auch die Migration von Ionen in einem elektrischen Feld kann für die Musterbildung bedeutsam sein. Daher sollen einige Grundbegriffe des Stofftransportes kurz vorgestellt werden.

Transportvorgänge

Liegen in zwei aneinandergrenzenden Volumenelementen unterschiedliche Konzentrationen eines Stoffes vor, so kommt es zu einem spontanen Ausgleich dieser Konzentrationen. Ein Konzentrationsgradient kann durch die inhomogene Verteilung eines Stoffes zustandekommen; man denke zum Beispiel an einen Tropfen Tinte, der in ein Wasserglas gegeben wird und sich durch den Diffusionsprozeß gleichmäßig verteilt. Es kann aber auch in einer makroskopisch homogenen Phase zu lokalen Schwankungen der Temperatur, der Dichte sowie der Konzentration kommen. Im ersten Fall spricht man von einer *gerichteten Diffusion*, im zweiten von *Selbstdiffusion*. Die mathematische Beschreibung beider Vorgänge ist dieselbe, sie unterscheiden sich aber in ihrer physikalischen Bedeutung: Bei der gerichteten Diffusion erzeugt ein konstanter Konzentrationsgradient einen Diffusionsstrom vom Volumenelement hoher Konzentration zu einem Volumenelement niedrigerer Konzentration, während die Selbstdiffusion nicht mit einem makroskopischen Stofftransport verknüpft ist. Bezeichnen wir die Fläche zwischen zwei Volumenelementen mit unterschiedlicher Konzentration mit F und die Anzahl der Teilchen der Sorte A_i, die in der Zeiteinheit durch diese Fläche hindurchdiffundieren mit N_i, so ergibt sich die *Diffusionsstromdichte* zu $\mathbf{j}_i = \frac{N_i}{F}$. Anstelle der Bezeichnung *Diffusionsstromdichte* ist für $\mathbf{j}$ auch der Name *Fluß* gebräuchlich. Betrachtet man ein infinitesimal kleines Zeitintervall dt, so ist der Fluß

$$\mathbf{j}_i = \frac{1}{F}\frac{dN_i}{dt}. \tag{8.1}$$

Der Fluß $\mathbf{j}_i$ der Komponente A_i ist dem Gradienten der Konzentration proportional und entgegengerichtet. Dies wird durch das *Erste Ficksche Gesetz* ausgedrückt:

$$\mathbf{j}_i = -D_i \boldsymbol{\nabla} c_{A_i} = -D_i \,\mathrm{grad}\, c_{A_i} \tag{8.2}$$

Die Konstante D_i ist ein phänomenologischer Koeffizient mit der Dimension (Fläche Zeit), der *Diffusionskoeffizient* genannt wird. Der Operator $\boldsymbol{\nabla}$ *(griech.: Nabla)* bezeichnet die Ableitung der Konzentration einer Spezies A_i nach den Raumkoordinaten. In einem räumlich eindimensionalen System (mit der Ortskoordinate z) ist $\boldsymbol{\nabla} = \mathbf{e}\frac{\partial}{\partial z}$, wobei $\mathbf{e}$ der Einheitsvektor ist; in einem zweidimensionalen Raum ist $\boldsymbol{\nabla} = \mathbf{k}\frac{\partial}{\partial x} + \mathbf{l}\frac{\partial}{\partial y}$ und in drei Raumdimensionen gilt $\boldsymbol{\nabla} = \mathbf{k}\frac{\partial}{\partial x} + \mathbf{l}\frac{\partial}{\partial y} + \mathbf{m}\frac{\partial}{\partial z}$. Die Vektoren $\mathbf{k}, \mathbf{l}$ und $\mathbf{m}$ sind Einheitsvektoren, die in die drei Raumrichtungen weisen. Der Gradient $\boldsymbol{\nabla} c_{A_i}$ ist richtungsabhängig und definiert daher einen Vektor. Entsprechend ist auch der Fluß eine vektorielle Größe.

Der zeitliche Konzentrationsverlauf einer Spezies A_i, die sich in dem umgebenden Medium durch Diffusion verteilt, wird durch das *Zweite Ficksche Gesetz* beschrieben:

$$\frac{\partial c_{A_i}}{\partial t} = D_i \,\Delta c_{A_i} = \mathrm{div}\,\mathrm{grad}\, c_{A_i} \tag{8.3}$$

Der *Laplace-Operator* Δ entspricht der zweiten Ableitung nach den Ortskoordinaten. $\Delta = \frac{\partial^2}{\partial z^2}$ in einer Raumdimension, $\Delta = \frac{\partial^2}{\partial x^2} + \frac{\partial^2}{\partial y^2}$ in zwei Raumdimensionen und $\Delta = \frac{\partial^2}{\partial x^2} + \frac{\partial^2}{\partial y^2} + \frac{\partial^2}{\partial z^2}$ für ein räumlich dreidimensionales System. Auch die Schreibweise ∇^2 für den Operator Δ ist gebräuchlich. Der Operator Δ definiert – anders als der Gradient – keinen Vektor. Die Lösung der Gleichung (8.3) ergibt ein räumliches Konzentrationsprofil, das sich mit der Zeit ändert. In einer Raumdimension (z) erhält man die Lösung zu:

$$c_{\mathrm{A}_i}(t,z) = c_{\mathrm{A}_i}(0,z)\,\frac{1}{\sqrt{4\pi Dt}}\,\mathrm{e}^{-z^2/4Dt} \tag{8.4}$$

Dieser Ausdruck ist mit der *Gaußschen Glockenkurve* identisch. Das Zweite Ficksche Gesetz kann auch in folgender Form geschrieben werden:

$$\frac{\partial c_{\mathrm{A}_i}}{\partial t} = -\frac{\partial}{\partial z}\mathbf{j}_i = -\boldsymbol{\nabla}\cdot\mathbf{j}_i \tag{8.5}$$

Diese Schreibweise drückt aus, daß die zeitliche Konzentrationsänderung von A_i gleich der *Divergenz* des Flusses dieser Spezies ist. Unter Divergenz versteht man hier die Ableitung von $\mathbf{j}$ nach der Ortskoordinate. Das Symbol $\cdot$ (Skalarprodukt) drückt aus, daß die Ableitung in diesem Fall nicht den vektoriellen Gradienten, sondern eine skalare Größe, eben die Divergenz, bedeutet.

In manchen Fällen kann es nützlich sein, zusätzlich zur Diffusion auch die Wanderung von Ionen in einem elektrischen Feld zu betrachten. Das Erste Ficksche Gesetz muß dann um einen Term erweitert werden, der den Beitrag der Ionenmigration zum Fluß beschreibt. Die daraus resultierende Transportgleichung wird *Nernst-Planck Gleichung* genannt. Sie hat die Form

$$\mathbf{j}_i = -D_i\left(\boldsymbol{\nabla}\, c_{\mathrm{A}_i} - \frac{z_i F}{RT}\, c_{\mathrm{A}_i}\,\mathbf{E}\right). \tag{8.6}$$

In dieser Gleichung bezeichnet $\mathbf{E}$ die lokale elektrische Feldstärke, die ebenso wie der Fluß und der Konzentrationsgradient von A_i eine vektorielle Größe ist. Die Ladungszahl des betrachteten Ions ist z_i, R ist die allgemeine Gaskonstante, T die absolute Temperatur und F die Faradaykonstante.

Mit diesem Instrumentarium an Transportgleichungen können wir nun partielle Differentialgleichungen aufstellen, mit denen wir die räumlich-zeitliche Selbstorganisation in nichtlinearen Reaktions-Diffusions-Systemen beschreiben können. Die Geschwindigkeitsgleichungen, die wir in Kapitel 2 kennengelernt haben, lauten somit in ihrer allgemeinen Form:

$$\frac{\partial c_{\mathrm{A}_i}}{\partial t} = -\boldsymbol{\nabla}\cdot\mathbf{j}_i + \sum_{k=1}^{r}\nu_{ki}\,R_k \tag{8.7}$$

Chemische Reaktion und Transport von chemischen Spezies sind einander überlagert. Spontane Strukturbildung resultiert aus dem Wechselspiel beider Prozesse. Von besonderer Bedeutung sind dabei *erregbare* chemische Reaktions-Diffusions-Systeme, denen der folgende Abschnitt gewidmet ist.

8.2 Strukturbildung in erregbaren Medien

In Kapitel 2 (Abschnitt 2.3) haben wir den Begriff der *Erregbarkeit* kennengelernt. Erregbare Systeme befinden sich in einem stationären Zustand, der sich gegenüber einer kleinen Störung stabil verhält. Übersteigt die Amplitude der Störung jedoch einen bestimmten Schwellenwert, so bewegt sich das System auf einer großen Schleife durch den Phasenraum und kehrt nach einer gewissen Zeit wieder zum erregbaren Ausgangszustand zurück. Dabei kommt der Separation der Zeitskalen im erregbaren System eine Schlüsselrolle zu. Um erregbare Systeme und ihre typischen Eigenschaften bei der Strukturbildung besser zu verstehen, ist es notwendig, die in Abschnitt 2.3 gegebenen Erläuterungen weiter zu vertiefen. Im Rahmen dieses Textes können wir allerdings nur eine grundlegende Einführung in das sowohl experimentell als auch theoretisch umfangreiche und anspruchsvolle Gebiet der Wellenbildung in erregbaren Medien geben.

Zwei Interpretationen erregbarer Systeme

Bevor wir uns erregbaren chemischen Reaktionen zuwenden, wollen wir zwei einfache allgemeine Modelle erregbarer Systeme betrachten. Wir beginnen mit dem Modell eines bistabilen Systems. Dieses Modell kann beispielsweise eine nichtlineare Reaktion beschreiben, die zwei stabile stationäre Zustände besitzt. Das Modell besitzt nur die Variable u und wird durch die Gleichung

$$\frac{du}{dt} = -u\,(u-a)\,(u-1) - v \tag{8.8}$$

beschrieben. Die Variable u kann beispielsweise für die Konzentration einer chemischen Spezies stehen. Die beiden Parameter a und v sollen Konstanten (wie etwa konstante Konzentrationen oder auch die konstant gehaltene Temperatur) sein, die den Zustand des Modells beeinflussen. Die zeitliche Änderung von u kann als Bewegung in einem Potential $\mathcal{P}$ verstanden werden: Der Wert von u ändert sich solange, bis das System in einem Potentialminimum angelangt ist. Eine solche Potentialmulde entspricht dann einem stationären Zustand, da u sich nicht mehr ändert. Das mit Gleichung (8.8) verknüpfte Potential $\mathcal{P}$ wird durch die Beziehung

$$\frac{du}{dt} = -\frac{d\mathcal{P}}{du} \tag{8.9}$$

gegeben. Der Verlauf von $\mathcal{P}$ als Funktion von u kann aus Gleichung (8.9) durch Integration leicht bestimmt werden. Die Abbildung 8.1 zeigt $\mathcal{P}(u)$ bei verschie-

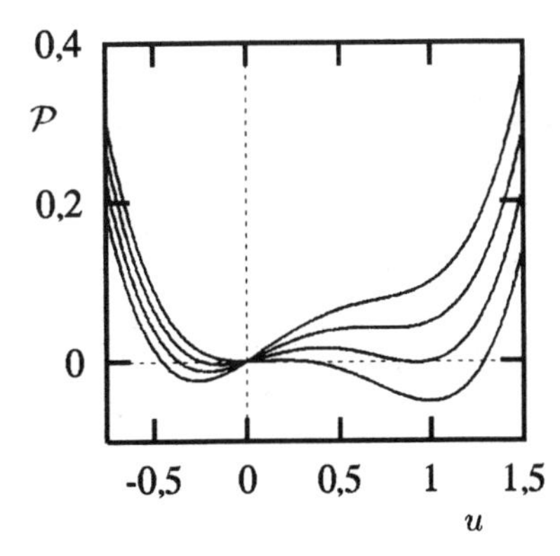

8.1 Verlauf des Potentials zu Gleichung (8.8) bei verschiedenen Werten von v. Der Parameter a wurde konstant gehalten.

denen Werten von v. Der zweite Parameter wurde bei $a = 0,2$ konstant gehalten. Das Potential $\mathcal{P}(u)$ besitzt in einem bestimmten Intervall von v zwei Minima. Diese beiden Mulden entsprechen den beiden stabilen stationären Zuständen des Modells, wobei die flachere der Mulden einen *metastabilen* Zustand definiert. Befindet sich unser Modell in einem der beiden stationären Zustände, so kann es durch eine Störung, die ausreichend groß ist, um die Barriere zwischen den Minima zu überwinden, in den anderen Zustand gebracht werden. Außerhalb des bistabilen Bereiches weist das Potential nur ein Minimum auf; das zweite Minimum wird zu einer abschüssigen Schulter der Potentialkurve deformiert. Verändert man den Wert von v zyklisch, so wird die Variable u zwischen den beiden Potentialminima hin- und hergetrieben und abwechselnd in dem einen oder dem anderen Minimum landen. Wir wollen uns nun vorstellen, daß der Parameter v zu einer zweiten Variablen des Systems wird, die vom aktuellen Wert von u abhängt. Dabei soll sich v aber so langsam ändern, daß u stets ausreichend Zeit hat, dem Potentialverlauf zu folgen. Am einfachsten erreicht man dies, indem man das Modell in Gleichung (8.8) um die Gleichung

$$\frac{dv}{dt} = \epsilon\, u, \qquad 0 < \epsilon \ll 1 \tag{8.10}$$

erweitert. Das so erhaltene dynamische System besitzt einen stabilen stationären Zustand mit $v^s = 0$ und $u^s = 0$. Stört man die Variable u in diesem Zustand so, daß das System die Potentialbarriere überwindet (dies ist der Fall, wenn die Störung größer als a ist), so bewegt sich der Zustandspunkt schnell in das Minimum auf der rechten Seite in Abbildung 8.1. Hier angelangt, beginnt der Wert der zweiten Variable v langsam zu wachsen, da u nunmehr positiv ist. Dadurch verändert sich allmählich die Potentialkurve und das Minimum, in dem sich der Zustandspunkt befindet, wird immer flacher. Schließlich verschwindet das Minimum auf der rechten Seite ganz und das System fällt in die auf der linken

Seite entstandene Potentialmulde. Die Variable u besitzt hier einen negativen Wert und die langsame Variable v beginnt wieder abzunehmen. Die schnelle Variable u folgt dem sich ändernden Potentialverlauf, bis der ursprüngliche Zustand $u = v = 0$ wieder erreicht ist. Die Störung des stationären Zustandes hat also eine große Exkursion des Systems durch den Phasenraum zur Folge, wenn die Amplitude der Störung einen Schwellenwert überschritten hat. Reicht die Störung nicht aus, um das System über die Potentialbarriere zu bringen, so klingt die Störung ab, ohne daß sich der Zustandspunkt weit vom stationären Zustand entfernt.

Wir wollen nun auf die in Abschnitt 2.3 gegebene Interpretation der Erregbarkeit, die sich auf die Nullklinen der kinetischen Gleichungen stützt, nochmals eingehen. Die Reaktions-Diffusions-Gleichungen eines zweidimensionalen Systems haben die allgemeine Form:

$$\begin{aligned} \frac{\partial u}{\partial t} &= f(u,v) + D_u \Delta u \\ \frac{\partial v}{\partial t} &= \epsilon g(u,v) + D_v \Delta v \end{aligned} \qquad (8.11)$$

Wie im Potentialmodell soll auch hier der Faktor $\epsilon = \tau_u/\tau_v$, der viel kleiner als eins ist, die Separation der Zeitskalen ausdrücken. Er ist gleich dem Quotienten aus den charakteristischen Zeitmaßen der Variablen u und v. Es sei darauf hingewiesen, daß die bisweilen in der Literatur und auch in Kapitel 2 dieses Buches (Gleichung 2.12) verwendete Form $\epsilon(du/dt') = f(u,v)$, $dv/dt' = g(u,v)$ mit der Form in Gleichung (8.11) äquivalent ist, wenn man die Zeit nach $t' = \epsilon t$ neu skaliert. Abbildung 8.2 zeigt schematisch den Verlauf der Nullklinen zweier kinetischer Funktionen $f(u,v) = 0$ und $g(u,v) = 0$. Liegt der Schnittpunkt der beiden Nullklinen zwischen den Extrema der Nullkline von f, so oszilliert das System. Liegt der Schnittpunkt aber auf einem der Äste links (wie gezeigt) oder rechts von einem Extremwert, so befindet sich das System in einem stabilen stationären Zustand. Kleine Störungen dieses Zustandes klingen in exponentieller Weise ab. Wie beim oben diskutierten Potentialmodell kann das System also auch hier in zwei stabilen (oder zumindest metastabilen) stationären Zuständen vorliegen. Eine Störung, die das System über den Kurvenabschnitt zwischen den Extrema treibt, führt zu einer Reise des Zustandspunktes durch die u-v-Ebene, wie es in der Zeichnung angedeutet wird.

Ein erregbares System wie das in Abbildung 8.2 kann sich in drei unterscheidbaren Zuständen befinden: Es kann *erregbar*, *erregt* oder *refraktär* sein. Der erregbare stationäre Grundzustand wird durch den Schnittpunkt der bei-

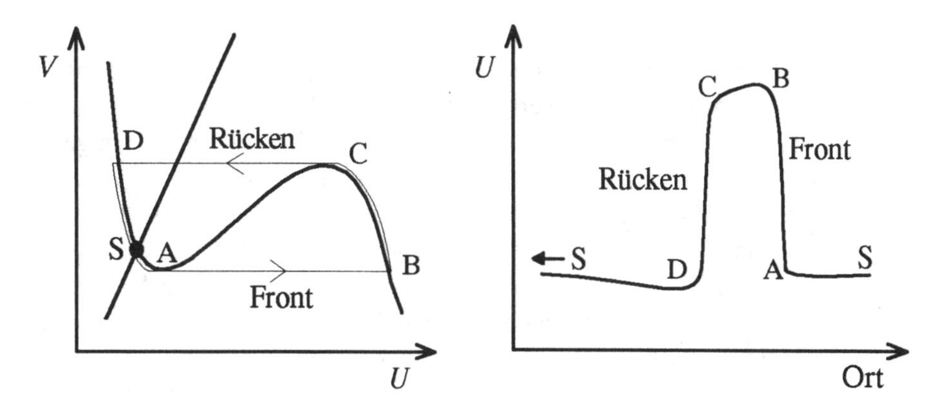

8.2 Links: Schematische Skizze der Nullklinen eines zweidimensionalen erregbaren Reaktionsmodells; rechts: Konzentrationsprofil einer Pulswelle.

den Nullklinen definiert. Nach einer ausreichend großen Störung befindet sich der Zustandspunkt des Systems auf dem gegenüberliegenden Ast der Nullkline, auf dem er sich langsam in Richtung des Extremums der Kurve bewegt. Das System befindet sich nun in seinem *erregten Zustand.* Hat der Zustandspunkt das Maximum der Nullkline erreicht, so springt er rasch auf den ursprünglichen stabilen Kurvenabschnitt zurück. Dort angelangt, kommt er nach einiger Zeit wieder an seinem stationären Ausgangspunkt an. Während sich der Zustandspunkt dem stationären Zustand nähert, ist das System nicht mehr erregbar: Man spricht von der *Refraktärphase* des Systems. Die Länge dieser Pause, in der die Erregbarkeit wiederhergestellt wird, hängt vom System und den experimentellen Bedingungen ab.

Das Potentialmodell ist mit diesem Modell der Nullklinen äquivalent. Beide Interpretationen der Erregbarkeit setzen eine Separation der Zeitskalen voraus; beide erklären die Existenz eines Schwellenwertes der Störung. Während sich das Nullklinen-Modell auf kinetische Überlegungen stützt, entspricht das Potentialmodell eher einer thermodynamischen Betrachtungsweise.

Muster in erregbaren Systemen entstehen, wenn der stabile stationäre Zustand eines im Raum verteilten Reaktions-Diffusions-Systems lokal über seinen Schwellenwert hinaus gestört wird. Wir können uns zum Beispiel ein räumlich zweidimensionales Medium vorstellen, das sich überall in seinem Ausgangszustand befindet. Da es keine Konzentrationsgradienten gibt, findet auch kein meßbarer makroskopischer Stofftransport statt. Dieses Medium soll nun lokal etwa durch Zugabe eines Reaktanten oder auch durch Eintauchen eines heißen Drahtes gestört werden. Die Störung soll bewirken, daß das System seinen kinetischen

Ausgangszustand verläßt, wodurch die Geschwindigkeit der autokatalytischen Reaktion rasch ansteigt. Bei Experimenten mit der BZ-Reaktion kann man zur Störung einen Silberdraht benutzen, an dessen Oberfläche Bromidionen gebunden werden. Dadurch wird die Konzentration des Inhibitors Br^- lokal verringert und die autokatalytische Bildung von $HBrO_2$ setzt ein. An dem Ort, an dem die Störung wirksam war, geht das System in seinen erregten Zustand über. Bedingt durch die Autokatalyse steigt die Konzentration der autokatalytischen Spezies lokal rasch an. Da sich so zwischen dem stabilen (erregbaren) und dem erregten Zustand ein steiler Konzentrationsgradient entwickelt, setzt nach Gleichung (8.2) ein diffusiver Stofftransport zwischen der erregten und der umgebenden erregbaren Region ein. Dieser Diffusionsstrom wirkt auf das erregbare Medium als Störung, die das System auch in der Nachbarschaft der ursprünglichen Störung in den erregten Zustand treibt. Auf diese Weise breitet sich die lokale Störung im Raum aus. Währenddessen klingt der erregte Zustand am Ort der ursprünglichen Störung langsam wieder ab; das System geht dort in seine refraktäre Phase über. Der refraktäre Zustand kann durch die in die Nachbarregionen weitergewanderte Störung nicht wieder erregt werden; die Störung kann also nicht wieder zu ihrem Ursprungsort zurückkehren. Nach einiger Zeit befindet sich das System am Ort der anfänglichen Störung wieder in seinem (erregbaren) Ausgangszustand. Die Störung hat sich mittlerweile im Raum ausgebreitet und bildet eine charakteristische Struktur: In einem räumlich eindimensionalen System (z. B. in einer Kapillare) entstehen Pulswellen; in zwei Raumdimensionen entstehen kreisförmige Wellen (Ringe) und Spiralen, in drei Raumdimensionen beobachtet man kugelschalen- und schraubenförmige chemische Wellen.

Pulswellen in einer Raumdimension

Räumlich eindimensionale erregbare Medien sind in der Natur vor allem bei der Signalausbreitung, beispielsweise in *Axonen*, bedeutsam. Das Axon ist ein langer Fortsatz einer Nervenzelle (Neuron), der Aktionspotentiale vom Zellkörper weg zu entfernten Zielpunkten leitet. Die Länge eines solchen Axons kann zwischen einigen Zehntel Millimeter bis zu mehr als einem Meter variieren. Im Labor kann man ein eindimensionales chemisches System realisieren, indem man eine erregbare Reaktionsmischung in eine dünne Kapillare einschließt. Bringt man im Inneren der Kapillare eine Störung an, so kann sie sich in beide Richtungen entlang der Kapillare ausbreiten. Da das erregbare System an jedem Punkt der Kapillare schließlich wieder seinen Ausgangszustand erreicht, breitet sich die Störung in Form zweier Pulse aus, die sich vom Zentrum der Störung mit gleichförmiger Geschwindigkeit in entgegengesetzten Richtungen entfernen. Die beiden Pulswellen erreichen schließlich die (nicht erregbaren) Begrenzungen der Kapillare und verschwinden.

Mit Hilfe der Nullklinen in Abbildung 8.2 kann man das Konzentrationsprofil einer Pulswelle verstehen. Die rechte Zeichnung in Abbildung 8.2 zeigt ein solches Konzentrationsprofil einer Welle, die sich mit gleichförmiger Geschwindigkeit v nach rechts bewegt. Jeder Punkt auf der Ortskoordinate durchläuft den in Abbildung 8.2 links gezeigten Zyklus S-A-B-C-D-S in der u-v-Ebene, allerdings zu unterschiedlichen Zeitpunkten. Ausgehend vom stationären Ausgangszustand S entspricht jeder Punkt links von der Wellenfront (A-B) einem späteren Zustand in diesem Zyklus. Die zeitliche Bewegung des Zustandspunktes durch die u-v-Ebene erzeugt so ein typisches Wellenprofil im Raum: Die Frontseite der Welle zeichnet sich durch einen steilen Gradienten der Konzentration der autokatalytischen Spezies aus, der aus der rasch einsetzenden autokatalytischen Bildung dieser Spezies resultiert. In der u–v-Ebene der Nullklinen entspricht die Wellenfront der schnellen Anregung des Systems entlang der Strecke A-B. Auf die steile Front folgt ein flacherer Abschnitt (B-C), in dem sich das System in seinem erregten Zustand befindet. Die Rückseite der Welle ist ebenfalls durch einen steilen Konzentrationsgradienten gekennzeichnet. Im Diagramm der Nullklinen entspricht der Wellenrücken der Strecke C-D, die den raschen Übergang auf den stabilen Ast der Nullkline beschreibt. Der Refraktärteil des Zyklus (D-S) entspricht einer vergleichsweise großen refraktären Zone, die jeder Pulswelle nachfolgt. Ist die Welle stabil, so bewegen sich Front- und Rückseite mit derselben Geschwindigkeit. Wandert die Rückseite schneller als die Front, so löscht sich die Welle selbst aus. Zwei kollidierende Wellen löschen sich ebenfalls aus, da die Umgebung der Wellenfronten unmittelbar nach einer Kollision nur erregt oder refraktär, niemals aber erregbar sein kann. Anders als bei Wasserwellen auf einem Teich gibt es bei chemischen Wellen deshalb keine positive Interferenz oder Verstärkung.

Die Ausbreitungsgeschwindigkeit einer einzelnen Pulswelle kann aus der Reaktionsgeschwindigkeit (Rate) des autokatalytischen Schrittes R_{auto} und dem Diffusionskoeffizienten der autokataltischen Spezies D_{auto} nach

$$v \propto \sqrt{\frac{1}{2} R_{\text{auto}} D_{\text{auto}}} \tag{8.12}$$

abgeschätzt werden. In der Belousov-Zhabotinsky-Reaktion, in der $HBrO_2$ autokatalytisch gebildet wird, ist die Propagationsgeschwindigkeit einer Pulswelle demnach durch $v \propto \sqrt{\frac{1}{2} c_{H^+} c_{HBrO_2} D_{HBrO_2}}$ gegeben. Gehen periodische Pulswellen von einem Schrittmacherzentrum aus, das mit einer Frequenz ω oszilliert, so hängt die Geschwindigkeit der Wellen von der Frequenz des Schrittmachers ab. Bei langsamer Oszillation des Schittmachers ist der Abstand zwischen zwei Pulswellen so groß, daß eine einzelne Welle nicht von der vorauseilenden Welle beeinflußt wird. Bei höherer Schrittmacherfrequenz jedoch spürt eine Wellenfront den Einfluß des refraktären Teiles der vorauseilenden Welle. Das Medium, das die Wellenfront vorfindet, ist hier etwas schwächer erregbar als es im Fall einer isolierten Welle ist. Daher sinkt die Geschwindigkeit der Wellenpulse mit steigender Schrittmacherfrequenz und entsprechend kleiner werdender Wellenlänge: $v = f(\omega)$.

In Experimenten mit der Belousov-Zhabotinsky-Reaktion beobachtet man Geschwindigkeiten der chemischen Welle von etwa 10^{-3} bis $0,1$ cm/s, bei Tintenfischaxonen kann die Ausbreitungsgeschwindigkeit bis zu 10^3 cm/s betragen.

Ringe und Spiralen in zwei Raumdimensionen

Konzentrische Ringe und Spiralwellen in dünnen Schichten eines erregbaren Reaktions-Diffusions-Mediums gehören zu den am besten untersuchten räumlichen Mustern in der Chemie. Kreisförmige Wellen entstehen, wenn eine kleine Störung ein räumlich zweidimensionales, erregbares Medium lokal über den Schwellenwert der Erregung treibt. Diese Störung kann dem System von außen etwa durch lokales Erhitzen mit einem heißen Draht aufgeprägt werden, sie kann aber auch spontan von einer Inhomogenität des Mediums selbst oder (wie neuere Untersuchungen gezeigt haben) von einer lokalen statistischen Fluktuation ausgehen. Werden die Wellen von einem oszillierenden Zentrum ausgesandt, so beobachtet man konzentrische Kreise, die sich vom Erregerzentrum wegbewegen. In Anlehnung an das englische Wort für *Zielscheibe* (engl. *target*) spricht man anschaulich von *target-Mustern*. Zweidimensionale Wellen in der Belousov-Zhabotinsky-Reaktion lassen sich mit wenig Aufwand in einem Demonstrationsversuch (siehe Anhang) erzeugen.

In den meisten Experimenten zur Musterbildung in der BZ-Reaktion wird Ferroin als Katalysator (und zugleich als Indikator) benutzt, weil es in einem blauen (oxidierten) und einem roten (reduzierten) Zustand vorliegen kann. Dadurch sind kontrastreiche Muster gewährleistet, die ohne optische Hilfsmittel beobachtbar sind. Anstelle von Ferroin kann auch, wie in vielen Experimenten im CSTR, Ce^{3+} eingesetzt werden; eine Beobachtung der Wellen mit bloßem Auge ist dann aber praktisch nicht mehr möglich. Häufig läßt man die musterbildende Reaktion nicht in einer dünnen Flüssigkeitsschicht ablaufen, sondern man benutzt ein Gel als Reaktionsmedium. Dadurch schaltet man den störenden Effekt der Flüssigkeitskonvektion aus, der in Flüssigkeiten durch kleine Gradienten der Temperatur (und damit der Dichte) oder auch der Oberflächenspannung praktisch immer vorhanden ist. In Experimenten mit der BZ-Reaktion benutzt man häufig Silicagel, in dem der Katalysator Ferroin immobilisiert ist, d. h. an die Gelmatrix gebunden vorliegt.

Im Gegensatz zu Pulswellen in einer Kapillare sind die Wellenfronten in einer Fläche meist gekrümmt. Diese Krümmung wirkt sich auf die *normale* Propagationsgeschwindigkeit der Welle aus. Unter der normalen Ausbreitungsgeschwindigkeit einer Welle verstehen wir die Geschwindigkeitskomponente senkrecht (normal) zur Tangente an der Wellenfront. Jedes infinitesimale Segment der Wellenfront bewegt sich mit der normalen Ausbreitungsgeschwindigkeit

$$v = v_0 - D\,K, \tag{8.13}$$

wobei v_0 die Geschwindigkeit einer planaren Wellenfront (bzw. der Pulswelle in einer Kapillare) ist und K die lokale Krümmung der Welle angibt. D ist der Diffusionskoeffizient der autokatalytischen Spezies. Die Krümmung K kann positives oder negatives Vorzeichen haben. Nach Gleichung (8.13) gibt es eine kritische Krümmung $K_{\text{crit}} = v_0/D$ (bzw. einen kritischen Radius $R_{\text{crit}} = D/v_0$), bei der die Geschwindigkeit der Wellenfront Null wird. Übersteigt die Krümmung diesen Wert, findet keine Wellenausbreitung mehr statt. Daraus ergibt sich ein minimaler Radius der Kreiswelle, der nicht unterschritten werden kann. In der BZ-Reaktion ist dieser kritische Radius unter stark erregbaren experimentellen Bedingungen etwa $R_{\text{crit}} \approx 20\,\mu\text{m}$ groß; nur Störungen, die größer sind als dieser Wert führen zur Ausbreitung einer Welle. Eine weitere wichtige Konsequenz der Beziehung (8.13) ist, daß kleine Störungen der Wellenfront bei der Propagation der Welle ausheilen: Positive Abweichungen der Krümmung von der kreis– oder spiralförmigen Idealform verlangsamen die Wellenfront lokal, negative Abweichungen beschleunigen sie. Dadurch wird das ideale Wellenprofil nach einer kleinen Störung wieder hergestellt.

Bricht man jedoch die Front einer kreisförmigen Welle auf, so bildet sich an den Bruchrändern ein Paar entgegengesetzt rotierender Spiralwellen. In stark erregbaren Systemen nehmen diese Wellen die Form einer archimedischen Spirale an, die um ein ortsfestes Zentrum rotiert. Die Geometrie einer Spiralwelle ist die einer Involuten (lat. *involvere:* einwickeln) eines Kreises: Wir stellen uns einen Bindfaden vor, der um einen runden Stab gewickelt ist. Am freien Ende des Fadens ist ein Stift befestigt. Wenn wir nun mit dem Stift die Kurve aufzeichnen, die sich beim Abwickeln des Fadens vom Kreis ergibt, erhalten wir die Involute des Kreises. Bei Spiralwellen in stark erregbaren Medien findet man Abweichungen von dieser Geometrie nur sehr nahe am Spiralenursprung. Involuten scheinen zudem für die Geometrie von chemischen Wellen bedeutsam zu sein, die sich um ein Hindernis bewegen. Bringt man ein solches Hindernis (etwa einen Würfel oder ein Prisma aus einem festen, chemisch inerten Material) in ein erregbares Medium ein, so können sich Spiralwellen an diesem Hindernis *verankern*, d. h. der Ursprung der Spirale bewegt sich entlang der Kontur des Hindernisses. Die Wellen in der Umgebung des Hindernisses nehmen näherungsweise die Geometrie der Involuten des Hindernisses an.

In einem homogenen Medium rotieren ortsfeste Spiralwellen mit einer konstanten Winkelgeschwindigkeit. Dabei bleibt die Form der Wellenfront erhalten, d. h. die lokale Krümmung K ist also zeitlich konstant. Wenn der Ursprung der Spirale nicht wandert, muß die Krümmung der chemischen Welle am Rotationszentrum $K(0)$ gleich der kritischen Krümmung K_{crit} sein. Demnach ist der Ursprung der Spirale als kreisförmiger Bereich aufzufassen, der als *Kern* (engl. *core*) der Spirale bezeichnet wird. Die Welle kann in diesen Bereich nicht vordringen, da ihre Krümmung an der Grenze des Kerns gleich der kritischen Krümmung und ihre Propagationsgeschwindigkeit dann nach Gleichung (8.13) Null ist. Die Krümmung in der Nähe des Kerns ist intuitiv nicht leicht zu verstehen. Sie hängt von der Größe des erregten Bereiches in der nahen Umgebung des Kerns ab. Die erregte Region der Welle wird ihrerseits durch die normale Geschwindigkeit der Wellenfront beeinflußt: Je langsamer die Front sich bewegt, desto schmaler ist der erregte Bereich der Welle. Die normale Geschwindigkeit hängt nun wiederum von der lokalen Krümmung der Wellenfront ab. Bricht man die Front einer kreisförmigen Welle auf, so steigt die Krümmung an den neu entstandenen Wellenenden. Dadurch sinkt die normale Geschwindigkeit, der erregte Bereich der Welle wird schmaler und die Krümmung noch stärker. Dieser Prozeß kann solange weitergehen, bis die Grenze der kritischen Krümmung erreicht ist.

Der Radius des Kerns hängt von der Erregbarkeit des Mediums ab: Je weniger ausgeprägt die Erregbarkeit des Systems ist, desto größer kann der Spiralkern werden. Für die Rotationsfrequenz ω der Spirale um diesen Kern kann man aus theoretischen Überlegungen (auf die wir nicht eingehen können) nach Zykov

8.3 Konzentrische Ringwellen und Spiralen in der BZ-Reaktion

den Ausdruck

$$\omega = \Lambda \sqrt{D_{\text{auto}}\, v_0}\, K_{\text{crit}}^{3/2} \tag{8.14}$$

angeben, in dem Λ eine universelle dimensionslose Konstante: Λ ist stets $\approx$ 0,685. Abbildung 8.3 zeigt ringförmige und Spiralwellen in der BZ-Reaktion unter den Bedingungen, die im Rezept für chemische Wellen (Anhang) gegeben werden. Um das Langzeitverhalten von Spiralwellen zu studieren, benutzt man anstelle einer Petrischale einen *offenen ungerührten Reaktor* (engl.*continuously fed unstirred reactor, CFUR*), der das Reaktions-Diffusions-System fern von seinem thermodynamischen Gleichgewichtszustand hält. Ein solcher Reaktor besteht aus einer dünnen Gelscheibe (etwa aus Polyacrylamid), die sich in Kontakt mit einem Reservoir von Reaktionslösungen befindet. Durch diffusiven Stoffaustausch zwischen dem Gel und den Vorratslösungen stellen sich Fließgleichgewichte ein, wie wir sie beim gerührten Durchflußreaktor in Abschnitt 3.1 kennengelernt haben. In jüngerer Zeit haben sich auch offene Membran-Reaktoren bewährt, in denen der Katalysator Ferroin an eine Polysulfonmembran gebunden vorliegt. Wegen des geringen Reaktionsvolumens kann man einen solchen Membranreaktor bequem mit Eduktlösungen versorgen. Offene ungerührte Reaktoren sind besonders praktisch, wenn komplexe Phänomene wie etwa eine Bewegung des Spiralenursprunges experimentell beobachtet werden sollen.

Mäandernde Spiralwellen

Die um einen ortsfesten Ursprung rotierenden Spiralwellen können instabil werden, wenn sich die Erregbarkeit des Mediums ändert. Sowohl in Experimenten mit der BZ-Reaktion als auch in numerischen Modellrechnungen wurde dieses als *Mäandern* der Spirale bezeichnete Phänomen gefunden. Die Spirale rotiert dann nicht mehr um einen kreisförmigen Kern, sondern der Spiralenursprung bewegt sich auf komplexen Bahnen durch das erregbare Medium. Er beschreibt dabei *epizyklische* Trajektorien, die an Blüten und Kleckse erinnern. In einer Ebene mit den Raumachsen Z_1 und Z_2 kann man Epizyklen mit Hilfe der Gleichungen

$$z_1(t) = R\cos(\Omega t) + r\cos(\omega t) \quad \text{und} \quad z_2(t) = R\sin(\Omega t) + r\sin(\omega t) \qquad (8.15)$$

beschreiben. Hier ist r der Radius eines Kreises, dessen Mittelpunkt auf einem zweiten Kreis mit dem Radius R liegt. Die beiden Kreise rotieren mit den Frequenzen Ω und ω, wobei ω der primären Rotationsfrequenz der (ortsfesten) Spirale und r dem Radius des ursprünglichen Spiralenkerns entspricht. Die karthesischen Koordinaten $z_1(t)$ und $z_2(t)$ bezeichnen die Lage eines Punktes auf dem Kreis mit Radius r, d. h. die Lage des Spiralursprunges in der Z_1-Z_2-Ebene. Die epizyklische Bewegung dieses Punktes entsteht also durch zwei sich überlagernde Frequenzen, einer primären Frequenz ω und einer Sekundärfrequenz ω', welche die primäre Bewegung moduliert. Die daraus resultierende Schwebungsfrequenz ist $\Omega = \omega - \omega'$. Man bezeichnet die epizyklische Bewegung des Spiralursprunges deshalb auch als *zusammengesetzte* Rotation im Gegensatz zur einfachen Rotation der ortsfesten Spirale.

Wenn die beiden Rotationsfrequenzen ω und ω' zueinander in einem rationalen Zahlenverhältnis stehen, bildet die Bahn des Spiralenursprungs eine geschlossene Linie. Dies ist den gefalteten Grenzzyklen in homogenen Systemen analog. Ist das Frequenzverhältnis irrational, so entsteht ein räumlich quasiperiodische Bahn. Auch irreguläre, chaotische Bahnen wurden beobachtet. Negative Werte von Ω führen zu einer blütenartigen Bahn mit außenliegenden Schleifen, positive Werte zu Bahnen mit innenliegenden Schleifen. Abbildung 8.4 zeigt schematische Bahnkurven, wie sie in erregbaren Medien beobachtet wurden.

Die zusammengesetzte Bewegung von Spiralwellen wird im allgemeinen in einem begrenzten Parameterbereich beobachtet. Bei genügend großer oder ausreichend kleiner Erregbarkeit des Mediums herrscht die einfache Rotation vor. In der BZ-Reaktion wurden verschiedene mäandernde Spiralen mit kleiner werdender Anfangskonzentration der Schwefelsäure beobachtet, während bei höherer Schwefelsäurekonzentration einfache Bewegungen vorherrschen. Die Erregbarkeit des BZ-Mediums sinkt dabei mit der Anfangskonzentration von H_2SO_4. Beim Übergang von einfacher zu zusammengesetzter Bewegung wird

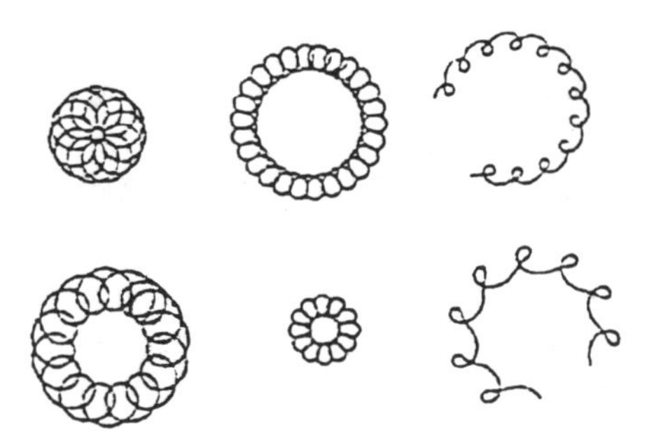

8.4 Eine Auswahl epizyklischer Trajektorien des Spiralenursprungs in einem erregbaren Medium

keine Hysterese beobachtet: Es liegt eine *superkritische Bifurkation* vor. Im letzten Abschnitt dieses Kapitels werden wir auf die lineare Stabilitätsanalyse der Spiralwellendynamik kurz zu sprechen kommen.

Synchronisation und Resonanz bei Spiralwellen

Bei der zusammengesetzten Bewegung ändert sich die Krümmung der Welle in der Nähe des Ursprungspunktes in periodischer Weise. Gleichzeitig ändert sich auch das Profil der Welle. Beide Prozesse führen zu einer Modulation der normalen Propagationsgeschwindigkeit der Welle und der Wanderungsgeschwindigkeit des Spiralenursprungs, die schließlich die beobachtete Dynamik ergibt. Da die kritische Krümmung von der Erregbarkeit des Mediums abhängt, liegt es nahe, die zusammengesetzte Bewegung durch eine langsame Modulation der Erregbarkeit zu kontrollieren. Experimentell gelingt eine solche periodische Modulation der Erregbarkeit, wenn man statt Ferrion in der BZ-Reaktion den Ruthenium-Bispyridyl-Komplex $Rh(bpy)_3^{2+}$ benutzt. Diese Komplexverbindung kann ähnlich wie Ferroin als Katalysator wirken, sie ändert aber ihr Reduktions- und Oxidationsvermögen bei der Belichtung. Wird der Katalysator durch Lichtabsorption angeregt, so beschleunigt er die Produktion von Bromid. Als Inhibitor der Reaktion verlangsamt Bromid den autokatalytischen Schritt und beeinflußt so die Erregbarkeit. In dieser photosensitiven Variante der BZ-Reaktion kann man die Erregbarkeit also von außen verändern, indem man das Reaktionsmedium mehr oder weniger stark beleuchtet. Je intensiver das Reaktionsmedium beleuchtet wird, um so weniger erregbar verhält es sich. So kann man z. B. Wellenfronten mit einem Laserstrahl durchschneiden, man kann Spiralwellen an einem Lichtfleck verankern und man kann die Eigenschaften des gesamten Mediums beeinflussen, indem man eine homogene Lichtquelle einsetzt, die das

Medium gleichmäßig beleuchtet (S. C. Müller et al.). Eine sinusförmige Modulation der Erregbarkeit ist in diesem System durch periodische Modulation der Beleuchtungsstärke des Mediums möglich. Dadurch wird letztlich die Rate der Bromidproduktion im Mechanismus periodisch verändert. In Experimenten mit der $Rh(bpy)_3^{2+}$-katalysierten BZ-Reaktion konnten Müller und Steinbock auf diese Weise mehrere offene und geschlossenen epizyklische Trajektorien des Spiralenursprungs in Phase mit der externen Modulation erhalten. Man kann hier wie bei periodisch getriebenen Oszillatoren von *Entrainment* sprechen; die Modulation der Lichtintensität synchronisiert die Bewegung des Spiralenursprungs. Mit einem zwei-Variablen-Oregonator konnte dieses Verhalten numerisch simuliert werden, indem die Geschwindigkeit der Bromidproduktion (ein Parameter des Modells) sinusförmig gestört wurde.

Einfluß eines elektrischen Feldes auf Puls- und Spiralwellen

Die Bewegung von chemischen Wellen in Reaktionen, die ionische Spezies enthalten, kann durch ein von außen an das Medium angelegtes elektrisches Feld kontrolliert werden. So kann man die Geschwindigkeit von Pulswellen der BZ-Reaktion in einer Kapillare durch ein externes elektrisches Feld beeinflussen. Ausschlaggebend ist dabei die Migration von Bromidionen im elektrischen Feld. Bromid als Inhibitor der BZ-Reaktion (es verlangsamt den autokatalytischen Schritt) bestimmt die Erregbarkeit des Mediums und damit die Propagationsgeschwindigkeit der Welle. Bewegt sich die Wellenfront etwa auf die Kathode zu, so verlangsamt die entgegengerichtete Bewegung von Bromid die Wellenausbreitung; die in die Richtung der Anode laufenden Wellen werden durch die zusätzliche Migration von Bromid beschleunigt. Schon moderate Feldstärken von nur etwa 10 V/cm können die Propagationsrichtung einer Pulswelle umdrehen. Dabei muß sich das komplette Profil der chemischen Welle invertieren: Für kurze Zeit bleibt die Welle am Umkehrpunkt stehen, und ihr Profil ist dann nahezu symmetrisch. Ein solches Verhalten von chemischen Wellen in erregbaren Medien ist nur in einem externen Feld möglich, da hinter der Wellenfront der nicht erregbare Refraktärteil nachfolgt. Wenn sich die Welle im elektrischen Feld auf die Kathode zubewegt, dann führt die Bewegung von Bromidionen in Richtung der Anode dazu, daß die Bromidkonzentration im Refraktärteil der Welle unter einen Schwellenwert sinkt. Unterhalb dieses Schwellenwertes der Bromidkonzentration wird das Medium erregbar und eine neue Wellenfront kann entstehen, die sich in entgegengesetzter Richtung zur ursprünglichen Welle bewegt. Noch überraschender ist die Aufspaltung einer einzelnen Pulswelle in zwei gegenläufige Wellenpulse durch ein elektrisches Feld. Bei der Spaltung einer Welle bleibt die ursprüngliche Wellenfront erhalten, während sich eine neue Front auf der Rückseite der Welle ausbildet. Dies ist nur möglich, wenn die ursprüngliche Welle sich auf die Kathode zubewegt und die autokatalytische Reaktion hinter der Wellenfront eine neue Welle initiiert, die in die entgegengesetzte Richtung läuft: Während im rückwärtigen Teil der Welle die Bromidkonzentration sinkt, entsteht eine breite Zone hoher Feriinkonzentration (oxidierter Zustand), aus dem sich zwei gegenläufige Wellen entwickeln. Sowohl bei der Umkehr als auch bei der Spaltung von Pulswellen ändert die Wanderung von Bromid im elektrischen Feld die lokale Dynamik der Reaktion am Umkehr- oder Spaltungspunkt. Das System geht dort für kurze Zeit von einem erregbaren in einen bistabilen Zustand über.

Zweidimensionale Strukturen in ionischen erregbaren Systemen lassen sich ebenfalls durch elektrische Felder manipulieren. Die Effekte elektrischer Felder auf Spiralwellen in der BZ-Reaktion wurden in den letzten Jahren gründlich untersucht. In diesen Arbeiten wurden elektrische Feldstärken bis zu 10 V/cm, entsprechend einer Stromstärke von etwa 50 mA, eingesetzt. Dabei fand man, daß der Spiralursprung zur Anode hin driftet. Überraschenderweise weist diese Drift aber auch eine zweite Richtungskomponente senkrecht zum elektrischen Feldvektor auf. Die Richtung dieser senkrechten Komponente hängt von der Drehrichtung (der Chiralität) der Spirale ab. Ein Paar gegenläufig rotierender Spiralen wandert also in einem elektrischen Feld entsprechender Polarität gemeinsam in Richtung der Anode, wobei sich die Spiralursprünge gleichzeitig voneinander entfernen. Dreht man die Polarität des elektrischen Feldes um, so bewegt sich der Ursprung beider Spiralen langsam in seine Ausgangsposition zurück; die Spiralenursprünge können sich sogar treffen und gegenseitig auslöschen: In diesem Fall entstehen konzentrische Kreiswellen („Zielscheibenwellen“). Neben der Bewegung des Spiralenursprunges bewirkt ein elektrisches Feld auch eine Verzerrung der Spiralwelle selbst. In Abwesenheit des Feldes weisen Spiralwellen in stark erregbaren Medien – wie weiter oben in diesem Abschnitt beschrieben wurde – annähernd die Form einer idealen archimedischen Spirale auf. Die Wirkung des elektrischen Feldes auf die Wellenfront deformiert die Spirale, wobei der Effekt des Feldes zum Cosinus des Winkels zwischen elektrischem Feldvektor und normaler Ausbreitungsgeschwindigkeit der Welle proportional ist. Das Feld wirkt also nicht auf alle Punkte der Wellenfront in gleicher Weise, wodurch es zur beobachteten Deformation der Spirale kommen kann. Wie auch im Fall der Pulswellen ist die Migration von Bromidionen für diese Phänomene verantwortlich.

Strukturen in drei Raumdimensionen

Die topologischen Eigenschaften von chemischen Wellen in drei Raumdimensionen sind weniger gut untersucht als die Strukturen in zweidimensionalen Medien. Die Gesetzmäßigkeiten der Wellenausbreitung in zwei Dimensionen sind aber auf dreidimensionale Systeme übertragbar. Die Oberfläche einer dreidimensionalen Wellenfront ist an jedem Punkt durch zwei lokale Krümmungsradien R_1 und R_2 (bzw. lokale Krümmungen $K_1 = 1/R_1$ und $K_2 = 1/R_2$) charakterisiert. Für kleine Krümmungen ist die normale Ausbreitungsgeschwindigkeit analog zu Gleichung (8.13) in zwei Raumdimensionen

$$v = v_0 - 2\,D\,K_{1,2}, \tag{8.16}$$

wobei die mittlere Krümmung $K_{1,2}$ gleich $K_{1,2} = (K_1 + K_2)/2$ ist.

Die einfachsten dreidimensionalen Strukturen sind kugelschalenartige Wellen, die von einem Schrittmacherzentrum ausgehen. Sie sind den zielscheibenartigen konzentrischen Wellen in zwei Raumdimensionen analog. Daneben gibt es auch dreidimensionale rollenartige Wellen, deren Form man aus einer zweidimensionalen Spirale ableiten kann, indem man die Spirale nach oben „zieht". Diese Wellen sind demnach ähnlich wie Schriftrollen geformt und ihr Verhalten ist dem einer Spiralwelle analog. Während eine Spiralwelle um einen scheibenförmigen Kern rotiert, drehen sich dreidimensionale Rollenwellen um ein lineares *Filament* in ihrem Zentrum. Denkt man sich das Filament zu einem Ring geschlossen, erhält man eine Ring-Rollenwelle, die in erregbaren Medien ebenfalls beobachtet worden ist. Solche ringförmigen Wellen sind aber meist nicht über längere Zeit stabil, sondern sie schrumpfen während einiger Rotationen um das Filament und verschwinden schließlich. Kompliziertere Strukturen – die in zwei Raumdimensionen keine direkte Entsprechung haben – entstehen, wenn eine Rollenwelle mit geradlinig verlaufendem Filament entlang ihrer vertikalen Achse verdrillt wird. Eine solche verdrillte Rollenwelle bewegt sich schraubenartig durch das Reaktionsmedium. Stabile helikal verdrillte Rollenwellen wurden in einem BZ-Medium beobachtet, in dem ein schwacher Konzentrationsgradient aufrechterhalten wurde. Dieser Gradient führt zu einem Gradienten

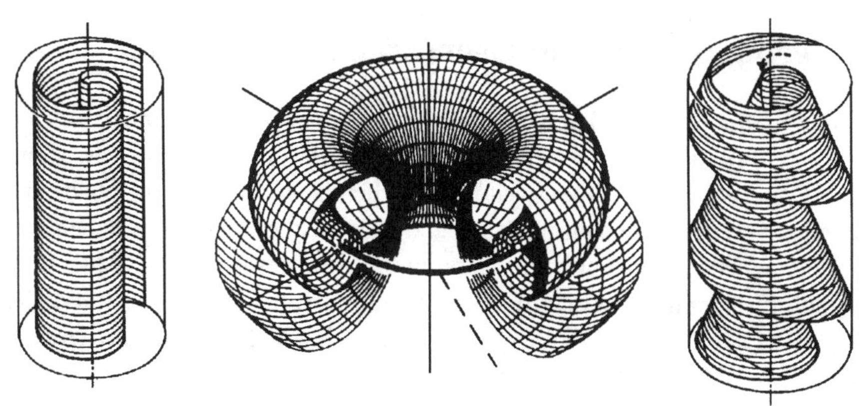

8.5 Typische chemische Wellen in drei Raumdimensionen: Geradlinige, ringförmige und verdrillte Rollenwelle (Nach A.S. Mikhailov, Foundations of Synergetics I, Springer Series in Synergetics, Vol. 51, Springer-Verlag: Berlin, Heidelberg (1990)).

der Erregbarkeit des Mediums, der wiederum die verdrillte Welle stabilisiert: Die Rotationsgeschwindigkeit einer Rollenwelle hängt von der Erregbarkeit des Mediums ab. Der Gradient der Erregbarkeit führt zu einem Gradienten der Rotationsgeschwindigkeit und damit zur Verdrillung der Welle. In Abbildung 8.5 werden gerade und ringförmige Rollenwellen sowie eine verdrillte Rolle schematisch gezeigt. Aus diesen einfachen Strukturelementen können sehr komplexe dreidimensionale Muster gebildet werden. So können ineinander verschlungene Ring-Rollenwellen oder miteinander verbundene verdrillte Wellen auftreten. Es gibt aber einige Einschränkungen, die die Zahl der möglichen Kombinationen begrenzen. Zum Beispiel können sich unverdrillte Ring-Rollenwellen nicht zu Ketten verbinden. Andererseits können hochkomplexe Strukturen durch Verknotungen der Wellenfilamente entstehen. Eine detaillierte Betrachtung der in drei Raumdimensionen erlaubten Wellenformen würde den Rahmen diese Buches übersteigen; sie setzt weitreichende Kenntnisse der mathematischen Topologie voraus.

Experimentell können dreidimensionale Wellen in Systemen wie der BZ-Reaktion zwar leicht erzeugt werden, ihre Beobachtung bereitet aber praktische Schwierigkeiten. Die Oberfläche der Welle verdeckt gewissermaßen den Blick auf ihr Inneres. Genaue Strukturinformationen sind aber in einigen Fällen mit Hilfe der NMR-Tomographie gewonnen worden. Dieses aufwendige bildgebende Verfahren wurde für medizinische Anwendungen entwickelt, erlaubt aber auch in der BZ-Reaktion den dreidimensionalen Blick ins Innere von raumzeitlichen Strukturen.

8.3 Turing-Strukturen: Chemische Morphogenese

Die bisher in diesem Kapitel besprochenen chemischen Wellen zeichnen sich dadurch aus, daß sie sich im Reaktionsmedium ausbreiten und ständig in Bewegung bleiben. Daneben gibt es eine zweite Form chemischer Muster in Reaktions-Diffusions-Systemen, die sich in Raum und Zeit nicht verändern. Solchen stationären, dabei aber nicht-uniformen Strukturen kommt eine gewisse Bedeutung in der biologischen Morphogenese zu. So wurde z. B. postuliert, daß stationäre chemische Muster in einem frühen embryonalen Stadium für die Aktivierung von Genen sorgen, die für die Biosynthese von Farbpigmenten in der Fellzeichnung von Leoparden und Zebras verantwortlich sind. Außerdem wurden stehende chemische Muster auch mit der Aktivierung von Genen im Ei der Fruchtfliege *Drosophila* und generell von Insektenembyonen in Verbindung gebracht. Für eine solche Aktivierung durch stationäre chemische Muster wurde jedoch bislang noch kein konkretes Beispiel gefunden. Allerdings sind häufig vorkommende biologische Muster (wie beispielsweise Streifen und Punktmuster mit hexagonaler Symmetrie) generische Strukturen, die aus der Wechselwirkung einer nichtlinearen Reaktion mit der molekularen Diffusion entstehen können.

Die Idee, daß stehende räumliche Muster durch unterschiedliche Diffusionskoeffizienten der Spezies in einer nichtlinearen Reaktion erzeugt werden können, geht auf den britischen Mathematiker Allan Turing zurück. Daher werden die chemischen Strukturen, die wir in diesem Abschnitt vorstellen wollen, auch *Turing-Muster* genannt. Eine bifurkationstheoretische Deutung der Turing-Muster wird im Abschnitt 8.6 gegeben; an dieser Stelle beschränken wir uns auf experimentelle Ergebnisse. Allan Turing hat die moderne Mathematik in vielfältiger Weise bereichert. Grundlegend sind etwa seine Beiträge zur theoretischen Informatik. Während des Zweiten Weltkrieges war er maßgeblich an der Dechiffrierung des deutschen Nachrichten-Codes beteiligt.

In einer im Jahr 1952 unter dem Titel *Die chemischen Grundlagen der biologischen Morphogenese* erschienenen Arbeit konnte Turing zeigen, daß aus einem unstrukturierten räumlich-zeitlichen Zustand spontan geordnete Muster entstehen können, wenn die autokatalytische Spezies der Reaktion langsamer diffundiert als diejenigen Moleküle, die mit der autokatalytischen Spezies reagieren und so ihre Konzentration vermindern. Obwohl Turing von der Bedeutung chemischer Muster bei der biologischen Strukturbildung überzeugt war, erkannte er aber auch ihre Grenzen. In Anspielung auf die Fellzeichnung von Leoparden und Zebras sagte er einmal, daß er Punkte und Streifen zwar erklären könne, die eigentliche Schwierigkeit sei aber der„Katzen- und der Pferdeteil des Problems".

In der älteren Literatur wird die autokatalytische Spezies häufig als *Aktivator* bezeichnet, während eine Substanz, die die Konzentration des Aktivators verringert, *Inhibitor* genannt wird. Wir wollen diese Bezeichnungen hier ebenfalls verwenden, da sie zur Erklärung von Turing-Mustern recht anschaulich sind. Voraussetzung für eine spontane Entstehung von Turing-Strukturen ist, daß der Quotient D_A/D_I, also der Quotient der Diffusionskoeffizienten von Aktivator und Inhibitor, kleiner als Eins ist. In diesem Fall kann die Konzentration des Aktivators lokal anwachsen, weil sich der Inhibitor relativ schnell im System verteilt. Durch die weitreichende Inhibierung wird andererseits aber verhindert, daß sich der Aktivator im gesamten System gleichmäßig ausbreitet. Wegen der Einschränkung für die Diffusionskoeffizienten von Aktivator und Inhibitor erwies es sich als sehr schwierig, Turing-Muster in nichtlinearen chemischen Reaktionen experimentell zu erhalten. Während man sich in einem biologischen System leicht vorstellen kann, daß ein Inhibitor wie das H_3O^+-Ion schneller diffundiert als ein autokatalytisch gebildetes Protein, findet man bei chemischen Reaktionen in wäßriger Lösung meistens ähnliche Diffusionskoeffizienten. Es dauerte fast vier Jahrzehnte, bis die erste chemische Turing-Struktur im Jahr 1990 experimentell realisiert werden konnte. Dies gelang einer Arbeitsgruppe im französischen Bordeaux mit der zuvor bereits gut bekannten Chlorit-Iodid-Malonsäure-Reaktion (CIMA-Reaktion) in einem offenen Gelreaktor.

Turing-Muster in der CIMA-Reaktion

Den Zwischenprodukten Chlordioxid (ClO_2) und Iod (I_2) kommt in dieser Reaktion, die auch Oszillationen in einem Durchflußrührreaktor zeigt, eine Schlüsselrolle zu. Der Mechanismus der CIMA-Reaktion folgt dem vereinfachten Schema

$$\begin{aligned} MA + I_2 &\longrightarrow IMA + I^- + H^+ \\ ClO_2 + I^- &\longrightarrow \frac{1}{2} I_2 + ClO_2^- \\ ClO_2^- + 4\,I^- + 4\,H^+ &\longrightarrow Cl^- + 2\,I_2 + 2\,H_2O, \end{aligned} \tag{8.17}$$

in dem MA Malonsäure und IMA ihre iodierte Form bedeuten. In der CIMA Reaktion wird Iod autokatalytisch gebildet; es spielt also die Rolle des Aktivators in dieser Reaktion. Turing-Strukturen werden durch einen Trick ermöglicht: Dem Reaktionsmedium wird Amylose als Farbindikator für Iod zugesetzt. Durch die

Bildung des bekannten tiefblauen Triiodid-Amylose-Komplexes

$$\text{Amylose} + I^- + I_2 \rightleftharpoons \text{Amylose} \cdot I_3^- \qquad (8.18)$$

wird gleichzeitig erreicht, daß der effektive Diffusionskoeffizient von Iod viel kleiner wird als die Diffusionskonstanten der übrigen Spezies. In einer quasi-zweidimensionalen Gelschicht wurden in der CIMA Reaktion mit Amylose die folgenden (generischen) Turing-Muster gefunden: Hexagonale Punktmuster von blauen Punkten (Triiodid-Amylose-Komplex) auf hellem Grund, helle Punkte auf blauen Grund, Streifen und Zick-Zack-Muster. Unter einem hexagonalen Punktmuster ist eine Struktur zu verstehen, bei der jeder Punkt regelmäßig von sechs weiteren Punkten umgeben ist. Die beiden möglichen Punktmuster – helle Punkte auf blauem Grund und blaue Punkte auf hellem Grund – werden zur Unterscheidung 0- und *π-hexagonale* Muster genannt. Außer diesen regulären Strukturen wurde auch über räumlich chaotische, turbulente Muster in der CIMA-Reaktion berichtet. Diese irregulären Strukturen zeichnen sich durch eine kurze räumliche Korrelationslänge sowie durch unvorhersagbares räumlich-zeitliches Verhalten aus.

Besonders interessante räumlch-zeitliche Strukturen entstehen, wenn Turing-Muster mit Oszillationen und Wellen in Wechselwirkung treten. Diese *Turing-Hopf-Wechselwirkung* wurde experimentell in der CIMA-Reaktion untersucht und auch in numerischen Simulationen untersucht. In der CIMA-Reaktion (mit Amylose) gelangt man von stehenden Turingmustern zu chemischen Wellen, indem man die Amylosekonzentration reduziert. Bei bestimmten experimentellen Bedingungen zwischen reinen Turing-Mustern und reinen Wellen kann man beobachten, daß einzelne Turing-Punkte als Schrittmacherzentren von Wellen agieren. So wurde in einem offenen (eindimensionalen) Kapillarreaktor ein ortsfester Turing-Punkt beobachtet, der Pulswellen abwechselnd nach beiden Seiten der Kapillare aussandte. Dieses Phänomen wurde als *eindimensionale Spiralwelle* und auch als *chemischer Flip-Flop* bezeichnet. Auch über eine Koexistenz von Turing-Mustern und Oszillationen bei denselben experimentellen Bedingungen wurde berichtet. Dabei hängt es von den Anfangsbedingungen im Experiment ab, welcher Zustand erhalten wird. Diese Koexistenz ermöglicht auch das Auftreten von räumlich benachbarten Domänen mit stationären und oszillierenden Mustern in demselben Reaktionsmedium. Schließlich gibt es oszillierende Zustände, die in einen Turing-Hintergrund eingebettet sind: Hier findet man ortsfeste Strukturen, die jedoch zeitlich oszillieren.

8.6 Turing-ähnliche Muster im PA-MBO-System (siehe auch Anhang). Die beiden hexagonalen Punktmuster, Streifen und Zick-Zack-Muster sind generische Turing-Strukturen. Sie entstehen auch in der CIMA-Reaktion mit Amylose als Komplexierungsagens und Farbindikator.

Das PA-MBO-System

Die experimentelle Realisierung von Turing-Mustern in der CIMA-Reaktion erfordert gewisse apparative Voraussetzungen. Man braucht ein schwach vergrößerndes Mikroskop, um die Strukturen mit einer typischen Wellenlänge von etwa $0,2$ mm beobachten zu können. Das Reaktionsmedium muß außerdem auf einer Temperatur von 4° C gehalten werden.

In jüngster Zeit wurden Turing-ähnliche Muster in einer zweiten chemischen Reaktion entdeckt, die geringere Anforderungen an die Ausstattung eines Labors stellt. In dieser Reaktion wird Sulfid durch Luftsauerstoff in Gegenwart des Katalysators Methylenblau oxidiert. In einer Polyacrylamid-Matrix zeigt die Methylenblau-Sulfid-Sauerstoff Reaktion (PA-MBO-System) bei Raumtemparatur beide Typen des hexagonalen Punktmusters, Streifen und Zick-Zack-Muster, wie sie auch in der CIMA-Reaktion gefunden werden. In Abbildung 8.6 werden typische Muster gezeigt. Die Wellenlänge dieser Strukturen ist mit ca. 2 mm groß genug, um die kontrastreichen Muster mit bloßem Auge sehen zu können. Daher eignet sich das PA-MBO-System zu Demonstrationsversuchen, die in jedem Schullabor durchgeführt werden können. Wir geben im Anhang eine Anleitung dazu. Die größte experimentelle Schwierigkeit liegt in der Verwendung von möglichst reinem Natriumsulfid.

Für das Methylenblau-Sulfid-Sauerstoff-System wurde ein umfangreicher

Mechanismus vorgeschlagen, der das Oszillationsverhalten dieser Reaktion im Durchflußrührreaktor erklärt. Der Kern dieses Reaktionsmodells läßt sich in acht Reaktionsgleichungen zusammenfassen:

$$
\begin{aligned}
\{H_2O\} + MB^{\cdot} + \{HS^-\} &\xrightarrow{k_1} \{MBH\} + HS^{\cdot} + \{HO^-\} \\
\{HO^-\} + MB^+ + HS^{\cdot} &\xrightarrow{k_2} MB^{\cdot} + \{'S'\} + \{H_2O\} \\
\{H_2O\} + O_2^- + \{HS^-\} &\xrightarrow{k_3} \{HO_2^-\} + HS^{\cdot} + \{HO^-\} \\
HS^{\cdot} + O_2^- &\xrightarrow{k_4} \{HO_2^-\} + \{'S'\} \\
\{H_2O_2\} + 2\{HS^-\} &\xrightarrow{k_5} 2\,HS^{\cdot} + 2\{HO^-\} \\
MB^{\cdot} + O_2 &\xrightarrow{k_6} MB^+ + O_2^- \\
\{HO^-\} + 2\,HS^{\cdot} &\xrightarrow{k_7} \{HS^-\} + \{'S'\} + \{H_2O\} \\
\{H_2O\} + \{MBH\} + O_2^- &\xrightarrow{k_8} MB^{\cdot} + \{H_2O_2\} + \{HO^-\} \qquad (8.19)
\end{aligned}
$$

Die Spezies in geschweiften Klammern liegen im Überschuß vor, bzw. ändern ihre Konzentration praktisch nicht. Sie sind für das dynamische Verhalten nicht essentiell, und ihre Konzentrationen können als Parameter des Modells behandelt werden. Der Katalysator Methylenblau kommt in einer blauen oxidierten Form (MB^+) sowie als reduziertes, farbloses Leuko-Methylenblau (MBH) vor. Beide Formen können sich über eine radikalische Zwischenstufe $MB^{\cdot}$ ineinander umwandeln (Reaktionen 1, 2, 6 und 8 in (8.19)). Aus dem Schema (8.19) kann die Quelle der Nichtlinearität der Reaktion abgeleitet werden. Es scheint sich hier um eine doppelte Inhibierung von Radikalketten zu handeln, wobei O_2 und $HS^{\cdot}$ die Rolle der Inhibitoren spielen. Sauerstoff inhibiert die Reduktion von MB^+ zu MBH (Reaktionen 6, 2 und 1), bis der größte Teil des Sauerstoffs durch das katalytisch aktive Paar MB^+ /$MB^{\cdot}$ (Reaktionen 6, 3 und 2) aus dem System entfernt wird. Gleichzeitig inhibiert das Hydrogensulfidradikal, das bei der Reduktion von $MB^{\cdot}$ entsteht (Reaktion 1), die Reoxidation des Leuko-Methylenblaus (Reaktionen 8, 6 und 4). Die Oxidation von MBH kommt erst in Gang, wenn die Konzentration von $HS^{\cdot}$ durch Reaktion mit Sauerstoff aus der Luft absinkt (Reaktionen 4 und 6). Aus diesem Grund muß das PA-MBO System offen bezüglich des Luftsauerstoffes sein. Dieser reduzierte Mechanismus erklärt zwar Oszillationen von MB^+ und O_2 im Durchflußrührreaktor, er gibt jedoch viele Details nicht richtig wieder. Unser Verständnis dieser nichtlinearen Reaktion ist noch recht unvollkommen. Die oxidierte Form des Farbstoffes, MB^+, erhöht seine eigene Bildungsgeschwindigkeit, so daß MB^+ als Aktivator der

Reaktion betrachtet werden kann. Über die aktive Rolle der Polyacrylamidmatrix ist ebenfalls noch nicht viel bekannt. Es gibt spektroskopische Hinweise für eine Wechselwirkung zwischen funktionellen Gruppen des Polyacrylamidgels mit MB^+. Diese Wechselwirkungen scheinen für die unterschiedlichen Diffusionskoeffizienten von Aktivator und Inhibitor verantwortlich zu sein.

Effekte elektrischer Felder

Elektrische Felder können chemische Muster beeinflussen, wenn ionische Spezies an der Reaktion beteiligt sind. Wenn Turing-Strukturen an der biologischen Morphogenese mitwirken, dann kommt elektrostatischen Effekten in biologischen Membranen dabei sicherlich einige Bedeutung zu. Bedingt durch den selektiven und aktiven Transport von Ionen können an Membranen lokale elektrische Felder auftreten, die auf morphogenetische Turing-Muster einwirken. Aus diesem Grund ist es sinnvoll, die Effekte elektrischer Felder auf Turing-Strukturen zu untersuchen.

Im PA-MBO-System lassen sich die oben beschriebenen Muster durch ein von außen an das Gel angelegtes elektrisches Feld manipulieren. Ionische Spezies, wie HS^-, O_2^- und auch MB^+, die an der Reaktion beteiligt sind, wandern im Feld und beeinflussen die Struktur des Musters. Stellt man die experimentellen Bedingungen so ein, daß man (ohne elektrisches Feld) ein Muster von hellen Punkten auf blauem Hintergrund erhält, so kann ein von außen angelegtes elektrisches Feld zur Ausbildung von Streifen führen. Die Orientierung der Streifen hängt dabei von der Stärke des Feldes ab: Ein schwaches Feld führt zu Streifen, die parallel zu den Feldlinien verlaufen, ein stärkeres Feld stabilisiert Streifen senkrecht zu den Feldlinien. Abbildung 8.7 verdeutlicht den Einfluß eines elektrischen Feldes auf ein Punktmuster.

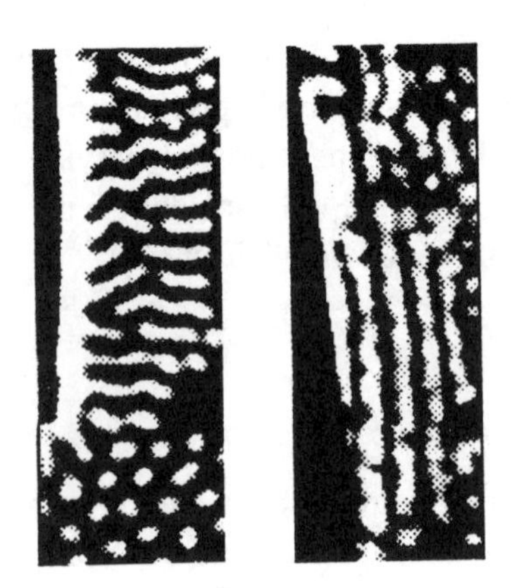

8.7 Effekt eines elektischen Feldes im PA-MBO-System: Ein schwaches Feld ($E = 5\text{V/cm}$, links) führt zu Streifen parallel zum externen Feld, größere Feldstärken führen zu senkrechten Streifen ($E = 10\text{V/cm}$, rechts). Die Anode befindet sich jeweils links, die Kathode rechts im Bild. Im linken Bild ist unter der Anode noch das ungestörte Punktmuster zu sehen.

8.4 Chemische Muster in Oberflächenreaktionen

Oszillationen und räumlich-zeitliche Selbstorganisation in heterogenen Reaktionen sind Phänomene, denen eine erhebliche technische Bedeutung zukommt. Chemische Reaktionen auf Festkörperoberflächen in offenen Reaktoren bilden die Grundlage unzähliger katalytischer Prozesse. Darüberhinaus sind heterogene Reaktionen zwischen Elektrolyten und Elektrodenoberflächen von großer praktischer Bedeutung. Zum Beispiel kennt man Oszillationen der Spannung an den Elektroden einer Elektrolysezelle, welche Kupferchlorid, gelösten Wasserstoff und Perchlorsäure enthält. Fließt ein elektrischer Strom durch die Zelle, so finden die Reaktionen $H_2 \to 2\,H^+ + 2\,e^-$ und $Cu^{2+} + 2\,e^- \to Cu$ statt. Reguliert man die Stromstärke so, daß die Stromdichte während eines Experimentes stets konstant bleibt und erhöht man die Stromdichte sodann schrittweise, so treten oberhalb einer kritischen Stromdichte Oszillationen der Spannung auf. Erhöht man die Stromdichte weiter, beobachtet man Periodenverdopplung und sogar deterministisches Chaos. Bei dieser Reaktion ist die Konkurrenz zwischen Wasserstoffmolekülen und Kupferionen um freie Bindungsstellen auf der Platinelektrode wichtig, wobei die Anionen als Inhibitoren der Reaktion wirken. Ähnliche Phänomene wurden auch bei der elektrolytischen Auflösung von Kupfer in Gegenwart von Chloridionen beobachtet. Genauer handelt es sich hier um die elektrolytische Oxidation von Kupfer in einer wäßriger Lösung von NaCl und Schwefelsäure. Man benutzt dabei eine schnell rotierende scheibenförmige Kupferelektrode als Anode. Das elektrische Potential an der Elektrode wird mittels eines Potentiostaten konstant gehalten, die Stromdichte im System als Funktion der Zeit registriert. Verzweigungsparameter sind sowohl das an der Kupferelektrode anliegende elektrische Potential als auch die Rotationsgeschwindigkeit der Elektrode. Unter bestimmten Bedingungen beginnt die Stromdichte zu oszillieren; man findet Periodenverdopplung und Chaos. Darüberhinaus sind komplexe Grenzzyklen, quasiperiodische Oszillationen und homoklinische Bahnen in diesem System beobachtet worden. Modelle des Mechanismus der oszillierenden Elektrodenreaktion gehen von einer schwerlöslichen Kupfer(I)-Schicht von veränderlicher Dicke aus, die sich auf der Oberfläche der rotierenden Kupferelektrode ausbildet. Der Aufbau dieser porösen Schicht erfolgt über die Oxidation von Cu(0) zu Cu(I) und ihr Abbau entweder durch Komplexbildung oder durch Oxidation von Cu(I) zu Cu(II) (sogenanntes Pearlstein-Modell):

$$\begin{aligned} \mathrm{Cu_{fest}} + \mathrm{Cl^-_{aq}} &\rightarrow \mathrm{CuCl_{fest}} + \mathrm{e^-} \\ \mathrm{CuCl_{fest}} + \mathrm{Cl^-_{aq}} &\rightarrow \mathrm{CuCl^-_{2\ Oberfläche}} \\ \mathrm{CuCl^-_{2\ Oberfläche}} &\rightarrow \mathrm{CuCl^-_{2\ aq}} \\ \mathrm{CuCl_{fest}} &\rightarrow \mathrm{Cu^{2+}_{aq}} + \mathrm{Cl^-_{aq}} + \mathrm{e^-} \end{aligned} \tag{8.20}$$

Die Ursache für die Nichtlinearität dieser Reaktion liegt in komplexen Reaktions– und Transportprozessen auf der Elektrodenoberfläche und in ihrer unmittelbaren Umgebung. Die Nernst-Schicht und schwerlösliche Oberflächenschichten sind dabei von Bedeutung, da sich die elektrische Leitfähigkeit der Oberfläche und die Dicke, Zusammensetzung und Struktur der Oberflächenschicht wechselseitig beeinflussen.

Ein faszinierendes und gut untersuchtes Beispiel einer nichtlinearen heterogenen Reaktion ist die katalytische Oxidation von Kohlenmonoxid an einer Platin-(110)-Einkristalloberfläche im Ultrahochvakuum. Vor allem G. Ertl und Mitarbeiter am Fritz-Haber-Institut in Berlin haben zum Verständnis der Reaktion wesentlich beigetragen. Der Mechanismus dieser Reaktion der Bruttogleichung $2\,\mathrm{CO} + \mathrm{O_2} \rightarrow 2\,\mathrm{CO_2}$ ist wohlbekannt. Er kann folgendermaßen formuliert werden:

$$\begin{aligned} \mathrm{CO} + * &\overset{k_a, k_d}{\rightleftharpoons} \mathrm{CO_{ad}} \\ \mathrm{O_2} + 2* &\rightleftharpoons \mathrm{O_{2\ ad}} \rightarrow 2\,\mathrm{O_{ad}} \\ \mathrm{O_{ad}} + \mathrm{CO_{ad}} &\overset{k_r}{\rightarrow} \mathrm{CO_2} + 2\,* \end{aligned} \tag{8.21}$$

Die beiden Reaktanden konkurrieren um freie Bindungsstellen (∗) auf der Oberfläche des Katalysators. Dabei benötigt der Sauerstoff pro Molekül mehrere freie

Stellen auf der Oberfläche, um dissoziativ auf ihr zu chemisorbieren (Schritt 2 in Schema (8.21)). Das adsorbierte Kohlenmonoxid wirkt deshalb als Inhibitor für die Chemisorption des Sauerstoffes. Adsorbierter Sauerstoff bildet eine vergleichsweise lockere Deckschicht auf der Platinoberfläche und behindert die Adsorption von CO (Schritt 1) kaum. Das Reaktionsprodukt CO_2 entsteht auf der Oberfläche durch Kombination von adsorbiertem CO mit chemisorbierten Sauerstoffatomen (Schritt 3). Es desorbiert unmittelbar nach seiner Bildung von der Oberfläche und diffundiert in die Gasphase. Bezeichnet man den Bedeckungsgrad (die Oberflächenkonzentration) durch CO mit u_1 und den Bedeckungsgrad durch Sauerstoff mit u_2 , so kann man folgende Geschwindigkeitsgleichungen für den Mechanismus (8.21) formulieren:

$$\begin{aligned} \frac{\partial u_1}{\partial t} &= s_{CO}\, p_{CO} - k_d\, u_1 - k_r\, u_1\, u_2 + D_1 \Delta u_1 \\ \frac{\partial u_2}{\partial t} &= s_{O_2}\, p_{O_2} - k_r\, u_1\, u_2 + D_2\, \Delta u_2 \end{aligned} \tag{8.22}$$

Hier sind s_{CO} und s_{O_2} Adsorptionswahrscheinlichkeiten und p_{CO} und p_{O_2} die Partialdrücke von CO und O_2. Die Adsorptionswahrscheinlichkeiten hängen vom Bedeckungsgrad mit CO und Sauerstoff ab. D_1 und D_2 sind die Oberflächendiffusionskonstanten von CO_{ad} und O_{ad}. Weiter bedeutet k_d die Desorptionskonstante von CO und k_r ist die Geschwindigkeitskonstante der Reaktion zwischen adsorbiertem CO und chemisorbiertem Sauerstoff. Die Desorption von Sauerstoff geschieht so langsam, daß sie vernachlässigt werden kann. Es gibt zwei Strukturmodifikationen der (110)-Oberfläche des Platineinkristalles. In der 1×1-Modifikation liegen die Platinatome in übereinander gestapelten Ketten vor, während die 1×2-Modifikation dadurch gekennzeichnet ist, daß in der obersten Atomlage jede zweite Kette fehlt. Beide Formen können sich ineinander umwandeln, indem Platinatome aus der obersten Atomlage nach oben oder unten verschoben werden. Der Phasenübergang $1 \times 2 \rightarrow 1 \times 1$ wird oberhalb einer kritischen Oberflächenkonzentration von CO induziert. Allerdings besitzt die 1×1-Form eine höhere Adsorptionswahrscheinlichkeit für Sauerstoff s_{O_2} als die 1×2-Oberfläche. Der Sauerstoff wird nun bevorzugt gebunden und er verdrängt Kohlenmonoxid langsam von der Oberfläche, bis der kritische CO-Bedeckungsgrad unterschritten wird und sich die Oberflächenstruktur wieder nach $1 \times 1 \rightarrow 1 \times 2$ ändert. Auf diese Weise oszilliert die Oberfläche zwischen ihren beiden Modifikationen hin und her. Für die Nichtlinearität der Reaktion sind also die Eigenschaften der Platinoberfläche und die Wechselwirkungen mit dem Adsorbat verantwortlich. Bei bestimmten experimentellen Bedingungen treten

Oszillationen des CO-Partialdruckes, des Bedeckungsgrades der Oberfläche mit CO und Sauerstoff sowie der Rate der CO_2-Produktion auf. Sowohl periodische Schwingungen als auch Periodenverdopplung ins Chaos wurden beobachtet.

Neben zeitlichen Oszillationen zeigt die Oxidation von CO auf Platin eine bemerkenswert große Fähigkeit zur räumlichen Selbstorganisation. Außer der Diffusion von Reaktanden auf der Oberfläche ist bei heterogenen Reaktionen oft ein zweiter Mechanismus wirksam, der verschiedene Bereiche der Oberfläche miteinander koppelt. Während die Diffusion eine vergleichsweise kurze Reichweite aufweist, kann eine solche *globale* Kopplung beispielsweise durch Wärmeleitung des metallischen Katalysators oder durch Änderungen des Partialdruckes einer Komponente in der Gasphase eintreten. Bei der CO-Oxidation auf Platin im Ultrahochvakuum ist es eine leichte Modulation des Partialdruckes von Kohlenmonoxid ($\leq 1\%$), die praktisch gleichzeitig auf der gesamten Katalysatoroberfläche wirksam wird und zusätzlich zur Oberflächendiffusion von CO_{ad} und O_{ad} auftritt. Diese globale Kopplung kann zu periodischen Oszillationen führen, bei denen der Bedeckungsgrad durch CO und Sauerstoff in relativ großen Bereichen der Einkristalloberfläche gleichförmig in Phase schwingt.

Zur Beobachtung räumlich-zeitlicher Strukturen auf einer Platinoberfläche ist eine spezielle, aufwendige Technik nötig. Treffen Photonen ausreichender Energie auf eine Metalloberfläche, so können sie Elektronen aus der Oberfläche freisetzen. Die Energie dieser Photoelektronen ist gleich der Differenz aus der Photonenenergie und der *Auslösearbeit*, die aufgebracht werden muß, um das Elektron aus dem Festkörper zu lösen. Die Auslöseenergien einer Platinoberfläche hängen vom Bedeckungsgrad der Oberfläche mit adsorbiertem Kohlenmonoxid oder Sauerstoff ab. Wenn man die Oberfläche mit ultraviolettem Licht bestrahlt, kann man räumliche Strukturen erkennen, indem man die Photoelektronen mit elektromagnetischen Linsen bündelt und auf einen Leuchtschirm leitet. Diese Technik wird *Photoelektronen-Emissions Elektronenmikroskopie*, kurz *PEEM* genannt. In einem PEEM-Bild erscheinen mit Sauerstoff belegte Flächen dunkel, mit CO belegte dagegen hell.

PEEM-Bilder einer Pt-(110)-Oberfläche, die bei experimentellen Bedingungen nahe am oszillierenden Bereich der CO-Oxidation aufgenommen wurden, zeigen typische chemische Wellen, wie wir sie bei erregbaren Systemen bereits kennengelernt haben: Man findet Ringwellen und Spiralen. Im oszillierenden Bereich existieren ebenfalls Ringwellen, die konzentrisch von einem oszillierenden Schrittmacherzentrum ausgehen. Die Oszillationen des CO-Partialdruckes und der CO_2-Rate können also mit Ringwellen oder mit „In-Phase-Schwingungen“

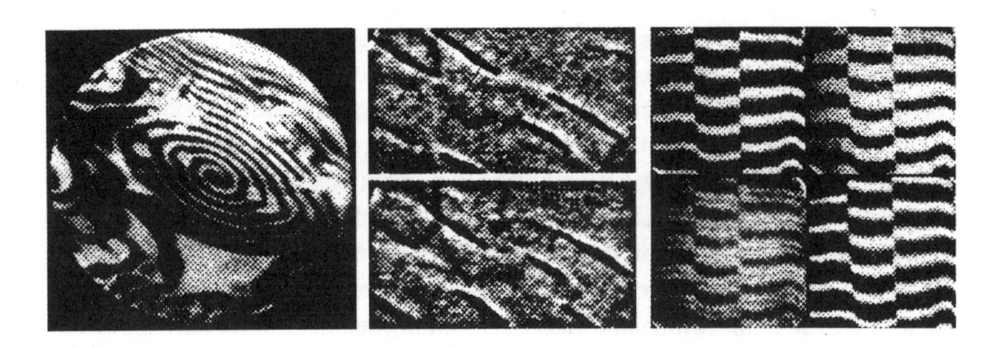

8.8 PEEM-Bilder typischer Strukturen, die bei der Oxidation von Kohlenmonoxid auf einem Platin-Einkristallkatalysator entstehen (nach G. Ertl, Science **254** 1750 (1991)). Links: elliptische Spiralwelle, mitte: Solitonwellen, rechts: stehende chemische Wellen (die Bilder wurden zu sukzesssiven Zeitpunkten aufgenommen).

durch globale Kopplung einhergehen. Auf anisotropen Oberflächen, auf denen die Diffusionskoeffizienten richtungsabhängig sind, entstehen verzerrte Ring- oder Spiralwellen. Abhängig von der Art der Anisotropie kann es elliptische oder sogar annähernd rechteckige Wellen geben. Wie in einem erregbaren Medium erwartet, löschen sich kollidierende Fronten von Ring- oder Spiralwellen aus. Zusätzlich zu den in erregbaren Systemen generischen Wellenarten gibt es bei der CO-Oxidation auch stehende chemische Wellen (sie können nur unter dem Einfluß der globalen Kopplung auftreten) und *Solitone.* Bei stehenden Wellen beobachtet man im PEEM-Bild stationäre Steifenmuster, die zeitlich zwischen hell und dunkel oszillieren. Solitonwellen sind einzelne Pulswellen mit einem glockenförmigen räumlichen Konzentrationsprofil. Wellen, die entstehen, wenn ein Stein auf eine ruhende Wasseroberfläche fällt, sind z. B. typische Solitonwellen. Auf der Pt-Oberfläche wandern die Solitone nur entlang einer bestimmten kristallographischen Richtung (001). Zwei kollidierende Solitonwellen löschen sich meistens aus, manchmal durchdringen sie einander. Dieses in erregbaren Systemen äußerst ungewöhnliche Verhalten hängt wahrscheinlich mit einem kurzfristigen Übergang der Reaktion von einem erregbaren in einen bistabilen Zustand am Ort der Kollision zusammen. Ein verwandtes Phänomen ist uns beim Aufspalten einer Pulswelle im elektrischen Feld bereits begegnet. Auch räumlch-zeitlich irreguläre, turbulente Strukturen können auftreten. Sie korrespondieren mit chaotischen Zeitserien des CO-Partialdruckes. In Abbildung 8.8 werden einige Beispiele räumlich-zeitlicher Strukturen gezeigt.

8.5 Muster, Wellen und Chemotaxis in der Biologie

Die interessantesten Anwendungen der Gesetzmäßigkeiten, die sich bei der Untersuchung von chemischen Reaktions-Diffusions-Systemen ergeben, stammen aus dem Bereich der Biologie. Chemische Wellen und spontane Strukturbildung sind in der belebten Natur ubiquitär. Räumliche Musterbildung wurde beispielsweise im Zusammenhang mit präbiotischer Evolution für die Selektion zwischen Zuständen verantwortlich gemacht, die im homogenen Fall dieselbe Wahrscheinlichkeit besitzen würden. Räumliche Strukturbildung ist in vielen biologischen Systemen, wie zum Beispiel auf der Retina von Wirbeltieren und im visuellen Cortex der Katze, beobachtet worden. In diesem Abschnitt wollen wir kurz drei Beispiele vorstellen, die einen Eindruck von der Bedeutung nichtlinearer Phänomene in der belebten Natur geben.

Spiralwellen im Herzmuskel

Der sogenannte *plötzliche Herztod* ist eine in den Industrienationen häufige Todesursache. Er betrifft vor allem Patienten, die an einer bestimmten Art von Herzrhythmusstörung leiden. Im gesunden Herzen pflanzt sich das elektrische Signal, das zu einer Kontraktion des Herzmuskels führt, sehr schnell durch den gesamten Herzmuskel fort. Dadurch kommt es zu einer beinahe gleichzeitigen Kontraktion des gesamten Herzens, die das Blut aus den Herzkammern in den Kreislauf pumpt. Experimente mit speziell präparierten Herzen von Schafen und Kaninchen haben gezeigt, daß der Herzmuskel als erregbares Medium aufgefaßt werden kann. Diese Eigenschaft ist es, die eine für die gesunde Herzfunktion ausreichend schnelle Signalausbreitung ermöglicht. Im Verlauf dieses Kapitels haben wir gesehen, daß Spiralwellen in erregbaren Medien generisch sind. In den letzten Jahren wurden experimentelle Belege dafür gefunden, daß Spiralwellen auch im Herzmuskel auftreten und dabei – zum Nachteil des betroffenen Patienten – ebenfalls außerordentlich stabil sein können. Etabliert sich eine Spiralwelle im Herzmuskel, so wird die Signalausbreitung so stark beeinträchtigt, daß keine ausreichende Pumpleistung des Herzens mehr gewährleistet ist: Es kommt zum unmittelbar lebensbedrohenden *Herzkammerflimmern*. Im günstigsten Fall ist ein Notarzt zur Stelle, der die Spiralwelle durch *Defibrillation* zu löschen versucht. Bei dieser dramatischen medizinischen Notmaßnahme werden Elektroden auf die Brust des Patienten aufgesetzt und ein starker elektrischer Puls durch das Herz geleitet. Durch die elektrische Störung geht der gesamte Herzmuskel in seinen erregten Zustand über, wodurch eine weitere Propagation der Welle unterbunden wird. Nach dem Abklingen der Erregung des Herzmuskels versucht der Arzt, die normale Herztätigkeit durch Herzdruckmassage wiederherzustellen. Das Auftreten von Herzkammerflimmern scheint durch eine Vorschädigung des Herzmuskels, etwa durch einen vorausgegangenen Infarkt, begünstigt zu werden. Geschädigtes Gewebe ist nicht mehr erregbar, und Spiralwellen können sich an einem solchen Hindernis fest „verankern". Untersuchungen über die Erregbarkeit des Herzgewebes könnten dazu beitragen, effektivere Defibrillatoren zu konstruieren und Pharmaka zu entwickeln, die dem plötzlichen Herztod vorbeugen.

Intrazelluläre Calciumwellen

Ein gut untersuchtes Phänomen intrazellulärer Prozesse ist die Freisetzung von Calcium in lebenden Zellen. Das Ca^{2+}-Ion ist ein wichtiger Signalstoff, der eine Vielzahl von Zellfunktionen, vor allem an Hormonrezeptoren, steuern kann. Wesentlich für die Freisetzung von Calcium ist die Produktion von Inositol-Triphosphat (IP_3). IP_3 wird durch eine Anzahl von Phospholipase-Enzymen gebildet, die ihrerseits von Hormonen aktiviert werden. Nachdem IP_3 von diesen Enzymen in das Zellplasma abgegeben wird, bindet es an seinen intrazellulären Rezeptor (IP_3R) und setzt damit Ca^{2+} aus dem endoplasmatischen Reticulum frei. Mit Hilfe bestimmter Fluoreszenzfarbstoffe kann man die Konzentrationsverteilung von Ca^{2+} in der Zelle unter dem Mikroskop sichtbar machen. Mit der konfokalen Mikroskopie gelingt es, Schnittbilder der Calcuimkonzentration in der Zelle zu erzeugen. Dabei wird die intrazelluläre Ca^{2+}-Konzentration in einer Ebene gemessen. In den Oocyten von *Xenopus laevis* – einer Froschart, die häufig für Experimente in der Biologie eingesetzt wird – konnte man auf diese Weise Spiralwellen von Ca^{2+} in einer lebenden Zelle nachweisen. Das Verhalten dieser Wellen entspricht genau den Spiralwellen in bekannten erregbaren Medien, wie etwa der BZ-Reaktion. Die Ausbreitungsgeschwindigkeit der Welle hängt also auch hier linear von der Krümmung der Wellenfront ab, und kollidierende Wellen löschen einander aus. Aus Messungen der Wellengeschwindigkeit bei verschiedenen Temperaturen und Vergleich mit der Diffusionskonstante von Calciumionen wurde geschlossen, daß Ca^{2+} selbst die aktivierende Spezies für die Wellenausbreitung ist, d. h. Calciumionen stimulieren ihre eigene Freisetzung. Die Konzentration des Signalstoffes IP_3 und die Zahl der besetzten Rezeptoren IP_3R scheint dagegen nahezu konstant zu bleiben. Bei niedriger Calciumkonzentration in der Zelle bewirkt Ca^{2+} zusammen mit IP_3 eine weitere Freisetzung von Calciumionen. Diese positive Rückkopplung dauert solange an, bis die Calciumvorräte im endoplasmatischen Retikulum erschöpft sind. Während der Refraktärphase werden die Calciumreservoirs dann durch aktive Ionenpumpen wieder aufgefüllt. Der grundlegende nichtlineare Schritt, der für die Bildung von Calciumwellen verantwortlich ist, besteht also in einer positiven Rückkopplung der Calciumkonzentration auf die Aktivität von IP_3R und damit auf ihre eigene Freisetzung.

Aggregation von Schleimpilzen

Die Aggregation des Schleimpilzes *Dictyostelium discoideum* macht eindrucksvoll deutlich, daß spontane Musterbildung in erregbaren Medien mit der Entwicklung von mehrzelligen Organismen verknüpft sein kann. Der Schleimpilz lebt im Erdreich, wo er sich von Bakterien ernährt. Bei einem ausreichend großen Nahrungsangebot lebt Dictyostelium discoideum als einzellige Amöbe, die von ihren Artgenossen keine Notiz nimmt. Wenn die Nahrung jedoch knapp zu werden beginnt, vereinigt sich eine Vielzahl von Amöben zu einem mehrzelligen Organismus. Die Aggregation der Einzeller wird durch den Botenstoff *zyklisches AMP* (cAMP) gesteuert. Einige Zellen übernehmen dabei die Funktion eines Aggregationszentrums, indem sie periodisch cAMP abgeben. Auf der Oberfläche ihrer Zellmembran befinden sich Rezeptoren, die cAMP registrieren können. Die Zellen in der Umgebung des Aggregationszentrums beginnen nun, sich in Richtung des Gradienten von cAMP zu bewegen: Ihre Zellmembran bildet Ausbuchtungen auf der Seite höherer c-AMP-Konzentration, während sie sich am entgegengesetzten Ende zusammenzieht. Auf diese Weise fließen die Einzeller in der Richtung der cAMP-Quelle. Man nennt diesen Vorgang *Chemotaxis.* Dieser Prozeß führt zu einer periodischen Wellenbewegung von Amöben auf das Aggregationszentrum zu. Die chemotaktischen Wellen kann man in Monoschichten von Amöben unter dem Mikroskop beobachten: Zellen in Bewegung besitzen eine gestreckte Form, während ruhende Zellen die Gestalt unregelmäßiger Scheibchen aufweisen. Dank der unterschiedlichen Gestalt brechen sich bewegende Zellen das Licht anders als ruhende. Mit Hilfe einer speziellen Beleuchtungstechnik, der *Dunkelfeldmikroskopie,* kann man die chemotaktischen Wellen erkennen. Dunkelfeldaufnahmen zeigen, daß die Amöben

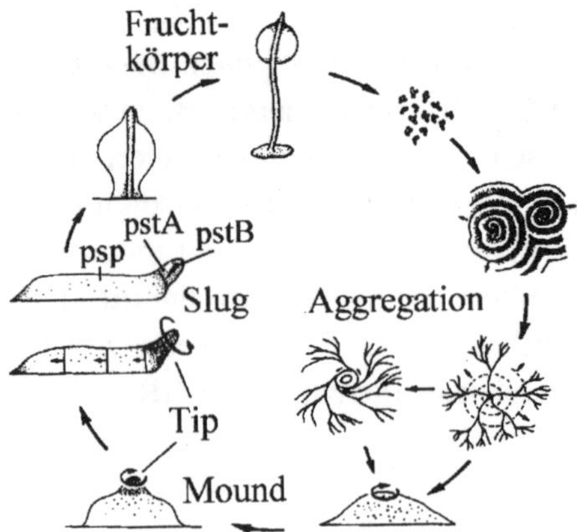

8.9 Lebenszyklus des Schleimpilzes Dictyostelium discoideum.

sich in Form chemotaktischer Spiralwellen auf das Zentrum zubewegen. Die Wanderung der Zellen erinnert an Satellitenaufnahmen eines Wirbelsturms, der sich um sein Zentrum dreht. Nach einiger Zeit bildet sich ein zylinderförmiger Körper, der etwa 10^5 Zellen enthält. In diesem Körper kann man die Chemotaxis nicht mehr mit Dunkelfeld-Mikroskopie verfolgen. Es gelang jedoch, einzelne Zellen gentechnisch so zu verändern, daß sie selektiv einen bestimmten Fluoreszenzfarbstoff binden. Auf diese Weise konnte man einzelne Zellen markieren und ihre Bewegung im Aggregat verfolgen. Es zeigt sich, daß die Wellenbewegung auch im Aggregat noch vorhanden ist. In dem Bereich des Aggregates, aus dem sich in der weiteren Entwicklung des Schleimpilzes der Sporenkörper formt, beobachtet man ganz leicht gekrümmte, fast planare Wellenfronten der Zellbewegung. In dem Teil, der sich später zum Stiel des Pilzes umformt, rotieren die Zellen. In einem räumlich dreidimensionalen Modell eines einfachen erregbaren Systems von der Art des Zwei-Variablen-Oregonators erhält man eine solche Differenzierung zwischen (fast) planaren und rotierenden Ring-Rollenwellen, wenn man einen Gradienten der Erregbarkeit (d. h. einen Gradienten des Parameters ϵ in (8.11)) annimmt. Tatsächlich unterscheiden sich die Vorstufen von Stiel- und Sporen-Teil des Aggregats durch die lokalen Konzentrationen von cAMP und damit durch ihre Erregbarkeit. Eine hohe cAMP-Konzentration führt später zur Ausbildung des Stiels des Pilzes. Chemotaxis und Zelldifferenzierung hängen also offenbar mit der wellenförmigen Ausbreitung des Botenstoffes cAMP zusammen. Der Lebenszyklus des Schleimpilzes ist schematisch in Abbildung 8.9 gezeigt.

8.6 *Modelle und ein wenig Theorie

Ein Reaktions-Diffusions-System mit n chemischen Spezies kann, wie am Beginn dieses Kapitels bereits kurz erwähnt, durch Gleichungen der allgemeinen Form

$$\frac{\partial A_i}{\partial t} = f(\mathbf{A}) + D_i \frac{\partial^2 A_i}{\partial z^2}, \quad 0 \leq z \leq L \tag{8.23}$$

beschrieben werden (wir benutzen hier wie in Kapitel 2 die dimensionslosen Variablen A_i anstelle der molaren Konzentrationen $c_{\mathrm{A_i}}$). In manchen Fällen ist die Ausdehnung des Systems im Raum, z. B. die Länge einer Kapillare oder die Dicke einer Gelscheibe, ein Bifurkationsparameter des Systems. Durch die Renormierung $D_i \rightarrow D_i/L^2$, bei der L die charakteristische Ausdehnung des Systems ist, wird erreicht, daß die Länge des Modellsystems stets gleich eins ist. Mit anderen Worten, die Ortskoordinate z liegt nun in einem Intervall zwischen Null und Eins. Die Gleichung (8.23) wird so zu dem Ausdruck

$$\frac{\partial A_i}{\partial t} = f(\mathbf{A}) + \frac{D_i}{L^2} \frac{\partial^2 A_i}{\partial z^2}, \quad 0 \leq z \leq 1, \tag{8.24}$$

in dem die Systemgröße einfach die Einheitslänge ist. In zwei und drei Raumdimensionen gilt dasselbe für eine charakteristische Länge L. Wir setzen die Renormierung des Diffusionskoeffizienten D_i von nun an stillschweigend voraus.

Randbedingungen

Ein Reaktions-Diffusions-Modell ist mit Gleichung (8.23) noch nicht vollständig definiert. Außer dem Mechanismus der chemischen Reaktion und dem Beitrag des Stofftransportes zu den Reaktionsraten müssen auch die *Randbedingungen* des Modells definiert werden. Randbedingungen, die bereits beim Aufstellen des Reaktionsmechanismus berücksichtigt werden, sind etwa die Erhaltung von Masse und Ladung bei chemischen Reaktionen. Zusätzlich geben die Randbedingungen aber auch an, in welcher Umgebung sich das Reaktions-Diffusions-System befindet: Wollen wir beispielsweise chemische Wellen in einer Petrischale modellieren, dann müssen wir berücksichtigen, daß durch die festen Glaswände der Pertischale kein diffusiver Stofftransport stattfindet. Das Erste Ficksche Gesetz besagt, daß in diesem Fall keine Konzentrationsgradienten an den Begrenzungen des Systems (bei $z = 0$ und $z = L$) existieren dürfen.

Betrachten wir dagegen eine gelgefüllte Glaskapillare, die mit einem Durchflußreaktor verbunden ist, so müssen die Konzentrationen an den Enden der Kapillare gleich den Konzentrationen im Reaktor sein. In einem ringförmigen Reaktions-Diffusions-Medium wiederum müssen die Konzentrationen und die Konzentrationsgradienten an den (gedachten) Rändern des Systems gleich sein. In jedem dieser Fälle gelten bestimmte Einschränkungen für die raum-zeitliche Verteilung von chemischen Spezies. Wichtige Randbedingungen, die den oben genannten Fällen entsprechen, sind *von-Neumann*– (8.25), *Dirichlet*- (8.26) und *periodische* (8.27) Randbedingungen:

$$\frac{\partial A_i}{\partial z}(0,t) = \frac{\partial A_i}{\partial z}(L,t) = 0 \tag{8.25}$$

$$A_i(0,t) = \text{const}_0.; \quad A_i(L,t) = \text{const}_L. \tag{8.26}$$

$$A_i(z,t) = A_i(z+L,t); \quad \frac{\partial A_i}{\partial z}(z,t) = \frac{\partial A_i}{\partial z}(z+L,t) \tag{8.27}$$

In einer Computersimulation räumlich-zeitlicher Muster mit Hilfe von Modellen wie (8.23) muß sichergestellt sein, daß die Randbedingungen erfüllt werden. Das Resultat einer solchen Modellrechnung hängt stark von den jeweils gewählten Randbedingungen ab.

Lineare Stabilitätsanalyse in Reaktions-Diffusions-Modellen

Die mathematische Analyse der Stabilität stationärer Zustände fernab vom thermodynamischen Gleichgewicht (wie wir sie in Kapitel 2 (Abschnitt 2.4) kennengelernt haben) erweist sich auch bei Reaktions-Diffusions-Systemen als wertvoll. Die grundlegenden Ideen sind hier dieselben wie dort. Allerdings ist die Analyse partieller Differentialgleichungen, die räumlich ausgedehnte Systeme beschreiben, schwieriger, als dies bei gewöhnlichen Differentialgleichungen der Fall ist. Im Rahmen dieses Buches sollen deshalb nur die Grundlagen einer linearen Stabilitätsanalyse musterbildender Reaktions-Diffusions-Systeme behandelt werden.

Unter einem räumlich-zeitlich stationären Zustand einer chemischen Reaktion wollen wir ein räumliches Konzentrationsprofil verstehen, das sich mit der Zeit nicht verändert. Wie bei den in Kapitel 2 behandelten stationären Zuständen muß man auch in räumlich ausgedehnten Systemen zwischen stabilen und instabilen Zuständen unterscheiden. Dazu wird ein stationärer Zustand, der durch den

Konzentrationsvektor $\mathbf{A}^s$ beschrieben wird, nach folgender Beziehung gestört:

$$\gamma = \mathbf{A} - \mathbf{A}^s \tag{8.28}$$

Hier sind γ, $\mathbf{A}$ und $\mathbf{A}^s$ n-dimensionale Vektoren, deren Elemente die Konzentrationen der gestörten Variablen enthalten. Die zeitliche Entwicklung der Störung γ folgt der Gleichung

$$\frac{\partial \gamma}{\partial t} = \mathsf{J}_0\, \gamma + \mathsf{D}\, \Delta \gamma. \tag{8.29}$$

Hier ist J_0 die Jacobi-Matrix am stationären Zustand und die Elemente der Matrix D sind die Diffusionskoeffizienten der chemischen Spezies. Meist kann man annehmen, daß die verschiedenen Spezies voneinander unabhängig diffundieren. In diesem Fall ist D eine diagonale Matrix. Um Gleichung (8.29) lösen zu können, führt man eine räumliche Fourier-Transformation aus. Man ersetzt die partielle Differentialgleichung (8.29) auf diese Weise durch gewöhnliche Differentialgleichungen, deren Lösung weit weniger Schwierigkeiten bereitet. Bei der räumlichen Fourier-Transformation zerlegt man die Komponenten γ_i des Störvektors, die jeweils auf eine Variable A_i einwirken, in eine Reihe von Cosinus-Wellen mit der Wellenzahl k und der entsprechenden Wellenlänge $l = 2\pi/k$. Jede dieser Wellen trägt jeweils mit einer bestimmten Amplitude $y_k(t)$ zum Gesamtmuster bei:

$$\gamma_i(z) = \sum_{k=0}^{\infty} y_k(t) \cos(k\pi z) \tag{8.30}$$

Die partielle Differentialgleichung (8.29) kann dann durch n gewöhnliche Differentialgleichungen der Form

$$\frac{dy_k}{dt} = (\mathsf{J}_0 - k^2 \mathsf{D})\, y_k \tag{8.31}$$

ersetzt werden, in der $y_k(t)$ die zeitabhängige Amplitudenfunktion zur Fourierkomponente der Störung γ_i mit der Wellenzahl k ist. Die Wellenzahl k beschreibt dabei die charakteristische Ausdehnung einer räumlichen Fourierkomponente. In einem System mit begrenzter Ausdehnung kann k nur diskrete Werte annehmen; der kleinste mögliche Wert ist $k_{\min} = 2\pi/L$, wobei L die Gesamtausdehnung des Systems im Raum ist. In einem System ohne Begrenzung ist das Spektrum von k kontinuierlich. In Analogie zum quantenmechanischen Problem eines Teilchens im Potentialkasten kann man auch hier von einer *Quantelung* der erlaubten Wellenzahlen (oder *Moden*) sprechen. Während die Quantelung der erlaubten Energieniveaus im quantenmechanischen System eine Konsequenz der

Randbedingungen der Schrödinger-Gleichung ist, ist das diskrete Spektrum der Wellenzahlen k eine Konsequenz der Randbedingungen von Gleichung 8.31. Die allgemeine Lösung von Gleichung 8.31 ist

$$y_k(t) = e^{(\mathsf{J}_0 - k^2 \mathsf{D})\, t}\, y_k^0. \tag{8.32}$$

Die zeitliche Entwicklung jeder Fourierkomponente der Störung γ hängt von den Eigenwerten der Matrix $(\mathsf{J}_0 - k^2\,\mathsf{D})$ ab. Wenn alle Eigenwerte dieser Matrix für eine gegebene Wellenzahl negative Realteile haben, dann wird die Fourierkomponente der Störung mit dieser Wellenzahl abklingen. Besitzt aber nur ein Eigenwert für irgendeine Wellenzahl einen positiven Realteil, dann ist der stationäre Zustand instabil. Eine kleine Störung wird dann in der instabilen Fourierkomponente zeitlich anwachsen: Das System verläßt den stationären Zustand.

Wir müssen also die Eigenwerte der Reaktions-Diffusions-Matrix $(\mathsf{J}_0 - k^2\,\mathsf{D})$ berechnen, um Aussagen über die Stabilität eines räumlich-zeitlich stationären Zustandes machen zu können. In bestimmten Ausnahmefällen sind die gesuchten Eigenwerte einfach aus den Eigenwerten von J_0 und D nach $\lambda_i^J - k^2 \lambda_i^D$ zu berechnen. Diese Ausnahmen beruhen aber auf strikten Einschränkungen für J_0 und D und brauchen uns hier nicht zu interessieren. Im allgemeinen sind die Eigenwerte von $(\mathsf{J}_0 - k^2\,\mathsf{D})$ nicht in einfacher Weise mit denen von J_0 und D verknüpft, so daß man sie explizit berechnen muß. Die charakteristische Gleichung für dieses Problem lautet

$$0 = \det(\lambda\,\mathsf{I} - \mathsf{J}_0 + k^2\,\mathsf{D}) \tag{8.33}$$

oder, in modifizierter Schreibweise,

$$0 = \lambda^n + c_1(k)\,\lambda^{n-1} + \cdots + c_n(k). \tag{8.34}$$

Hier bedeutet n die Zahl der Variablen des Systems und $c_j(k)$ sind Polynome in k^2. Analytische Lösungen lassen sich nur für Systeme mit zwei oder drei Variablen finden, bei Mechanismen mit mehr Variablen ist man auf numerische Verfahren angewiesen. Wir wollen nun die Eigenwerte der Reaktions-Diffusions-Matrix eines Systems mit zwei Variablen näher betrachten. Die Behandlung dreidimensionaler Systeme ist analog; die dabei erhaltenen analytischen Ausdrücke sind aber etwas unhandlicher und daher weniger transparent.

Reaktions-Diffusions-Modelle mit zwei Variablen

Um die Eigenwerte der Matrix $(\mathsf{J}_0' - k^2\,\mathsf{D}')$ eines Modells mit zwei Variablen analytisch zu untersuchen, ist es zweckmäßig, die beiden Teilmatrizen J_0' und D' auf das jeweils größte Matrixelement zu normieren. Dadurch wird erreicht, daß alle Matrixelemente zwischen Null und Eins liegen. Die Normierung ist nicht in jedem konkreten Fall notwendig; wir wollen hier aber um einer allgemein gültigen Formulierung willen die folgenden normierten Größen benutzen:

$$\begin{aligned} \iota &= \max_{i,j}(J_{i,j}'),\;\; \delta = \max_{i,j}(D_{i,j}') \\ J_{i,j} &= J_{i,j}'/\iota \\ D_{i,j} &= D_{i,j}'/\delta \end{aligned} \tag{8.35}$$

Hier bedeutet $J_{i,j}$ ein Element der Jacobi-Matrix mit dem Zeilenindex i und dem Spaltenindex j; entsprechend für $D_{i,j}$. Außerdem ist es praktisch, eine reduzierte Wellenzahl μ einzuführen:

$$\mu = k^2\delta/\iota \tag{8.36}$$

Die Reaktions-Diffusions-Matrix lautet nun in normierter Form $(\mathsf{J}_0 - \mu\,\mathsf{D})$. Darüberhinaus kürzen wir, um die folgenden Ausdrücke so übersichtlich wie möglich zu halten, die Spur der Matrizen J und D mit tr(), ihre Determinante mit det() ab. Es ist also

$$\begin{aligned} \mathrm{tr}(\mathsf{J}_0) &= J_{1,1} + J_{2,2},\;\; \mathrm{tr}(\mathsf{D}) = D_{1,1} + D_{2,2} \\ \mathrm{tr}(\mathsf{J}_0\,\mathsf{D}) &= J_{1,1}\,D_{1,1} + J_{1,2}\,D_{2,1} + J_{2,1}\,D_{1,2} + J_{2,2}\,D_{2,2} \\ \det(\mathsf{J}_0) &= J_{1,1}\,J_{2,2} - J_{1,2}\,J_{2,1} \\ \det(\mathsf{D}) &= D_{1,1}\,D_{2,2} - D_{1,2}\,D_{2,1}. \end{aligned} \tag{8.37}$$

Die charakteristische Gleichung (8.34) lautet für ein zweidimensionales System

$$0 = \lambda^2 + c_1(\mu)\,\lambda + c_2(\mu), \tag{8.38}$$

wobei die Koeffizientenfunktionen $c_1(\mu)$ und $c_2(\mu)$ durch

$$\begin{aligned} c_1(\mu) &= \mu\,\mathrm{tr}(\mathsf{D}) - \mathrm{tr}(\mathsf{J}_0) \\ c_2(\mu) &= \mu^2\det(\mathsf{D}) + \mu\,\{\mathrm{tr}(\mathsf{J}_0\,\mathsf{D}) - \mathrm{tr}(\mathsf{J}_0)\,\mathrm{tr}(\mathsf{D})\} + \det(\mathsf{J}_0) \end{aligned} \tag{8.39}$$

gegeben sind. Die quadratische Gleichung 8.38 besitzt zwei Lösungen λ_1 und λ_2:

$$\lambda_{1,2}(\mu) = \frac{-\mu \, \mathrm{tr}(\mathsf{D}) + \mathrm{tr}(\mathsf{J}_0) \pm \sqrt{\Gamma}}{2} \tag{8.40}$$

mit

$$\begin{aligned} \Gamma \; = \; & \mu^2 \{\mathrm{tr}(\mathsf{D})^2 - 4 \det(\mathsf{D})\} + \mu \{2 \, \mathrm{tr}(\mathsf{J}_0)\mathrm{tr}(\mathsf{D}) - 4 \, \mathrm{tr}(\mathsf{J}_0 \, \mathsf{D})\} + \\ & \{\mathrm{tr}(\mathsf{J}_0)^2 - 4 \det(\mathsf{J}_0)\} \end{aligned} \tag{8.41}$$

Dank der Normierung (8.35) kann keine der Größen in (8.37) größer als zwei, bzw. $\mathrm{tr}(\mathsf{J}_0 \, \mathsf{D})$ nicht größer als vier werden. Die Eigenwerte hängen von der reduzierten Wellenzahl μ (und damit von k) ab. Ein stationärer Zustand reagiert besonders stark auf eine Störung mit einer Wellenzahl, die einem großen positiven Eigenwert entspricht. Außerdem wird sich aus einem instabilen Zustand bevorzugt ein neues Muster entwickeln, für dessen Wellenzahl die Realteile der Eigenwerte besonders groß sind. Mit Hilfe von Gleichung (8.40) können wir nun die Stabilität von stationären Zuständen in Reaktions-Diffusions-Systemen mit zwei Variablen bestimmen.

Zunächst wollen wir untersuchen, wie sich ein solches System bei sehr kleinen und sehr großen Wellenzahlen μ verhält. Der erste Fall entspricht Mustern mit sehr großer Wellenlänge, der zweite entspricht Strukturen mit sehr kleiner charakteristischer Ausdehnung. Im Grenzfall $\mu \to 0$ folgt aus Gleichung (8.40)

$$\lambda_{1,2} \to \frac{\mathrm{tr}(\mathsf{J}_0) \pm \sqrt{\mathrm{tr}(\mathsf{J}_0)^2 - 4 \det(\mathsf{J}_0)}}{2}. \tag{8.42}$$

Die Stabilität des stationären Zustandes hängt hier nur von der Jacobi Matrix ab; das System verhält sich *reaktionskontrolliert*, d. h. die Diffusion spielt keine große Rolle. Anders verhält sich der Grenzfall $\mu \to \infty$; die Eigenwerte werden jetzt zu

$$\lambda_{1,2} \to \frac{-\mu \, \mathrm{tr}(\mathsf{D}) \pm \sqrt{\mathrm{tr}(\mathsf{D})^2 - 4 \det(\mathsf{D})}}{2}, \tag{8.43}$$

und die Stabilität wird von der Diffusion bestimmt. Das System verhält sich *diffusionskontrolliert*. Dies bedeutet, daß die Dynamik vor allem vom diffusiven Transport und weniger stark von der chemischen Kinetik abhängt.

Durch die Wechselwirkung von Reaktion und Diffusion kann es in einem System, das bei alleiniger Reaktions- ($\mu \to 0$) oder Diffusionskontrolle ($\mu \to \infty$)

stabil ist, zu einer Instabilität kommen, wenn die Störung des stationären Zustandes Wellenzahlen mittlerer Größe besitzt. Es können somit neue *Bifurkationen* auftreten, die in einer homogenen Reaktion nicht beobachtet werden. Verzweigungen, die es auch im homogenen System gibt, können zudem im Parameterraum verschoben werden. Eine Bifurkation des stationären Zustandes tritt auf, wenn in mindestens einem der Eigenwerte in Gleichung (8.40) der Realteil verschwindet. Man teilt die durch eine Wechselwirkung von Reaktion und Diffusion erzeugten Bifurkationen in zwei Klassen ein: Reelle und komplexe Verzweigungen. Im ersten Fall sind die Eigenwerte reell, d. h., am Bifurkationspunkt sind sowohl der Real- als auch der Imaginärteil der Eigenwerte gleich Null. Im zweiten Fall liegen am Bifurkationspunkt rein imaginäre Eigenwerte vor.

Die komplexe Bifurkation (Hopf-Bifurkation)

Sind die Eigenwerte von $(\mathsf{J}_0 - \mu\,\mathsf{D})$ komplex, so treten raum-zeitliche Oszillationen auf, wenn der Realteil von (8.40) verschwindet. Der Realteil ist $\mathrm{Re}(\lambda) = 1/2\,\{-\mu\,\mathrm{tr}(\mathsf{D}) + \mathrm{tr}(\mathsf{J}_0)\}$ und hängt nur von den Diagonalelementen von J_0 und D ab. Die anderen Elemente sind trotzdem von Bedeutung; sie bestimmen, ob die Eigenwerte komplex oder reell sind. Wir haben den Typ der komplexen Bifurkation bereits in Kapitel 2 kennengelernt: Es handelt sich um die *Hopf-Bifurkation.* Wie im Fall von Reaktionen in homogener Lösung führt diese Verzweigung von einem stationären zu einem oszillierenden Zustand. In räumlich ausgedehnten Reaktions-Diffusions-Systemen entstehen räumlich-zeitliche Oszillationen, die den Grenzzyklen in homogener Phase entsprechen. Die Oszillationen können im gesamten räumlichen System mit derselben Phase schwingen, so daß das System als Ganzes oszilliert. Meist gibt es aber eine definierte Phasenverschiebung zwischen verschiedenen Orten, so daß sich die Oszillationen wellenartig durch das System ausbreiten. Man spricht in einem solchen Fall von *Phasenwellen.*

Als Beispiel soll uns einmal mehr der Brüsselator dienen. Die Reaktions-Diffusions-Gleichungen, die den Brüsselator (in einer Raumdimension) beschreiben, lauten

$$\begin{aligned}\frac{\partial X}{\partial \tau} &= A - (B+1)\,X + X^2 Y + D_X\,\frac{\partial^2 X}{\partial z^2}\\ \frac{\partial Y}{\partial \tau} &= B\,X - X^2 Y + D_Y\,\frac{\partial^2 Y}{\partial z^2},\end{aligned} \qquad (8.44)$$

die Werte von X und Y am stationären Zustand sind $X_0 = A$ und $Y_0 = B/A$.

In Kapitel 2 haben wir die Skalierung der dimensionslosen Variablen X und Y sowie der konstanten Parameter A, B und der Zeit τ eingeführt. Als neue Parameter tauchen im räumlich ausgedehnten Brüsselator die dimensionslosen Diffusionskoeffizienten D_X und D_Y auf, die aus den dimensionalen Größen d_X und d_Y nach $D_X = d_X/k_4$, bzw. $D_Y = d_Y/k_4$ gebildet werden, wobei k_4 die Geschwindigkeitskonstante des Schrittes X $\rightarrow$ E ist (siehe Abschnitt 2.1). Um die Lage der Hopf Bifurkation zu berechnen, benötigen wir die Jacobi-Matrix des Brüsselators am stationären Zustand (J_0) und die Matrix der Diffusionskoeffizienten (D):

$$\mathsf{J}_0 = \begin{pmatrix} B-1 & A^2 \\ -B & -A^2 \end{pmatrix}$$

und

$$\mathsf{D} = \begin{pmatrix} D_X & 0 \\ 0 & D_Y \end{pmatrix}$$

Mit Gleichung (8.40) kann man nun die beiden Eigenwerte λ_1, λ_2 berechnen. Setzt man die Matrixelemente von J_0 und D in (8.37) und (8.40) ein und faßt die Ausdrücke zusammen, so erhält man

$$\lambda_{1,2}(\mu) = \frac{1}{2}\{-\mu(D_X + D_Y) + B - 1 - A^2 \pm \sqrt{\Gamma}\}, \tag{8.45}$$

wobei der Radikand

$$\Gamma = \{1 - B - A^2 + \mu(D_X + D_Y)\}^2 - 4A^2B \tag{8.46}$$

ist. Zunächst muß sichergestellt sein, daß die Eigenwerte am Verzweigungspunkt imaginär sind, d.h. Γ muß negativ sein. Daraus folgt die Bedingung $4A^2B > \{1-B-A^2+\mu(D_X+D_Y)\}^2$. Die Bedingung für das Auftreten einer komplexen (Hopf-)Bifurkation ist dann:

$$\begin{aligned} 0 &= \frac{1}{2}\{-\mu\,\mathrm{tr}(\mathsf{D}) + \mathrm{tr}(\mathsf{J}_0)\} \\ 0 &= \frac{1}{2}\{-\mu(D_X + D_Y) + B - 1 - A^2\} \end{aligned} \tag{8.47}$$

Die Hopf-Bifurkation ist also durch die Gleichung

$$B_{\mathrm{H}} = 1 + A^2 + \mu(D_X + D_Y) \tag{8.48}$$

festgelegt. Diese Gleichung definiert eine Kurve in der A-B-Ebene, welche die Lage der Hopf-Bifurkation eindeutig bestimmt. Man nennt eine solche Linie im Parameterraum auch *Bifurkationslinie.* Im homogenen Fall, d.h. in einem System ohne Diffusion, liegt die Hopf-Bifurkation im Brüsselator, wie in Kapitel 2 gezeigt wurde, bei $B_{\mathrm{H}} = 1 + A^2$. Die Hopf-Bifurkation wird also durch den Einfluß der Diffusion verschoben.

Neben der einfachen Hopf-Bifurkation gibt es in erregbaren Reaktions-Diffusions-Modellen auch eine komplexe Bifurkation, die keine Entsprechung in homogener Phase besitzt. Wir haben in Abschnitt 8.2 gesehen, daß der Ursprung von rotierenden Spiralwellen in erregbaren Medien entweder lokalisiert sein kann oder sich aber auf einer mehr oder minder komplizierten Bahn durch das Medium bewegt. Man kann die Stabilität der lokalisierten Spiralwelle mit Hilfe des mathematischen Tricks eines rotierenden Koordinatensystems untersuchen: Wir stellen uns vor, daß eine um einen festen Ursprung rotierende Spiralwelle, die in einem System der Art von Gleichung (8.11) auftritt, in einem festen Koordinatensystem mit der Winkelgeschwindigkeit ω rotiert. Den Winkel, den die Spiralwelle dabei überstreicht, nennen wir Θ. Wenn wir die Spirale statt in einem festen Koordinatensystem in einem Koordinatensystem betrachten, das ebenfalls mit der Winkelgeschwindigkeit ω um den Spiralenursprung rotiert, so steht die Spirale in diesem *rotierenden Koordinatensystem* still. Demnach ist eine um einen lokalisierten Ursprung rotierende Spirale ein *stationärer Zustand* des Systems

$$
\begin{aligned}
0 &= \frac{\partial u}{\partial t} = f(u,v) + \omega \frac{\partial u}{\partial \Theta} + D_u \Delta u \\
0 &= \frac{\partial v}{\partial t} = \epsilon g(u,v) + \omega \frac{\partial v}{\partial \Theta} + D_v \Delta v. \qquad (8.49)
\end{aligned}
$$

Die Stabilität dieses in den neuen Koordinaten stationären Zustandes wird durch die Eigenwerte der entsprechenden linearisierten Reaktions-Diffusions-Matrix bestimmt. Wir wollen hier nicht auf die Details einer solchen Analyse eingehen. Im Rahmen dieses Buches genügt die Feststellung, daß die Bewegung des Spiralenursprunges über eine Hopf-Bifurkation einsetzt, bei der rein imaginäre Eigenwerte der Jacobi-Matrix des Systems (8.49) vorliegen.

Die reelle Bifurkation (Turing-Bifurkation)

Sind die Eigenwerte der Reaktions-Diffusions-Matrix reell, so können sie am Bifurkationspunkt mit Null identisch werden, d.h. sowohl der Real- als auch der

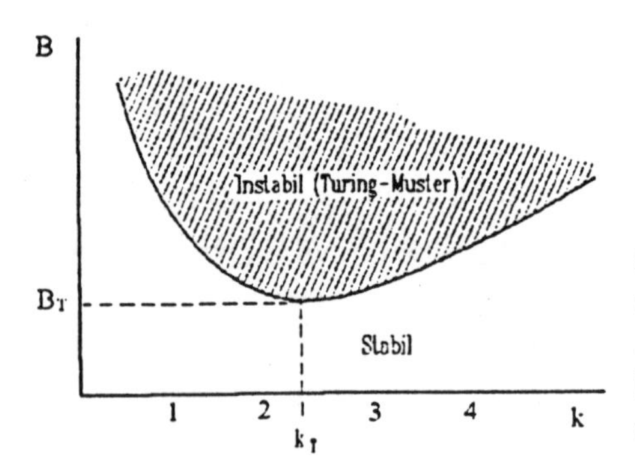

8.10 Bifurkationslinie des Brüsselators in der Ebene, die durch B und die Wellenzahl k aufgespannt wird. Turing-Muster entstehen, wenn B das Minimum der Kurve übersteigt.

Imaginärteil verschwinden. Es gilt also in diesem Fall $\mathrm{Re}(\lambda) = 0$ und $\mathrm{Im}(\lambda) = 0$. Die damit verknüpfte Bifurkation führt von einem trivialen, also gleichförmigen stationären Zustand zu einem neuen, nicht-uniformen stationären Muster. Bei der *Turing-Bifurkation* entsteht also durch die Wechselwirkung von Reaktion und Diffusion ein geordnetes und stationäres Muster aus einem unstrukturierten Zustand! Es versteht sich, daß diese Verzweigung kein Gegenstück in homogener Phase besitzen kann.

Im Brüsselator erhält man nach (8.45) reelle Eigenwerte, wenn Γ größer als Null ist. Daraus ergibt sich die Bedingung $(B-1-\mu\, D_X)(A^2+\mu\, D_Y)-A^2\, B \geq 0$. Ist der Ausdruck gleich Null, dann ergibt sich die Gleichung

$$B = 1 + \frac{D_X}{D_Y}\, A^2 + \frac{A^2}{\mu\, D_Y} + \mu\, D_X, \tag{8.50}$$

welche die Bifurkationskurve in der B-μ- (oder B-k)-Ebene beschreibt. Abbildung 8.10 zeigt schematisch den Verlauf dieser Kurve. Erhöht man (bei konstantem A) den Wert von B, so wird der gleichförmige stationäre Zustand instabil, wenn B größer als das Minimum von Gleichung 8.50 in der B-k-Ebene wird. Das neu entstandene Muster besitzt diejenige (ganz– oder halbzahlige) Wellenzahl k, die dem Minimum der Kurve am nächsten liegt. Welches Muster in einem konkreten Fall entsteht, hängt von den Randbedingungen ab; oftmals können auch verschiedene Muster bei denselben Parametern existieren. Der Wert von B im Minimum von (8.50) ist:

$$B_{\mathrm{T}} = \{1 + \sqrt{(D_X/D_Y)}\, A\}^2 \tag{8.51}$$

Diese Gleichung legt die Lage der Turing-Bifurkation in der A-B-Ebene fest.

Numerische Ergebnisse

Wir wollen zum Abschluß einige numerische Beispiele von räumlich-zeitlichen Oszillationen und stationären Turing-Strukturen im Brüsselator betrachten. Zunächst fragen wir uns, ob bei gegebenen Parametern A, B, D_X und D_Y Oszillationen oder Turing-Muster entstehen, wenn der Wert von B verändert wird. Die komplexe (Hopf-) und die reelle (Turing-)Bifurkation fallen zusammen (bei Dirichlet-Randbedingungen), wenn

$$1 + A^2 + \mu(D_X + D_Y) = \{1 + \sqrt{\frac{D_X}{D_Y}} A\}^2 \qquad (8.52)$$

gilt. Erfüllt der Wert von B zuerst die Hopf-Bedingung $B > 1 + A^2 + \mu(D_X + D_Y)$, so setzen Oszillationen ein und man beobachtet keine Turing-Muster. Wird andererseits zuerst die Turing-Bedingung $B > \{1 + \sqrt{\frac{D_X}{D_Y}} A\}^2$ erfüllt, finden wir stationäre Strukturen, bevor Oszillationen einsetzen. Aus Gleichung (8.52) folgt, daß die Diffusionskonstante von Y größer als die von X sein muß, um Turing-Muster zu ermöglichen. Durch Umstellen von (8.52) erhalten wir eine Bedingung für das Auftreten von Oszillationen:

$$\frac{\sqrt{1 + A^2 + \mu(D_X + D_Y)}}{A} - \frac{1}{A} < \sqrt{\frac{D_X}{D_Y}} \qquad (8.53)$$

Wird diese Bedingung erfüllt, finden wir eine Hopf-Bifurkation, die vom uniformen Ausgangszustand zu raum-zeitlichen Oszillationen führt; wird sie verletzt, so gibt es ein Intervall von B, in dem Turing-Muster auftreten. Wir betrachten ein Zahlenbeispiel: Der Einfachheit halber beschränken wir uns auf den Fall $\mu = 1$. Der Wert des Parameters A wird zu $A = 2,0$ gewählt. Im Fall gleicher Diffusionskoeffizienten $D_X = D_Y = 4 \cdot 10^{-3}$ ist (8.53) erfüllt $(0,61 < 1)$ und Oszillationen setzen nach Gleichung (8.48) bei $B_{\mathrm{H}} = 5,008$ ein. Die Turing-Bifurkation wäre in diesem Fall erst bei $B_{\mathrm{T}} = 9,0$ zu erwarten; sie tritt aber nicht auf, weil das Modell schon bei kleinerem B zu oszillieren beginnt. Ist dagegen $D_X = 1,6 \cdot 10^{-3}$ und $D_Y = 6,0 \cdot 10^{-3}$, so wird die Bedingung (8.53) verletzt $(0,61 < 0,51)$ und es entstehen Turing-Muster nach Gleichung (8.51) bei $B_{\mathrm{T}} = 2,35$. Nicht nur für den Brüsselator, sondern allgemein gilt die Regel, daß sehr ähnliche Diffusionskoeffizienten in einem dissipativen Reaktions-Diffusions-System oszillierendes Verhalten begünstigen. Stationäre Turing-Muster treten im allgemeinen nur dann auf, wenn die Diffusionskonstante der autokatalytischen Spezies (Aktivator) deutlich kleiner ist als

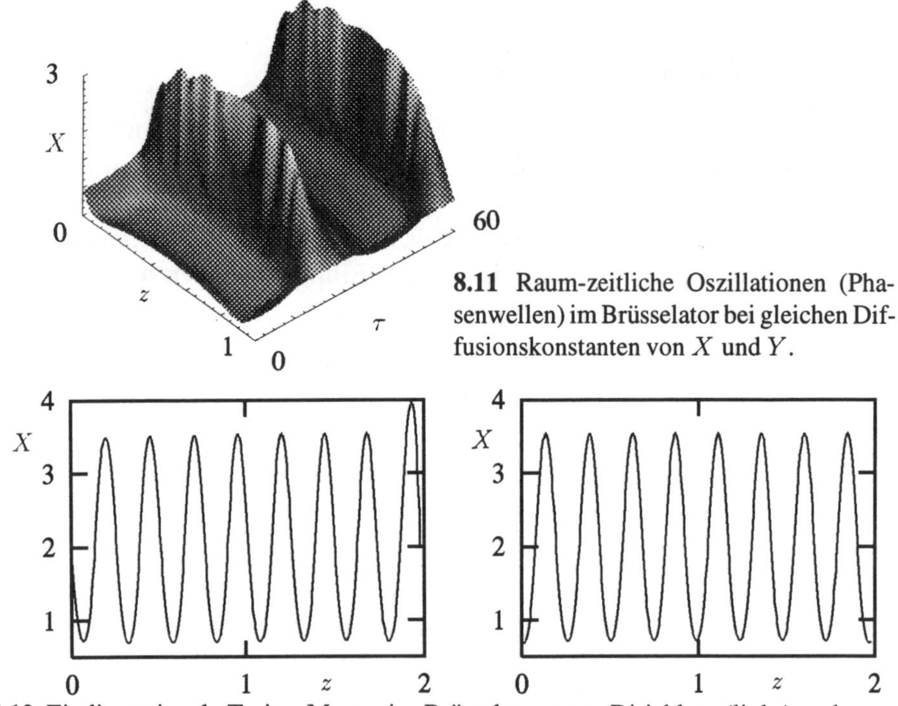

8.11 Raum-zeitliche Oszillationen (Phasenwellen) im Brüsselator bei gleichen Diffusionskonstanten von X und Y.

8.12 Eindimensionale Turing-Muster im Brüsselator unter Dirichlet– (links) und von-Neumann-Randbedingungen.

die derjenigen Stoffe (Inhibitoren), die mit der autokatalytischen Spezies reagieren. In einem solchen Fall kann die Konzentration der autokatalytischen Spezies lokal anwachsen, während ihre Antagonisten sich vergleichsweise schnell durch Diffusion im Raum verteilen. Gleichzeitig verhindert die weitreichende Inhibierung eine gleichförmige Ausbreitung des Aktivators im gesamten System. Abbildung 8.11 zeigt raum-zeitliche Oszillationen der Variablen X im Brüsselator mit den Parameterwerten aus unserem Zahlenbeispiel und $B = 5,2$. Die Brüsselatorgleichungen wurden in einem räumlich eindimensionalen System (Kapillare) mit Dirichlet-Randbedingungen ($X_{0,L} = A$; $Y_{0,L} = B/A$) numerisch integriert. Die Oszillationen gehen von einem Schrittmacherzentrum in der Mitte der Kapillare aus und setzen sich wellenförmig durch das System fort. Gänzlich verschieden ist das Verhalten der Brüsselators, wenn der Aktivator X langsamer diffundiert als der Inhibitor Y. In diesem Fall ergibt die numerische Integration mit sonst identischen Parametern Turing-Muster, wie sie in Abbildung 8.12 für Dirichlet- und von-Neumann-Randbedingungen gezeigt sind. In zwei Raumdimensionen zeigt der Brüsselator Turing-Muster, wie sie

8.13 Turing-Muster von X im Brüsselator in zwei Raumdimensionen. Die beiden Arten von hexagonalen Punktmustern sowie das gestreifte Muster sind generische Typen von Turing-Mustern.

auch aus den oben beschriebenen Experimenten bekannt sind. Man kann auf theoretischem Wege zeigen, daß Streifen– und hexagonale Punktmuster in dissipativen Systemen generische Strukturen sind. Diese Analyse übersteigt jedoch den Rahmen dieses Textes und wir beschränken uns deshalb auf die numerischen Resultate. Abbildung 8.13 zeigt exemplarisch drei verschiedene räumlich zweidimensionale Turing-Muster im Brüsselator: zwei verschiedene hexagonale und ein gestreiftes Muster.

Eine Möglichkeit, Turing-Muster von außen zu manipulieren, besteht darin, ein elektrisches Feld an das System anzulegen. Wenn Turing-Strukturen bei der biologischen Morphogenese eine Rolle spielen, dann sind die Effekte elektrischer Felder auf diese Mustern von Bedeutung, wie bereits in Abschnitt 8.3 erwähnt wurde. An biologischen Membranen können, bedingt durch den aktiven Transport bestimmter Ionen, elektrische Felder von erheblicher Stärke auftreten. Aus diesem Grund sind ionische Varianten des Brüsselators untersucht worden, bei denen die beiden Variablen X und Y eine einfache positive Ionenladung tragen. Benutzt man zur Beschreibung des Flusses von X^+ und Y^+ die Nernst-Planck-Gleichung (8.6), so kann man leicht ein externes elektrisches Feld in das ionische Brüsselatormodell einführen. Abbildung 8.14 zeigt den Effekt eines solchen elektrischen Feldes im ionischen Brüsselator: Das Feld ermöglicht ein Umschalten zwischen verschiedenen Punkt- und Streifenmustern, ohne die internen Parameter A, B, D_X und D_Y verändern zu müssen. Diese Resultate sind den experimentellen Ergebnissen im PA-MBO-System, die in Abschnitt 8.3 gezeigt wurden, ähnlich. Zudem ergaben Modellrechnungen, daß ein von außen angelegtes elektrisches Feld Turing-Muster verzerren, destabilisieren und zu Phasenwellen führen kann.

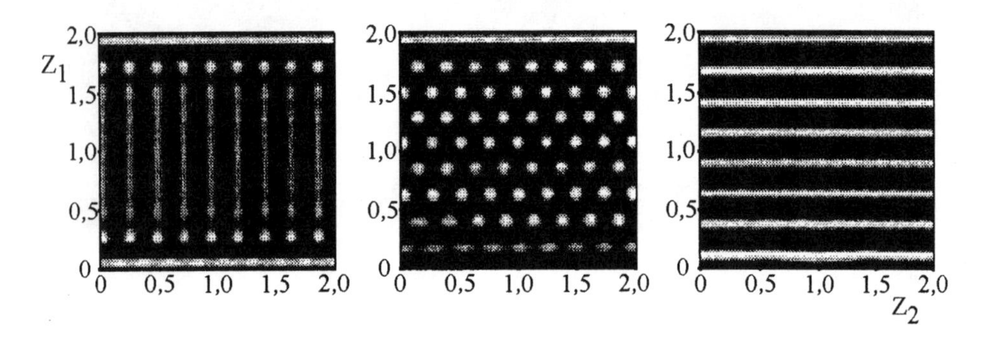

8.14 Turing-Muster von X^+ in einem ionischen Brüsselatormodell. Entlang der Ortskoordinate Z_1 herrschen von-Neumann–, entlang von Z_2 Dirichlet-Randbedingungen (dadurch wird berücksichtigt, daß die Begrenzungen parallel zu Z_2 mit Tanks konstanter Konzentration verbunden sind, welche die Elektroden enthalten, durch die das Feld angelegt wird). Ein elektrisches Feld parallel zu Z_1 kann zwischen Streifen- und Punktmustern umschalten.

Literatur

- Chem. Wellen: A.T. Winfree *Scientific American* **230** 82-95 (1974).
- CIMA-System: V. Castets, E. Dulos, J. Boissonade, P. DeKepper *Phys. Rev. Lett.* **64** 2953 (1991); Q. Ouyang, H.L. Swinney *Nature* **352** 610 (1991).
- PA-MBO-System: M. Watzl, A.F. Münster *Chem. Phys. Lett.* **242** 273 (1995).
- Ca^{2+}-Wellen: J.D. Lechleiter, D.E. Clapham *Nature* **350** 505 (1991).
- Textbuch: A.S. Michailov *Foundations of Synergetics I* (Distributed Active Systems), Springer Series in Synergetics, Vol. 51, Springer-Verlag: Berlin, Heidelberg (1990).
- Review: E. Meron *Physics Reports* **218** 1 (1992).
- CO-Oxidation: G. Ertl *Science* **254** 1750 (1991).

Anhang: Einfache Experimente

Rezept für Oszillationen in der Briggs-Rauscher-Reaktion

Benötigtes Gerät: Becherglas, Magnetrührer
Benötigte Stammlösungen:

- Lösung 1: 0,14 mol/l KIO_3
- Lösung 2: 3,2 mol/l H_2O_2 (aus 30%-iger Lösung), 0,17 mol/l $HClO_4$
- Lösung 3: 0.15 mol/l Malonsäure, 0,024 mol/l H_2SO_4, 10 g/l lösliche Stärke als Indikator

Gleiche Volumina der drei Stammlösungen werden zusammengegeben und gerührt. Nach kurzer Zeit setzen Oszillationen zwischen farbloser Lösung, gelb und blau ein. Die Periodendauer ist etwa 10 Sekunden.

Rezept für Oszillationen in der BZ-Reaktion

Benötigtes Gerät: Becherglas, Magnetrührer
Benötigte Stammlösungen:

- Lösung 1: 0,5 mol/l Natriumbromat
- Lösung 2: 1,5 mol/l Malonsäure,
- Lösung 3: 0,3 mol/l NaBr
- Lösung 4: 5,0 mol/l Schwefelsäure
- Lösung 5: 0,01 mmol/l Ferroin

Arbeitsanleitung:
In diesem Demonstrationsversuch sollen 40 ml oszillierender BZ-Reaktionslösung eingesetzt wertden. Der Leser kann die angegebenen Mengen jedoch je nach gewünschtem Endvolumen verändern. Bei Raumtemperatur pipettiert man 8,0 ml Lösung 1, 10,0 ml Lösung 2, 4,0 ml Lösung 3, 10,0 ml Lösung 4, 7,0 ml destilliertes Wasser und *zuletzt* 1,0 ml Lösung 5 in ein Becherglas. Die Reaktionslösung wird mit ca. 500 Upm gerührt. Nach kurzer Zeit setzen Oszillationen zwischen einem reduzierten (rot) und einem oxidierten Zustand (blau) ein. Die Oszillationen können etwa eine Stunde lang beobachtet werden, da die Edukte Bromat und Malonsäure in großem Überschuß eingesetzt werden.

Rezept für Ringe und Spiralen in der BZ-Reaktion

Benötigtes Gerät: Eine Petrischale mit ca. 10 cm Durchmesser
Benötigte Stammlösungen:

- Lösung 1: 0,68 mol/l Natriumbromat
- Lösung 2: 0,19 mol/l Malonsäure, 96 mmol/l NaBr, 0.75 mol/l Schwefelsäure und 7,0 mmol/l Ferroin

Arbeitsanleitung:
Die Petrischale wird auf eine weiße Unterlage gestellt, damit man die entstehenden Strukturen gut sehen kann. Je 4 ml beider Stammlösungen werden bei Zimmertemperatur in die Petrischale pipettiert. Nach dem Umrühren bedeckt man die Petrischale mit einem Glasdeckel. Bereits nach einigen Sekunden bilden sich spontan konzentrische Wellen. Bläst man mit einer Pipette vorsichtig Luft über eine Wellenfront, so daß die Welle lokal aufgebrochen wird, erhält man rotierende Spiralen.

Rezept für Turing-ähnliche Muster im PA-MBO-System

Benötigtes Gerät: Eine Petrischale mit ca. 10 cm Durchmesser, eine Lampe, Einmalspritzen oder Pipetten.
Stammlösungen:

- Lösung 1: 20%ige Lösung von Acrylamid (20g in 100 ml wäßriger Lösung)
- Lösung 2: 2%ige Lösung von N,N-Methylen-Bisacrylamid

- Lösung 3: 20%ige Lösung von Ammoniumperoxodisulfat
- Lösung 4: 30%ige Lösung von Trisethanolamin
- Lösung 5: Lösung von Methylenblau-chlorid: von 0,01 bis 0,05 mol/L
- Lösung 6: Lösung von Natriumsulfid: 0,5 mol/L
- Lösung 7: Lösung von Natriumsulfit: 0,01 mol/L

Arbeitsanleitung:
5,5 ml Lösung 1 werden mit 0,47 ml Lösung 2 vermischt (am besten benutzt man Einmalspritzen); dann gibt man 0,43 ml Lösung 4 und 0,5 ml Lösung 5 hinzu. Anschließend werden 4,0 ml Lösung 6, dann 1,5 ml Lösung 7 und schließlich 0,18 ml Lösung 3 zugegeben. Diese Mischung wird in die Petrischale gegeben und mit einer Lampe (am besten benutzt man eine 60-W-Leselampe) aus ca. 50 cm Entfernung beleuchtet. Eindrucksvolle Ergebnisse erzielt man, wenn man die Petrischale nach der Ausbildung der Strukturen auf einen Tageslichtprojektor stellt. In diesem Fall muß das Reaktionsmedium aber von der Wärmeabstrahlung der Lampe abgeschirmt werden (etwa durch eine Plexiglasscheibe). Nach 10 Minuten ist die Polymerisation des Gels soweit fortgeschritten, daß das Medium mit wenig Lösung 5 bedeckt werden kann. Nach einiger Zeit verformt sich die Oberfläche des Gels; diese Verformung ist eine Konsequenz der chemischen Reaktionen im Gel und hat nichts mit physikalischen Prozessen wie dem Quellen des Gels zu tun. Nach etwa 15 Minuten ist das Gel fest genug, um es vorsichtig vom Glasboden abzulösen. Einige Minuten nach dem Ablösen erscheinen dunkle Punkte auf einem helleren Untergrund. Etwa eine halbe Stunde später ist das Gel scheinbar homogen. Aus diesem unstrukturierten Zustand entwickeln sich im Verlauf weiterer 15 Minuten helle Punkte auf dunkelblauem Hintergrund. Der Kontrast dieser Strukturen ist ziemlich schwach, sie sind jedoch ohne elektronische Hilfsmittel sichtbar.

PASCAL-Programm zum Brüsselator

```
program Brusselator;
 uses Crt,Graph;
 {Numerische Integration des Bruesselators}
 {Euler-Methode}
 var
  x,y,xi,yi,a,b,t,dt,xd,yd,td : Real;
  k,l,j                       : Integer;
  i                           : LongInt;
  grDriver, grMode, Errcode   : Integer;

  procedure SetzeBildPunkt(k,l: Integer);
   begin
   MoveTo(k,l); LineTo(k,l);
   end;

   begin
 grDriver:=Detect;
 InitGraph(grDriver,grMode,'C:\TP\BGI');
 a:=2.0;  b:=5.2;  {Parameter A und B}
 x:=2.05; y:=b/a;  {Startpunkt}
 dt:=0.0005;       {Zeitinkrement}
 t:=0.0;
 xd:=a*100.+110; yd:=(b/a)*100.+110;
 k:=Round(xd); l:=Round(yd);
 SetColor(10); SetzeBildPunkt(k,l);
   for i:= 0 to 120000  do begin
    xi:=(a-(b+1.0)*x+x*x*y)*dt+x; {Integration}
    yi:=(b*x-x*x*y)*dt+y;
    x:=xi;  y:=yi;  t:=t+dt;
    xd:=xi*100.0-120.; yd:=yi*100.0-120.;
    td:=t*10.0;
    k:=Round(xd); l:=Round(yd); j:=Round(td);
     SetColor(14); SetzeBildPunkt(j,l);
     SetColor(12); SetzeBildPunkt(j,k);
      xd:=xd+230; yd:=yd+230;
      k:=Round(xd); l:=Round(yd);
     SetColor(11); if (i > 100000) then
     SetColor(13);
     SetzeBildPunkt(k,l);
    end;
   repeat
   until KeyPressed;
 end.
```

Namen- und Sachverzeichnis